职业教育无人机应用技术专业活页式创新教材

无人机系统理论基础

组编 山东步云航空科技有限公司
主编 李宏达 梁 婷
参编 王景焕 孟令兵

机械工业出版社

本书作为无人机专业应用型人才培养的创新教材,主要讲解了无人机系统相关的理论基础知识。全书总共分为 8 个模块、33 个学习任务,内容包括无人机的基本认知、无人机空气动力学、无人机飞行原理、无人机飞行控制原理、无人机导航原理、无人机通信原理、无人机地面站工作原理以及航空气象。

本书适用于无人机工程类、应用类以及航空飞行器类职业本科和高职高专教学,也可用于培训类学校的无人机相关专业理论教学,还可供无人机爱好者作为参考资料使用。

图书在版编目(CIP)数据

无人机系统理论基础 / 山东步云航空科技有限公司组编;李宏达,梁婷主编. — 北京:机械工业出版社,2023.6(2025.6重印)
职业教育无人机应用技术专业活页式创新教材
ISBN 978-7-111-73200-6

Ⅰ.①无⋯ Ⅱ.①山⋯ ②李⋯ ③梁⋯ Ⅲ.①无人驾驶飞机—职业教育—教材 Ⅳ.①V279

中国国家版本馆CIP数据核字(2023)第090105号

机械工业出版社(北京市百万庄大街22号 邮政编码100037)
策划编辑:谢 元　　　　　责任编辑:谢 元 徐 霆
责任校对:张爱妮 陈立辉　　责任印制:单爱军
中煤(北京)印务有限公司印刷
2025年6月第1版第4次印刷
184mm×260mm・16.25印张・287千字
标准书号:ISBN 978-7-111-73200-6
定价:55.00元

电话服务　　　　　　　　　　网络服务
客服电话:010-88361066　　　机 工 官 网:www.cmpbook.com
　　　　　010-88379833　　　机 工 官 博:weibo.com/cmp1952
　　　　　010-68326294　　　金 书 网:www.golden-book.com
封底无防伪标均为盗版　　　机工教育服务网:www.cmpedu.com

职业教育无人机应用技术专业活页式创新教材
编审委员会

主任委员　　昂海松（南京航空航天大学）

委　　员　　颜忠杰（山东步云航空科技有限公司）

王　铨（青岛工程职业学院）

姜宽舒（江苏农林职业技术学院）

李宏达（南京工业职业技术大学）

王靖超（山东冶金技师学院）

付　强（山东省艺术摄影学会副秘书长、国家一级摄影师）

余洪伟（张家界航空工业职业技术学院）

杜凤顺（石家庄铁路运输学校）

葛　敏（菏泽学院）

韩　祎（山东步云航空科技有限公司）

前 言

无人机是指无乘坐操作人员、有动力驱动、可重复使用、利用空气动力承载飞行、可携带有效载荷、在远程控制或自主规划的情况下完成指定任务的航空器。近年来，受益于行业发展及国家政策的大力支持，我国民用无人机行业取得了高速发展，逐渐成为全球无人机行业的重要板块之一。

无人机行业属于国家鼓励发展的高技术产业和战略新兴产业，国家产业政策的大力支持为我国高端无人机产业确立了未来发展方向并营造了良好发展环境。近年来，工业和信息化部、民用航空局等政府部门发布了《关于促进和规范民用无人机制造业发展的指导意见》《推动民航新型基础设施建设五年行动方案》等产业政策，明确了工业无人机作为国家战略性高科技产业的定位，对无人机产业提出了明确的产值增速要求和企业技术实力要求。受益于无人机行业相关规范加速建立健全、无人机政策支持与探索发展工作加速推进，未来预计无人机产业将呈现良好发展趋势。

随着集成制造的普及，无人机基础零部件生产开始朝着小型化、低成本、低能耗的方向发展，制造成本不断走低。同时，伴随着人工智能、5G 通信等新技术的逐步完善应用，无人机行业迎来新的发展机遇，行业在良好的发展环境下迅速增长，行业规模不断扩大。数据显示，我国民用无人机市场规模由 2017 年的 79 亿元增至 2020 年的 361 亿元，年均复合增长率为 65.9%。

新需求创造新供给，新供给产生新市场，新市场创造新就业。根据工业和信息化部印发的《关于促进和规范民用无人机制造业发展的指导意见》，到 2025 年，综合考虑产业成熟度提升后的发展规律，我国民用无人机产业将由高速成长转向逐步成熟，按照年均 25% 的增长率测算，到 2025 年民用无人机产值将达到 1800 亿元。随着无人机市场规模的扩大，我国对无人机从业人员的数量与质量的要求也水涨船高。特别是对于无人机驾驶员这一新兴职业，2019 年，无人机驾驶员被纳入《中华人民共和国职业分类大典》，成为一项新职业。根据人力资源和社会保障部同年发布的《新职业——无人机驾驶员就业景气现状分析报告》，2019年无人机驾驶员的从业者总数有数十万人，就业以影视航拍、农林植保、电力巡检、航空测绘四大领域为主，其相关从业人数超过总数的55%。国际数据公司提供的数据显示，预计到2025年，无人机驾驶员人才需求量近100万人。

《无人机系统理论基础》是一本无人机专业的基础教材，通过本书读者可以了解无人机涉及的基本知识、基础原理，可以为无人机相关专业学生、受训人员的后续学习和工作打下坚实的基础，也可以为无人机爱好者增加专业知识。

在本书的编写过程中，作者参考和借鉴了众多国内外相关文献、资料，包括网络资料及图片等，在此谨向其作者表示真诚的谢意。本书如有错误及瑕疵，敬请各位专家和读者批评指正。

目录

前言

模块一　无人机的基本认知

学习任务 1　了解无人机的定义与发展历史 ...002
- 知识点 1　无人机的定义 ...002
- 知识点 2　无人机的发展历史 ...003
- **拓展课堂** ...005

学习任务 2　了解无人机系统的组成 ...005
- 知识点 1　飞行平台 ...006
- 知识点 2　动力系统 ...010
- 知识点 3　飞控系统 ...010
- 知识点 4　导航系统 ...010
- 知识点 5　电气系统 ...011
- 知识点 6　数据链路 ...012
- 知识点 7　地面控制站 ...013
- 知识点 8　任务载荷 ...014
- 知识点 9　发射与回收系统 ...015

学习任务 3　了解无人机的分类 ...020
- 知识点 1　按飞行平台构型分类 ...021
- 知识点 2　按起飞重量分类 ...025
- 知识点 3　按活动半径分类 ...026
- 知识点 4　按飞行高度分类 ...026
- 知识点 5　按用途分类 ...027
- **拓展课堂** ...027

学习任务 4　了解无人机的应用 ...028
- 知识点 1　军用无人机 ...028
- 知识点 2　民用无人机 ...031
- **拓展课堂** ...035

模块二　无人机空气动力学

学习任务 1　了解飞行大气环境 ...037
- 知识点 1　大气层划分 ...037
- 知识点 2　大气的物理特性 ...040
- 知识点 3　标准大气 ...040
- 知识点 4　流场的概念 ...041

学习任务 2　了解空气流动的基本规律 ...043
- 知识点 1　空气流动模型 ...043
- 知识点 2　运动的转换 ...044
- 知识点 3　连续性定理 ...045
- 知识点 4　伯努利定理 ...047
- **拓展课堂** ...048

学习任务 3　了解升力和增升原理 ...048
- 知识点 1　升力产生的原理 ...049
- 知识点 2　迎角 ...050
- 知识点 3　升力公式 ...051
- 知识点 4　增升原理 ...052
- 知识点 5　增升装置 ...052

学习任务 4　阻力和减阻措施 ...055
- 知识点 1　阻力公式 ...056
- 知识点 2　压差阻力及减阻措施 ...056
- 知识点 3　摩擦阻力及减阻措施 ...057
- 知识点 4　干扰阻力及减阻措施 ...058
- 知识点 5　诱导阻力及减阻措施 ...059
- 知识点 6　激波阻力及减阻措施 ...061

目录

学习任务 5　固定翼无人机空气动力学 …063
  知识点 1　坐标系 …063
  知识点 2　升阻比 …064
  知识点 3　翼载荷 …064
  知识点 4　机翼的几何参数 …064
  知识点 5　翼型选择 …065
  拓展课堂 …068

学习任务 6　旋翼无人机空气动力学 …069
  知识点 1　无人直升机的组成 …070
  知识点 2　多旋翼无人机的组成 …073
  知识点 3　旋翼空气动力学 …076

模块三　无人机飞行原理

学习任务 1　飞机的平衡 …081
  知识点 1　平衡的定义 …081
  知识点 2　俯仰平衡 …082
  知识点 3　横向平衡 …084
  知识点 4　方向平衡 …085

学习任务 2　飞机的稳定性 …087
  知识点 1　稳定性的定义 …087
  知识点 2　俯仰（纵向）稳定性 …088
  知识点 3　方向（航向）稳定性 …092
  知识点 4　横向（横侧）稳定性 …093

学习任务 3　飞机的操纵性 …096
  知识点 1　俯仰操纵性 …096
  知识点 2　方向操纵性 …097
  知识点 3　横向操纵性 …098
  拓展课堂 …099

学习任务 4　无人机的飞行性能 …099
  知识点 1　平飞性能 …100
  知识点 2　爬升性能 …101
  知识点 3　下降性能 …102
  知识点 4　续航性能 …102
  知识点 5　活动半径 …103
  知识点 6　起飞着陆性能 …104

模块四　无人机飞行控制原理

学习任务 1　飞行控制系统概述 …106
  知识点 1　飞行控制系统的定义 …107
  知识点 2　飞行控制系统的基本功能 …107
  拓展课堂 …109

学习任务 2　飞行控制系统的基本原理 …110
  知识点 1　自动驾驶原理 …110
  知识点 2　飞控的工作过程 …111

学习任务 3　飞行控制系统的硬件组成 …112
  知识点 1　处理器 …112
  知识点 2　通信接口 …113
  知识点 3　MEMS 传感器 …115

学习任务 4　飞行控制系统的软件 …117
  知识点 1　嵌入式操作系统 …117
  知识点 2　飞控算法 …118

学习任务 5　常用开源飞控 …123
  知识点 1　Arduino …124
  知识点 2　PX4 和 PIXHawk …124
  知识点 3　MWC …126
  知识点 4　DJI NAZA 飞控 …126
  知识点 5　KK 飞控 …127
  知识点 6　PPZ 飞控 …127

模块五　无人机导航原理

学习任务 1　导航技术概述 …130
  知识点 1　导航技术的发展 …130
  知识点 2　导航技术的分类 …134
  知识点 3　导航的基本手段 …136

学习任务 2　卫星导航技术原理 …143
  知识点 1　卫星导航概述 …143
  知识点 2　GPS 系统定位原理 …145
  知识点 3　北斗卫星导航系统 …151
  拓展课堂 …153

学习任务 3	组合导航和差分定位技术	...154
知识点 1	组合导航	...154
知识点 2	差分定位技术原理	...156

模块六　无人机通信原理

学习任务 1	无人机通信需求及特点	...160
知识点 1	无人机通信需求	...161
知识点 2	无人机通信的特点	...165

学习任务 2	无人机通信的分类	...168
知识点 1	根据传输手段划分	...169
知识点 2	根据通信频段划分	...174
知识点 3	根据通信距离划分	...176
知识点 4	按照其他方式划分	...178

学习任务 3	通信的基本原理	...182
知识点 1	通信基本知识	...183
知识点 2	通信的过程及构成要素	...185
知识点 3	无人机数据链	...185
知识点 4	无人机通信性能指标	...186

学习任务 4	无人机通信设备及工作模式	...189
知识点 1	通信设备	...190
知识点 2	工作模式	...195

学习任务 5	通信协议 MavLink	...200
知识点 1	MavLink 简介	...201
知识点 2	MavLink 的优势	...202
知识点 3	MavLink 的信息结构	...202
知识点 4	心跳包	...204
知识点 5	全球定位信息	...205
知识点 6	命令信息	...206

模块七　无人机地面站工作原理

学习任务 1	地面站概述	...209
知识点 1	地面站的定义	...209
知识点 2	地面站的功能模块	...210
知识点 3	国内外地面站介绍	...211

学习任务 2	地面站软件	...213
知识点 1	地面站软件介绍	...214
知识点 2	地面站软件的发展趋势	...214
知识点 3	地面站软件的功能	...215

学习任务 3	地面站软件的界面	...218
知识点 1	地面站软件总体结构	...219
知识点 2	地面站软件工作流程	...221
知识点 3	界面设计	...221

学习任务 4	地面站重要功能介绍	...222
知识点 1	通信控制与数据处理	...223
知识点 2	电子地图	...224
知识点 3	航迹规划	...225

模块八　航空气象

学习任务 1	大气成分与结构	...227
知识点 1	大气飞行环境	...227
知识点 2	对流层	...228
知识点 3	平流层	...230
知识点 4	中间层	...230
知识点 5	热层	...230
知识点 6	散逸层	...230

学习任务 2	基本气象要素对飞行性能的影响	...231
知识点 1	气温	...231
知识点 2	气压	...233
知识点 3	湿度	...234
知识点 4	风	...235
知识点 5	能见度	...238
知识点 6	雷暴	...239
知识点 7	乱流	...240
知识点 8	积冰	...242
知识点 9	气团和锋	...245
拓展课堂		...249

参考文献 ...251

模块一 无人机的基本认知

在智能化自动化时代,无人机已经成为国防军工和民用民生等经济、社会、文化领域的重要生产生活设备。近年来,随着军民融合战略的逐步深化,无人机行业得到了跨越式的发展,迫切需要无人机相关设计、制作与维修的从业人员,特别是经过相应职业教育的技术工人。

本模块首先讲述无人机的定义和发展历史,然后再从飞行平台、动力系统、飞控系统、导航系统、电气系统、数据链路、地面站、任务载荷和发射与回收系统等方面简单介绍无人机的系统组成,最后讲解无人机的分类和各类应用。

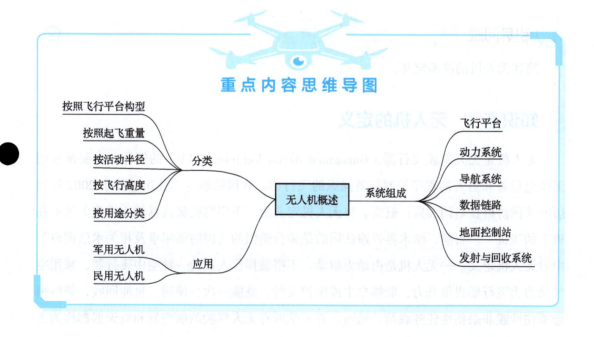

重点内容思维导图

学习任务 1 了解无人机的定义与发展历史

本学习任务主要目的是了解无人机的定义以及无人机的发展历史。通过学习无人机的准确定义，能够明确无人机与导弹、火箭等其他航空器的区别；并且通过学习无人机的发展历史，了解无人机是如何从有人机上分化发展出来的。

知识目标

- 了解无人机的定义。
- 了解无人机的发展历史。
- 能够运用所学知识，分辨无人机的各个组成系统。

素养目标

- 培养专业自信和职业兴趣。

引导问题

简述无人机的准确定义。

知识点 1 无人机的定义

无人机是无人驾驶飞行器（Unmanned Aerial Vehicle，UAV）的简称，主要是利用无线电设备和自备的程序控制装置操纵的飞行器。我国的航空工业出版社于2002年出版的《国防科技名词大典：航空》将无人机定义为"不用驾驶员或驾驶（操作）员不在机上的飞机"。目前，学术界普遍认同的是来自美国的《国防部军事及相关术语词典》中对无人机定义——无人机是由动力驱动、不搭载操作人员的一种空中飞行器，采用空气动力为飞行器提供升力，能够自主或操控飞行，既能一次性使用，也能回收，能够携带杀伤性或非杀伤性任务载荷。然而，并不是所有无人驾驶的航空器和航天器都称为无人机，例如卫星、导弹等都不属于无人机。

这里特别提醒读者注意无人机与巡航导弹的区别：无人机在飞行结束后是可以进行回收，而巡航导弹是一次性的，不能回收；无人作战飞机虽然可以携带弹药，但弹药与无人机体是分开、相对独立的,而巡航导弹的战斗部是被整合在弹体内的。

我们见到最多的就是消费级无人机,如图1-1所示,主要用于航拍、跟拍等娱乐场景,具有产品标准化、应用同质化特征。2018年9月,世界海关组织协调制度委员会(HSC)第62次会议决定,将消费级无人机归类为"会飞的照相机"。

由于无人机不需要机载操作人员,故相较于有人飞机更有以下优势:

图1-1 消费级无人机

1)执行任务的种类比较广泛。与有人飞机相比,无人机更适合执行枯燥无味的任务(例如农药喷洒),可降低人工成本;更适于执行具有危险性的任务,避免机载人员伤亡。

2)起降方式灵活、简便。对于中小型的无人机,其起飞方式可以采用弹射起飞或者手抛起飞,降落可以采用伞降或气囊着陆手段,不需要机场、塔台等;对于大型无人机,也可以大大缩短起飞和着陆的滑跑距离。

3)机动性高,隐蔽性好。由于无人机上没有操作人员,故战斗机高机动过载引起的飞行员身体不适将不复存在。同时,无人机省去了机载人员及相关设备,其质量、体积都会大大减小,有利于各种非常规布局以及隐身性的设计,从而增强其突防能力。

4)研制成本低,使用维护方便。无人机内部结构简单,省去了有关人机环境控制以及安全救生设备,从而大幅缩短了设备研制、人员培训以及后期维修保养等所需要的时间,节省了研制费用和驾驶员的训练时间,缩短了研制周期,简化了维修方法。

引导问题

简述无人机的发展历史。

知识点2 无人机的发展历史

无人机最早出现在20世纪20年代。1914年第一次世界大战期间,英国的两位将军卡德尔和皮切尔向英国军事航空学会提出了一项建议:研制一种不用人驾驶,而用无线电操纵的小型飞机,使它能够飞到敌方某一目标区上空,将事先装在飞机上的炸弹投下去。这种大胆的设想立即得到时任英国军事航空学会理事长戴·亨德森爵士的赞同,他指定由A.M.洛教授率领一班人马进行研制。但由于技术问题,研制试验最终失败了。

1916 年，美国的斯佩里父子发明了一种陀螺仪，可代替飞行员来稳定操纵飞机——这被称为"姿态控制"的开始，进而促进了自动驾驶技术的实现。1917 年 12 月，世界上第一架无人机由斯佩里父子研制成功，并被命名为"空中鱼雷"，如图 1-2 所示。斯佩里父子操控着这架无人机飞行了超过 30mile（约合 48.3km）。但是，由于其工程技术并不成熟，故在两次世界大战中，无人机并没有得到实际应用。

直到 20 世纪 50 年代，无人机才得到了较为广泛的应用，主要作为靶机供军方使用。20 世纪 60 年代后，美国出于冷战的需要，将无人机的研究重点归于军事侦察方面，研制了无人侦察机"火蜂"，如图 1-3 所示。

图 1-2 世界上第一架无人机——"空中鱼雷"

图 1-3 "火蜂"无人侦察机

到了越南战争结束以后，美国才转而开始研制尺寸更小、成本更低廉的无人机，这使得以无人侦察机为主的无人机技术在 20 世纪 80 年代后得到了迅速发展。在 1991 年的海湾战争中，美国将无人机用于实战。在此之后，无人机的军事应用得到了快速发展。2001 年 10 月 17 日，在阿富汗战场上，美国首次使用"捕食者"无人机发射"海尔法"导弹，成功摧毁了塔利班的一辆坦克，也开启了无人机直接作战的时代。同时，军用无人机也开始成体系地建设和发展。图 1-4 所示为美国的"死神"无人机。

图 1-4 "死神"无人机

进入 21 世纪以来，随着无人机技术进一步的发展，无人机在民用领域得到了广泛应用并逐步形成产业。现在，无人机已经深入人类生活和生产的各个方面，并出现了一些创新性的应用。自 2008 年汶川地震以来的每一次地震灾害，轻、小型无人机均表现出轻便、快捷的特质，为救灾减灾及时提供了重要的高分辨率影像数据。农用无人机利用搭载的高精度摄像机，实现对农作物生长以及周围土壤、水分等环境的实时监测，并据此播种、浇水、施肥、喷洒农药等。此外，还可通过无人机进行航测航探发现矿藏和其他资源，并随时检测当地的地质状况，指导矿产资源的开采。在日常使用中，无人机可以对公路、铁路、高压电线和油气管道等重要公共设施进行巡查，减少事故发生。

拓展课堂

"北京五号"是中国第一架真正的无人机，采用一架从苏联进口的安-2运输机为基础改造，于1958年由北京航空学院研制而成。该无人机采用地面无线电遥控，飞手采用舵盘式的模拟操纵设备控制飞机姿态。1959年1月31日，"北京五号"无人机经空军、民航部门、北京市领导确认机上确实无人并加锁后，在首都机场自动飞上蓝天。它在空中通过遥控完成各种姿态和一定范围航线的飞行后，安全地自动着陆，实现了中国第一次无人驾驶飞机的成功飞行。

学习任务2　了解无人机系统的组成

无人机系统主要包括飞行平台、动力系统、飞控系统、导航系统、电气系统、数据链系统、地面控制站、发射回收系统、任务载荷等。本学习任务主要针对各系统进行简要描述，后续学习任务将会对其中部分重要系统进行详细说明。

知识目标

- 熟悉无人机各个系统的组成。
- 熟悉无人机的外部系统，包括地面站、载荷、发射与回收系统。

素养目标

- 能够运用所学知识，分辨无人机的各个组成系统。

引导问题

简述无人机由哪些系统组成。

知识点 1　飞行平台

飞行平台是无人机最基本的组成部分,是无人机的主体。它将动力装置、导航系统、任务载荷以及其他部件组合成一个整体,以实现无人机在空中的飞行。

与有人驾驶飞机一样,无人机飞行平台根据获得升力的方式不同分为两大类:一类是轻于空气的飞行器,它们依靠空气的静浮力而升空,如气球、飞艇;另一类是重于空气的飞行器,它们依靠与空气的相对运动产生升力而升空,如固定翼飞机、直升机、旋翼机、扑翼机等。无人机系统飞行平台主要使用的是重于空气的带动力驱动的航空器。

1. 固定翼平台

固定翼飞行平台是使用数量最多的无人机平台。它由固定在机体上的机翼产生升力,并由装在机体上的动力装置产生前进的推力或拉力,从而使飞机飞行。图 1-5 所示为典型的固定翼飞行平台结构。

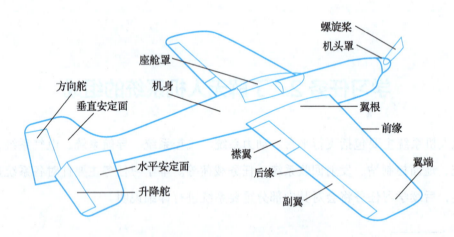

图 1-5　固定翼飞行平台结构示意图

固定翼无人机飞行平台可以根据技术需求的不同设计成不同的形状,但其主要结构与有人驾驶飞机非常类似,主要包括机身、机翼、尾翼、起落架等结构。以下介绍各组成部分在无人机飞行过程中所起到的作用。

(1) 机身

机身的作用是装载任务载荷、设备、燃油和武器等,同时固定机翼、尾翼、起落架等部件使之连成一个整体。机身横截面以圆形为最好。但为满足其他要求(如安装发动机、隐身等),往往不得不采用椭圆形、卵形以及其他各种形状。

（2）机翼

机翼是产生升力的主要部件，并与尾翼一起保证飞机的稳定性和操纵性。机翼后缘有可操纵的活动面，位于后缘外侧的舵面叫副翼，用于控制飞机的滚转运动；位于后缘内侧的是襟翼，用于增加起飞/着陆阶段的升力。另外在机翼内部可以装载燃油、设备、武器等，机翼上还可以安装起落架、发动机，或悬挂导弹、副油箱及其他外挂设备。

（3）尾翼

尾翼是用来配平、稳定和操纵固定翼飞行器飞行的部件，通常包括垂直尾翼和水平尾翼两部分。垂直尾翼由固定的垂直安定面和安装在其后部的方向舵组成；水平尾翼由固定的水平安定面和安装在其后部的升降舵组成。方向舵用于控制飞机的飞行方向，升降舵用于控制飞机的俯仰运动，如图1-5所示。

（4）起落架

飞机起落架是为飞机起飞、着陆和地面停放之用。它可以吸收飞机着陆冲击的能量，减小冲击载荷，改善滑行性能。起落架常见的形式有轮式起落架、滑橇式起落架、浮筒式起落架等，为了提高滑橇式无人机的起飞性能，经常会采用专用发射装置帮助其起飞。图1-6所示为无人机常用的轮式起落架。

图1-6 轮式起落架

2. 旋翼平台

旋翼平台即旋翼航空器平台，其飞行所需的升力是由绕固定的旋转轴旋转的"旋翼"产生的。旋翼平台的旋翼旋转时与空气产生相对运动从而获得升力。现代旋翼航空器通常有直升机、自转旋翼机和多旋翼直升机三种类型。

（1）直升机

直升机是一种由相对于机体旋转的旋翼提供升力和推进力的航空器，其动力装置直接驱动旋翼旋转。直升机主要由机身、起落架、动力系统、旋翼系统和尾翼几部分组成，它们的作用如下：

1）机身：将其他部件安装到机身上使其形成一个整体。

2）起落架：为直升机提供地面支撑和在地面的运动，并起到减振吸能的作用。

3）动力系统：为直升机提供动力，驱动旋翼旋转。

4）旋翼系统：提供直升机飞行所必需的升力，并使直升机产生垂直升降、前后、左右飞行的力。

5）尾翼：提供反扭力矩，防止直升机失控旋转，并控制直升机的偏航运动。

直升机具有大多数固定翼飞行器所不具备的垂直升降、悬停、小速度向前或向后飞行的特点，这些特点使得直升机在很多场合能实现固定翼飞机所不能完成的功能，如海上救援、吊装、架线、植保、巡查等。与固定翼飞机相比，直升机的缺点主要是速度低、噪声大、航程较短。

（2）自转旋翼机

自转旋翼机简称旋翼机。旋翼机与直升机的最大区别是旋翼机的旋翼不与发动机传动系统相连，因此，发动机并不能驱动旋翼旋转为飞机提供升力。旋翼机的飞行过程如下：发动机驱动水平布置的螺旋桨产生向前的推力，使旋翼机产生一定的向前的运动速度，从而使相对运动的气流吹动旋翼旋转产生升力，使旋翼机飞行。旋翼机必须像固定翼航空器那样滑跑加速才能起飞，并且不能像直升机那样进行稳定的垂直起降和悬停。

由于旋翼为自转式，传递到机身上的扭矩很小，因此旋翼机不必像单旋翼直升机那样安装尾桨，但一般装有尾翼，以控制飞行。在向前飞行的过程中，旋翼机与直升机最明显的姿态区别是，直升机的旋翼面向前倾斜，而旋翼机的旋翼面则是向后倾斜的，如图1-7所示。

图1-7 自转旋翼机

有些旋翼机在起飞时，旋翼也可通过"离合器"与发动机相连，靠发动机带动旋翼旋转而产生升力，这样可以缩短起飞滑跑距离，并像直升机那样几乎陡直地向上爬升。但它仍不能垂直上升，也不能在空中悬停。它会在升空后再松开"离合器"，此时旋翼就可以在空气动力作用下自由旋转而产生升力。

与直升机相比，旋翼机的结构非常简单，造价低廉，安全性也较好，一般用于通用航空或运动类飞行。

（3）多旋翼直升机

多旋翼直升机多属于无人机，由于其结构简单，便于小型化生产，近年来在小型无人直升机领域大量应用，常见的有四轴、六轴和八轴直升机。

与传统的直升机相比，多旋翼直升机的主要优点包括：旋翼角度固定，结构简单；

每个旋翼的桨叶比较短,桨叶末端的线速度低,发生碰撞时冲击力小,不容易损坏,对人也更安全;体积小,质量轻,因此携带方便,能在人不易进入的各种恶劣环境中作业。

多旋翼直升机可以在无人驾驶的条件下完成复杂的空中飞行任务并搭载各种任务载荷,可执行航拍、取景、实时监控、地形勘察等多种任务。

3. 其他飞行平台

除了上述几种常见的航空器飞行平台外,扑翼机、倾转旋翼机和飞艇也可作为无人机的飞行平台使用。扑翼机是像鸟类和昆虫那样上下扑动翅膀而升空飞行的航空器。作为一种仿生学器械,扑翼机与它模仿的对象一样,在扑动机翼的同时产生升力和推进力。图 1-8 所示为仿蜻蜓微型扑翼机。

倾转旋翼机是一种同时具有旋翼和固定翼功能的航空器,它在机翼两侧各安装了一套可在水平和垂直位置之间转动的可倾转旋翼系统,如图 1-9 所示。倾转旋翼机在动力装置旋转到垂直位置时相当于横列式直升机,可进行垂直起降、悬停、低速空中盘旋等直升机的飞行动作;而在动力装置旋转至水平位置时相当于固定翼螺旋桨式飞机,可实现比直升机更快的巡航速度,因此有人把它称为"直升飞机",它兼有直升机和固定翼飞机的优点,具有很好的应用前景。

图 1-8　仿蜻蜓微型扑翼机

图 1-9　倾转旋翼机

飞艇是由发动机提供前进动力的、轻于空气的航空器,一般由艇体、尾面、吊舱和推进装置等部分组成。艇体的外形呈流线型,以减小航行时的阻力,内部充密度比空气小的氢气或氦气,以产生静浮力使飞艇升空。飞艇曾广泛应用于海上巡逻、反潜、远程轰炸等,随着飞机的出现,飞艇的功用逐渐转变为商业运输,并在空中平台、侦察、广告业等方面发挥着重要作用。

知识点 2　动力系统

无人机使用的动力装置主要有活塞式发动机、涡轮喷气发动机、涡轮风扇发动机、涡轮螺旋桨发动机、涡轮轴发动机、冲压发动机和电动机等。为了满足不同无人机的需求，无人机动力装置的功率和推力变化范围很大，但基本上是属于中小型发动机的范畴。

不同用途的无人机对动力装置的要求也不相同。对一次性使用的靶机、自杀式无人机等的动力装置，主要要求其推重比高、抗过载和抗进口气流畸变能力强，而寿命可以较短；对无人战斗机的动力装置，主要要求其工作包线宽、加减速性能好、巡航耗油率低、隐身性能好；对高空长航时无人机的动力装置，则要求其耗油率低、寿命长、飞行范围广、高空特性好；对于微小型低空无人机的动力装置，由于其所需功率较小，因此要求其质量小、成本低。

知识点 3　飞控系统

飞行控制系统简称飞控系统，是无人机完成起飞、空中飞行、执行任务和返场回收等整个飞行过程的核心系统。飞控系统对于无人机来说相当于驾驶员对于有人机的作用，是无人机最为核心的技术之一。

飞控系统在无人机上的功能主要体现在以下两方面：

1）飞行控制：即无人机在空中保持飞行姿态与航迹的稳定，以及按地面无线电遥控指令或者预先设定好的高度、航线、航向、姿态角等改变飞机的姿态与航迹，保证飞机稳定飞行。

2）飞行管理：即完成飞行状态参数采集、导航计算、遥测数据传送、故障诊断处理、应急情况处理以及任务设备的控制与管理等工作，这也是无人机进行无人飞行和完成既定任务的基础。

因此，飞行控制系统也叫飞行控制与管理系统。无人机飞行控制系统一般包含传感器、飞控计算机和伺服作动设备三大部分。

知识点 4　导航系统

按照规定的计划和要求，将无人机从起始点沿一定的航线引导到目的地的过程称为导航，用来完成上述引导任务的系统称为导航系统。导航系统是无人机的重要组成部分。它的任务是确定无人机相对于所选定的参考坐标系的位置、速度、飞行姿态,引导无人机沿规定的航线安全、准时、准确地从一点飞到另一点。

无人机导航系统主要具有以下功能:

1)获得必要的导航要素,包括高度、速度、姿态和航向等。

2)给出满足精度要求的定位信息,包括经度、纬度等。

3)引导飞机按规定计划航行。

4)接收预定任务航线计划,并对任务航线的执行进行动态管理。

5)接收并执行控制站的导航模式控制指令,具有指令导航模式与预定航线飞行模式相互切换的功能。

6)具有接收并融合无人机其他设备的辅助导航定位信息的能力。

7)配合其他系统完成各种任务。

知识点 5 电气系统

为使无人机各系统和设备正常工作,完成预定的功能,需要使用各种形式的能源。在无人机上使用的动力、测控、飞行控制与管理、导航、任务设备等系统都与电气系统有关。因此,电气系统也是无人机系统的一个重要组成部分,它的工作状态及运行性能将直接影响无人机以及全系统的正常工作。

无人机电气系统一般包括电源系统、配电系统和用电设备三部分,电源系统和配电系统统称为供电系统。供电系统的功能是向无人机各用电设备提供满足设定要求的电能。根据电气系统的位置,无人机电气系统又可分为机载电气系统和地面供电系统两部分。机载电气系统主要由电源、应急电源、电气设备的控制与保护装置及辅助设备组成。

机载电气系统的供电电源一般是指无人机主动力系统直接驱动的发电装置。对于微小型的无人机,电动无人机的动力电池即为无人机的供电电源。

在一些大型无人机上,为了适应用电设备对供电类型的不同要求,还应根据需要设置变换电源。一旦主电源系统发生故障,必须由应急电源为无人机安全飞行和返航着陆所必需的系统或设备提供足够的电能。

配电系统应将电能可靠而有效地输送到各个用电设备。配电系统由传输电线和控制与保护装置组成。对于重要的系统或设备,还应有多路的独立供电措施。当配电系统中发生局部性的故障时,不能扩大影响到未发生故障的部分,更不能危及无人机的安全。

知识点 6 数据链路

数据链路是无人机系统的重要组成部分,是无人机与地面系统联系的纽带,其主要任务是建立一个空地双向数据传输通道,用于完成地面控制站对无人机的远距离遥控、遥测和任务信息传输。数据链路设备包括遥控设备、遥测设备、跟踪测量设备、信息传输设备和数据中继设备等。遥控设备用于实现对无人机和任务设备进行的远距离操作;遥测设备用于实现对无人机状态的监测;跟踪测量设备用于对无人机进行连续跟踪测量,并实时获得无人机的三维坐标信息;信息传输设备则通过下行无线信道向测控站传送由机载任务传感器所获取的视频、图像等信息;数据中继设备可以通过对接收信号进行再生和发送,进一步增加信号的传输距离。

无人机数据链路一般由机载部分和地面部分组成,如图 1-10 所示。机载部分包括机载数据终端和天线。机载数据终端包括射频接收机、发射机以及调制解调器,天线主要采用全向天线。地面部分包含地面数据终端和一副(或几副)天线。地面数据终端由射频接收机和发射机以及调制解调器组成,一般可以分装成以下几部分:一辆天线车、一条连接地面天线和指挥控制站的本地数据连线,以及地面控制站中的若干处理器和接口。

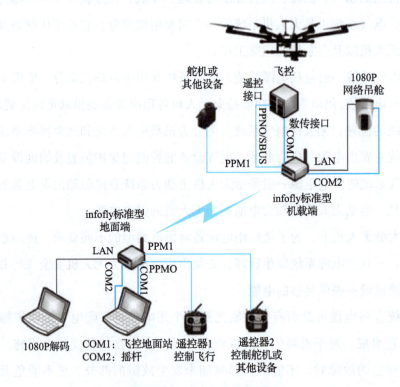

图 1-10 无人机的数据链路

无人机的数据链路按照传输方向可分为上行链路和下行链路。上行链路主要完成地面站到无人机的遥控指令的发送和接收，下行链路主要完成无人机到地面站的遥测数据以及红外或电视图像的发送和接收，并根据定位信息的传输利用上、下行链路进行测距。

通信设备（数据链路设备）在无人机系统中占有非常重要的地位，用于实现无人机和地面站之间的信息传输，数据链路设备利用上、下行链路传输无人机飞行数据，必要的时候可以采用中继链路。地面站数据链路设备接收数据后予以处理显示，形成人机交互界面，实现对无人机的状态监控。

知识点 7 地面控制站

无人机地面控制站也称遥控站或者任务规划与控制站。无人机系统的控制是一种"人在回路"的控制，无人机没有机上驾驶员，需要地面人员进行操控。由于是无人驾驶飞行，在飞行前需要事先规划和设定它的飞行任务和航路，在飞行过程中，地面人员还要随时了解无人机的飞行情况，根据需要操控飞机的调整姿态和航路，及时处理飞行中遇到的特殊情况，以保证飞行安全和飞行任务的完成。另外，地面操控人员还要通过数据链路操控机上任务载荷的工作状态，以确保遥感或侦察监视等任务的圆满完成。地面人员要完成这些指挥控制与操作功能，除了需要数据链路的支持以传输数据和指令外，还需要能够提供状态监控、任务规划与指挥控制等相应功能的设备和系统。

在规模较大的无人机系统中，可以有若干个控制站，这些不同功能的控制站通过通信设备连接起来，构成无人机地面站系统。地面控制站与其他通信设备的关系如图1-11所示。无人机地面站系统的功能通常包括指挥控制、任务规划、操作控制、显示记录等。它们的主要作用如下：

1）指挥控制模块：主要进行上级指令接收、系统之间联络、系统内部的调度等工作。

2）任务规划模块：主要进行飞行航路规划与重规划、任务载荷工作规划与重规划等工作。

3）操作控制模块：主要进行起降操纵、飞行控制操作、任务载荷操作、数据链控制等工作。

4）显示记录模块：主要进行飞行状态参数显示与记录、航迹显示与记录、任务载荷信息显示与记录等工作。

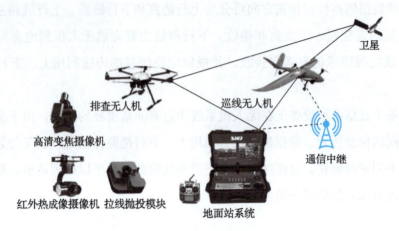

图 1-11 地面站与其他通信设备的关系图

无人机地面控制站主要由飞行操纵、任务载荷控制、数据链路控制和通信指挥等系统组成，可完成对无人机机载任务载荷等的操纵控制。一个无人机控制站可以指挥控制一架无人机，也可以同时控制多架无人机；一架无人机可以由一个控制站完成全部的指挥控制工作，也可以由多个控制站来协同完成指挥控制工作。

知识点 8　任务载荷

任务载荷指的是无人机执行任务所需携带的任务设备的重量。携带有效载荷是使用无人机系统的主要原因，而且有效载荷通常是无人机最昂贵的子系统，包括日间摄像机、夜间红外摄像机、通信设备、电子战设备、侦察雷达和武器系统等。无人机任务载荷的快速发展极大地扩展了无人机的应用领域，无人机根据其功能和类型的不同，其上装备的任务载荷也不同。

任务载荷是战术无人侦察机的关键部分，不仅在重量上占无人机全重较大比例，而且也在成本上占据了无人机成本的大部分。以高性能、高成本的美军"全球鹰"和"捕食者"无人侦察机为例，其任务载荷的成本分别占其总成本的 1/4 和 1/2；对于结构相对简单、造价更加低廉的战术无人机来说，其比例不会低于以上数字。

一般来说，无人机的任务载荷大多需要安装在各种平台上面以实现在水平和竖直方向进行转动，从而达到使任务载荷充分发挥功能的目的。人们通常把用于连接摄像机与摄像机支撑架，承载摄像机进行水平和垂直两个方向转动的装置称为云台，如图 1-12 所示。云台可分为固定式和电动式两种。云台是一种可以在水平和垂直两个方向上转动的装置，在它上面可以安装需要在这两个方向进行转动的其他设备，如摄像机等。无人机上的各种任务载荷,如光电/红外传感器、合成孔径雷达、激光雷达、激光测距机和各种武器设备等都需要这样的云台。另外,云台还需要能够接收遥控指令并根据指令进行调整或保持一个特定角度等功能,其他可选的特性还有防爆、防水、耐高温、抗风等。云台的这些功能特性保证无人机在飞行过程中,其任务载荷能进行有效的作业。

图 1-12 无人机的云台

引导问题

四旋翼无人机是可以从地面垂直起飞到天上的,而其他无人机都是这样的吗?其他各种类型的无人机是如何飞到天上的?请简要列举其他类型的无人机和其起飞方式。

知识点 9　发射与回收系统

无人机发射(起飞)与回收系统是无人机的一个重要功能系统,是满足无人机机动灵活、重复使用以及高生存能力等多种需求的必要技术保障。从物理学角度看,无人机的发射与回收过程均是对无人机做功的过程,发射过程是对无人机提供飞行能量,而回收过程则是吸收无人机的飞行能量。

1. 发射技术

(1) 火箭助推发射

火箭助推发射主要是利用火箭助推器的能量,在短时间内将无人机加速到一定的速度和高度,一般采用零长发射和短轨发射方式,如图 1-13 所示。

按照火箭助推器的使用数量及在无人机上连线布置形式的不同,可分为单发共轴式、单发夹角式、双发夹角式和箱式自动连续发射等。共轴式助推发射火箭推力线与机体轴线一致,无人机加速迅速,推力线控制与调整简单,但推力座设置复杂,特别是后置式动力装置协调困难。夹角助推式的推力线与机体轴线成一定角度,推力座设置简单,但推力线控制与调整要求较为复杂,火箭脱落时与后置式动力装置易发生干涉。按照发射架与无人机的相对位置关系,分为悬挂式和下托式发射方式。悬挂式多用于共轴式发射、离轨下沉量较大的无人机;而下托式多用于夹角式发射、离轨下沉量较小的无人机。

图 1-13　无人机的火箭助推发射

火箭助推器发射优点是机动灵活、通用性好、应用广泛，几乎适用于任何类型的飞机，是常用的无人机发射方式之一；缺点是涉及火工品的贮存、运输和使用，发射时具有声光烟等容易暴露发射阵地的较强物理特征。

（2）弹射起飞

弹射起飞的主要原理是将液压能、气压能或弹性势能等不同形式的能量转换为动能，使无人机在一定长度的滑轨上加速到安全起飞速度，如图 1-14 所示。

图 1-14　无人机的弹射起飞

按发射动力能源的不同形式，可分为液压弹射、气压弹射、橡筋弹射、电磁弹射等。其中，起飞速度小于 25m/s，起飞重量小于 100kg，通常采用橡筋弹射方式；起飞速度小于 25~45m/s，起飞重量小于 400kg，通常采用气压或液压弹射方式，如美国的"银狐"无人机（气压弹射）和英国的"不死鸟"无人机。无人机橡筋弹射方式原理简单、机构简便，但仅限于低速、微小型无人机发射。气压和液压弹射方式除工作介质（高压气体或高压油）不同外，工作原理基本相同，但气压弹射能量特性受环境温度影响较大，且安全性较差，目前中小型低速无人机多采用液压弹射技术。

无人机弹射起飞方式的优点是机动灵活、安全性和隐蔽性好；缺点是发射重量受限制，滑轨不能太长，一般只适用于中小型低速无人机。

（3）地面滑跑起飞

地面滑跑起飞主要原理是利用无人机自身发动机的推力，驱动无人机在跑道上加速起飞，如图 1-15 所示。地面滑跑起飞分为起飞车滑跑起飞和轮式起落架滑跑起飞。地面滑跑起飞的优点是发射系统部分简单可靠，配套地面保障设备少，加速过载小；其缺点主要是需要跑道或较好的地面环境条件，机动灵活性较差，起落架结构需占用部分无人机的空间及重量。

图 1-15　无人机地面滑跑起飞

（4）空中发射

空中发射是指通过载机将无人机携带至空中，利用载机自身的速度实现无人机与载机的分离和自主飞行，如图 1-16 所示。

图 1-16　无人机的空中发射

空中发射主要分为滑轨式发射和投放式发射。滑轨式发射指将无人机安装在载机的滑轨上，无人机靠自身动力滑出轨道。投放式发射是指在载机上安装悬挂系统，无人机投放脱离载机后靠自身动力飞行。根据无人机自身动力的启动时间,分为投放前启动和投放后启动。

空中发射的优点是发射系统部分简单;缺点主要是对载机的要求高,依赖于机场保障,使用成本高,机动灵活性差。

(5) 手抛式发射

手抛式发射适用于小型固定翼无人机,如美国"指针"无人机和"大乌鸦"无人机,如图 1-17 所示。

图 1-17 美国"大乌鸦"无人机手抛式发射

(6) 垂直起飞

垂直起飞是无人直升机和旋翼机的垂直或短距离起飞方式,如美国的"鹰眼"无人机,如图 1-18 所示。

图 1-18 美国"鹰眼"无人机垂直起飞

2. 回收技术

(1) 伞降回收

无人机的伞降回收技术成熟，被广泛使用，大多数无人机都采用降落伞作为主要的回收装置，如图 1-19 所示。即使采用其他的回收装置，通常也会选择降落伞作为应急回收系统。

为降低无人机的着陆冲击，伞降回收系统通常采用伞降加末端缓冲装置的组合形式。末端回收装置有气囊缓冲和反推火箭缓冲两种方式。

图 1-19　无人机的伞降回收

伞降回收也存在着一些缺点，包括：回收过程中如果遇到侧风，会有水平飘移，影响了着陆的准确性；着陆点的地貌对伞降后无人机的损伤程度有直接影响；着陆过载较大时，若想降低着陆速度，需要以增大伞衣面积及降低回收精度为代价。

(2) 着陆滑跑回收

无人机的着陆滑跑回收主要是采用起落架或滑橇在跑道或平整地面上滑行，通过滑行摩擦阻力或其他阻拦装置（阻拦网、阻拦索或阻力伞）使无人机在地面上逐步减速直至停止，如图 1-20 所示。中小型无人机滑跑距离为几十米，大型无人机一般为 100~300m。

图 1-20　无人机的着陆滑跑回收

地面滑跑回收方式的优点是回收系统简单，配套地面保障设备少，着陆撞击过载小，对机体和机载设备的损伤小，回收后再次起飞准备的时间短；缺点是需要跑道较良好的起飞条件，回收的机动灵活性差。

(3) 撞网回收

撞网回收是一种理想的非伞降方式，特别适合窄小的回收场或舰船上使用，如图 1-21 所示。撞网回收的重点是如何引导无人机准确地飞向阻拦网、触网后如何柔和地吸收能量。撞网回收方式适用于小型无人机，可靠性高，对回收场空间要求不高，费用低。

图 1-21　无人机的撞网回收

（4）"天钩"系统回收

"天钩"系统回收和撞网回收差不多，控制无人机飞向绳索，利用无人机上的挂钩勾住绳索实现回收，如图 1-22 所示。

图 1-22　"天钩"系统回收

学习任务 3　了解无人机的分类

随着国内外无人机相关技术的飞速发展，无人机系统的种类日益繁多，用途越来越广泛，特点越来越鲜明，同时其在飞行平台构型、起飞重量、航程、飞行高度等方面的差异也越来越大。由于无人机的多样性，基于不同标准的考量，本学习任务将以五种分类方式来进行阐述。

知识目标

- 熟悉无人机的构型分类。
- 了解无人机其他分类方式。

素养目标

- 培养自身总结与分析的能力。

引导问题

大家对旋翼无人机比较熟悉，特别是四旋翼航拍类无人机，除此之外，请简要说明无人机还有哪些构型分类。

知识点 1　按飞行平台构型分类

无人机可分为固定翼无人机、旋翼无人机、扑翼无人机、无人飞艇等。

（1）固定翼无人机

从气动角度考虑，固定翼无人机飞行时靠动力装置产生前进的推力或拉力，产生升力的主翼面相对于机身固定不变，主要有常规布局、鸭式布局、飞翼或无尾布局、联结翼布局等形式，如图 1-23 所示。

a）常规布局　　　　b）鸭式布局
c）飞翼布局　　　　d）联结翼布局

图 1-23　固定翼无人机

（2）旋翼无人机

旋翼无人机包括无人直升机和多旋翼无人机两大类。

无人直升机是一种重于空气的航空器，与固定翼无人机由机翼产生升力不同，无人直升机主要由旋翼旋转产生相对于空气的运动，进而获得升力。除了提供升力，无人直升机的旋翼还为其提供推进力，使其具有大多数固定翼无人机所不具备的垂直升降、悬停、小速度向前或向后飞行的功能。与固定翼无人机相比，无人直升机的飞行速度低，耗油量较大，航程较短。

无人直升机还有一大特点，即旋翼旋转将产生反扭效应。无人直升机的旋翼在为其提供升力和推进力的同时，机身也会受到反作用扭矩的作用而产生向反方向旋转的趋势。为了克服旋翼旋转产生的反作用扭矩，一般采用在机身尾部安装尾桨或采用双旋翼的设计。按照克服旋翼反作用扭矩方式的不同，可以将无人直升机分为单旋翼尾桨无人直升机、共轴双旋翼无人直升机、横列式双旋翼无人直升机和纵列式双旋翼无人直升机。前两种无人直升机应用较为广泛。

传统的单旋翼尾桨无人直升机由发动机、机身、旋翼、传动系统和尾桨组成。旋翼的自动倾斜器可以实现总距和周期变距操纵，尾桨一般具有总距操纵的功能。旋翼和尾桨安装有分离减速器，以调节旋翼和尾桨的转速。图1-24a所示为单旋翼尾桨无人直升机实物图。无人直升机的操纵要求较高，尤其是在逆风飞行和有侧风的情况下，驾驶员更应谨慎操作。

共轴双旋翼无人直升机具有两个变桨距旋翼，如图1-24b所示，彼此同轴反向旋转，以抵消扭力矩。其优点是不需要尾桨，结构更加紧凑，载荷更大，常用作大载荷无人机。

a）单旋翼尾桨式　　　　　　b）共轴双旋翼式

图1-24　无人直升机

多旋翼无人机依靠若干旋翼为飞行提供升力和推进力。多旋翼无人机的旋翼大小相同，分布位置对称，通过调节旋翼转速来实现无人机的悬停、前进等飞行动作。由于多旋翼无人机需要对旋翼的旋转速度进行精准的同步调制，因此往往选用电动机作为旋翼驱动装置。多旋翼无人机飞行稳定，操纵灵活，结构简单，体积小，重量轻，成本低，可以在人不宜进入的恶劣环境中工作，常用来执行航拍取景、实时监控、地形勘探等任务。目前，无人机在快递等新兴领域也得到了一定的应用。鉴于以上优点，多旋翼无人机也较容易进入大众消费领域。

多旋翼无人机由机身主体、动力系统和控制系统组成。其中，机架、支臂、起落架任务载荷设备构成了机身主体，电动机、螺旋桨、电子调速器、电池构成了动力系统，也是其旋翼系统，飞控导航设备、机上数据链路构成了控制系统。多旋翼无人机的旋翼数量大多为偶数（少数为三旋翼无人机），并对称分布在机体的前、后、左、右四个方向，且多个旋翼处于同一高度平面或上、下两个平面上，各旋翼的结构和半径都相同，相邻的旋翼安装正、反螺旋桨，用以抵消陀螺效应和旋转扭矩。常见的多旋翼无人机有四旋翼无人机和六旋翼无人机，如图1-25所示。

a）四旋翼　　　　　　　b）六旋翼

图 1-25　多旋翼无人机

（3）扑翼无人机

扑翼无人机是指像鸟一样通过机翼主动运动产生升力和前行力的飞行器，又称振翼无人机。

1）扑翼无人机特征包括：

①机翼主动运动。

②靠机翼拍打空气的反力作为升力及前行力。

③通过机翼及尾翼的位置改变进行机动飞行。

2）扑翼无人机的优点包括：

①扑翼无人机不需要跑道垂直起落。

②动力系统和控制系统合为一体。

③机械效率高于固定翼飞机。

3）扑翼无人机的局限包括：

①难于高速化、大型化。

②对材料有特殊要求（材料要求质量轻、强度大）。

4）扑翼无人机的难点包括：

①精确的气动控制。

②抗疲劳的材料。

③抗风能力。

正是因为有上述局限性和难点的存在，目前扑翼无人机技术多停留在实验室阶段，市面上少有成熟的扑翼无人机产品。但扑翼无人机在微型化、隐秘化方面有着天然的优势，各国都在加紧对其进行研究。目前扑翼无人机的发展逐渐向仿鸟或者仿昆虫两个方向发展，如图 1-26 所示。只要几大难点得以攻克，相信不久的将来，扑翼无人机也会在天空大放异彩。

a）仿鸟式　　　　　　　　b）仿昆虫式

图 1-26　扑翼无人机

（4）无人飞艇

无人飞艇是一种由发动机驱动的，整机平均密度低于空气的，可以操纵的航空器。无人飞艇在现代空中勘测、摄影、广告等活动中得到了广泛的应用。

根据结构不同，无人飞艇可分为软式飞艇、硬式飞艇、半硬式飞艇三类。软式飞艇气囊的外形是靠充入主气囊内浮升气体的压力保持的，因此此类飞艇也叫压力飞艇。硬式飞艇具有一个完整的金属结构，并有金属结构保持主气囊的外形，如图 1-27 所示，浮升气体充入框架内的几十个或更多的相互独立的小气囊内，以产生飞艇所需的浮升力。半硬式飞艇基本上属于压力飞艇，虽然以金属或碳纤维龙骨做支撑构架，但其气囊外形仍需靠浮升气体的压力保持。

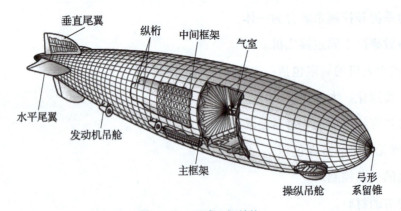

图 1-27　硬式飞艇结构

根据充气类型，飞艇分为氢气飞艇、氦气飞艇和热气飞艇。早期飞艇都是氢气飞艇，由于氢气易燃易爆，现代飞艇以氦气飞艇居多。

现代无人飞艇主要由九大主要部件和八大主要系统组成。

1）九大主要部件：气囊（主气囊和副气囊）、头部装置（包括艇锥和撑条）、尾部装置、吊舱、动力装置、起落架、尾翼系留装置和遥控装置等，如图 1-28 所示。

2）八大主要系统：电气系统、操纵系统、压力系统、燃油系统、仪表系统、照明系统、压舱系统和飞控系统。

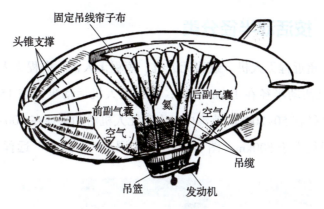

图 1-28 无人飞艇各部分组成

知识点 2　按起飞重量分类

根据国务院和中央军委在 2023 年 5 月 31 日发布的《无人驾驶航空器飞行管理暂行条例》，无人驾驶航空器可分为微型、轻型、小型、中型以及大型无人驾驶航空器。其定义分别如下：微型无人驾驶航空器，是指空机重量小于 0.25kg，最大飞行真高不超过 50m，最大平飞速度不超过 40km/h，无线电发射设备符合微功率短距离技术要求，全程可以随时人工介入操控的无人驾驶航空器；轻型无人驾驶航空器，是指空机重量不超过 4kg 且最大起飞重量不超过 7kg，最大平飞速度不超过 100km/h，具备符合空域管理要求的空域保持能力和可靠被监视能力，全程可以随时人工介入操控的无人驾驶航空器，但不包括微型无人驾驶航空器；小型无人驾驶航空器，是指空机重量不超过 15kg 且最大起飞重量不超过 25kg，具备符合空域管理要求的空域保持能力和可靠被监视能力，全程可以随时人工介入操控的无人驾驶航空器，但不包括微型、轻型无人驾驶航空器；中型无人驾驶航空器，是指最大起飞重量不超过 150kg 的无人驾驶航空器，但不包括微型、轻型、小型无人驾驶航空器；大型无人驾驶航空器，是指最大起飞重量超过 150kg 的无人驾驶航空器。图 1-29 所示为国产大型无人机"翔龙"。

图 1-29　"翔龙"无人机

知识点 3　按活动半径分类

无人机可分为超近程无人机、近程无人机、短程无人机、中程无人机以及远程无人机。超近程无人机活动半径在 15km 以内；近程无人机活动半径在 15~50km 范围内；短程无人机活动半径在 50~200km 范围内；中程无人机活动半径在 200~800km 范围内；远程无人机活动半径大于 800km。图 1-30 所示为国产"彩虹-4"远程无人机。

图 1-30　"彩虹-4"远程无人机

知识点 4　按飞行高度分类

无人机可以分为超低空无人机、低空无人机、中空无人机、高空无人机以及超高空无人机。超低空无人机任务高度一般在 0~100m 范围内；低空无人机任务高度一般在 100~1000m 范围内；中空无人机任务高度一般在 1000~7000m 范围内；高空无人机任务高度一般在 7000~18000m 范围内；超高空无人机任务高度一般大于 18000m。图 1-31 所示为美国的"全球鹰"高空无人机。

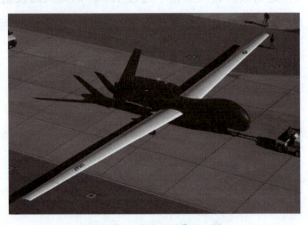

图 1-31　"全球鹰"无人机

知识点 5　按用途分类

无人机可分为军用无人机和民用无人机。军用无人机可分为侦察无人机、诱饵无人机、电子对抗无人机、通信中继无人机、无人战斗机以及靶机等；民用无人机可分为巡查/监视无人机、气象无人机、勘探无人机以及测绘无人机等。图 1-32 所示为我国早期使用的"长空一号"靶机。

图 1-32　"长空一号"靶机

拓展课堂

长空一号无人机（代号：CK-1）是我国在苏联制造的"拉-17"无人机基础上仿制并改进发展的无人驾驶喷气式靶机。该机承担了我国军队多种对空武器系统的靶试任务。

20 世纪 60 年代，我国在无人机领域只能依靠从苏联进口，来满足航空武器靶场试验需求。随着中苏关系恶化，苏方撤走专家、带走资料，实行技术封锁，我国航空武器试验一度陷入困境。为摆脱依赖国外进口靶机的窘迫局面，1965 年 3 月我国启动"长空一号"靶机的自主研制工作。1966 年 12 月 6 日，长空一号首飞成功。它是仿制苏制"拉-17"无人机的产品，从开始仿制到总体设计成功用了三个月，后转由南京航空学院具体负责，由中航二集团的常州飞机制造厂负责生产。长空一号研制成功后，在中国多种对空武器试验中发挥了重要作用。

学习任务 4　了解无人机的应用

作为科技发展的新宠儿，无人机的应用价值日益凸显。无论是在国内还是国外，无论是在军事范畴还是日常生活中，无人机的身影随处可见。本学习任务将从军用无人机、民用无人机两个方面介绍当前无人机应用的现状。

知识目标

- 了解无人机在军事方面的应用。
- 熟悉无人机在民生方面的应用。

素养目标

- 培养自身的爱国主义热情。

引导问题

简述无人机能够实现的功能应用。

知识点 1　军用无人机

军用无人机是由遥控设备或自备程序控制操纵的不载人飞机，根据其控制方式，主要分为无线电遥控、自动程序控制和综合控制三种类型。随着高新技术在武器装备上的广泛应用，无人机技术也取得了突破性的进展，并在几场局部战争中频频亮相，屡立战功，受到各国军界人士的高度赞誉。军用无人机作为现代空中军事力量中的一员，具有无己方人员伤亡、使用限制少、隐蔽性好、效费比高等特点，在现代战争中的地位和作用日渐突出。可以预言，在 21 世纪的战场上，人们将面临日益增多的无人机，军用无人机将会重塑 21 世纪的作战模式。

军用无人机具有结构精巧、隐蔽性强、使用方便、造价低廉和性能机动灵活等特点，主要用于战场侦察、电子干扰、携带集束炸弹及制导导弹等武器执行攻击性任务，以及完成空中通信中继平台、核试验取样、核爆炸及核辐射侦察等其他任务。

（1）情报侦察

侦察无人机通过安装光电、雷达等各种传感器，实现全天候的综合侦察能力。其侦察方式高效多样，可以在战场上空进行高速信息扫描，也可低速飞行或者悬停凝视，为部队提供实时情报支持。无人机可深入敌方腹地，尽量靠近敌方信号辐射源，可截获战场上重要的小功率近距通信信号，优势特别明显。高空长航时战略侦察无人机从侦察目标上空掠过，可替代卫星的部分功能，执行高空侦察任务时，凭借高分辨率照相设备拍摄清晰的地面图片，具有重要的战略意义。便携式无人机满足部队连排级战场监视、目标侦察、毁伤评估等战术任务。在伊拉克战争中美军无人机提供了有关敌方固定和移动目标的侦察情报的50%，分发和传递情报的全过程不超过10min。图1-33所示为情报侦察无人机。

图1-33　情报侦察无人机

（2）军事打击

无人机可携带多种精确攻击武器，对地面、海上目标实施攻击，或用空空导弹进行空战，还可以进行反导拦截。作战无人机携带作战单元，发现重要目标进行实时攻击，实现"察打结合"，可以减少人员伤亡并提高部队攻击能力。作战无人机能够预先靠前部署，拦截处于助推段的战术导弹，作为要地防空时在较远距离上摧毁来袭导弹。攻击型反辐射无人机携带有小型和大威力的精确制导武器、激光武器或反辐射导弹，对雷达、通信指挥设备等实施攻击。战术攻击无人机在部分作战领域可以代替导弹，采取自杀式攻击方式对敌实施一次性攻击。主战攻击无人机体积大、速度快，可对地攻击和空战，攻击、拦截地面和空中目标，是实现全球快速打击能力的重要手段。在北约空袭利比亚的行动中，使用"捕食者"发射"海尔法"导弹对利比亚实施空袭，对地面目标进行精确打击，还曾与米格-25战斗机交战，成为第一种直接进行空空战斗的军用无人机。图1-34所示为军事打击无人机。

图 1-34　军事打击无人机

（3）信息对抗

由于具有特有的优势，在战场上无人机可以在恶劣环境下随时起飞，针对激光制导、微波通信、指挥网络、复杂电磁环境等光电信息实施对抗，可有效阻断敌方装备的攻击、指挥和侦察能力，提高己方信息作战效率。电子对抗无人机可对敌指挥通信系统、地面雷达和各种电子设备实施侦察与干扰，支援各种攻击机和轰炸机作战。诱饵无人机携带雷达回波增强器或红外模拟器，模拟空中目标，欺骗敌方雷达和导弹，诱使敌方雷达等电子侦察设备开机，引诱敌方防空武器射击，掩护己方机群突防。无人机还可以通过抛撒宣传品、对敌方进行战场喊话等手段实施心理战。图 1-35 所示为加装电子战吊舱的电子对抗无人机。

图 1-35　电子对抗无人机

（4）通信中继

在未来战争中，通信系统是战场指挥控制的生命线，同时是交战双方攻击的重点。无人机通信网络可以建立强大的冗余备份通信链路，提高生存能力。遭到攻击后，替补通信网络能够快速恢复通信，在网络中心战中发挥着不可替代的作用。高空长航时无人机扩展了通信距离，利用卫星提供备选链路，直接与陆基终端链接，降低实体攻击和噪声干扰的威胁。作战通信无人机采用多种数传系统，各作战单元之间采用视距内模拟数传系统，与卫星之间采用超视距通信中继系统，可高速实时传输图像、数据等信息。图1-36为通信中继无人机示意图。

图1-36 通信中继无人机

知识点2 民用无人机

近年来随着研制技术的不断成熟，无人机应用逐渐从军事领域向民用领域延伸，应用范畴不断拓宽，在消费、植保、电力、安防、测绘、灯光表演等行业里日渐成熟。无人机应用在国民经济和社会生产、生活中发挥着越来越重要的作用。下面我们介绍民用无人机的几个常用领域。

（1）**影视航拍**

航拍无人机是民用消费级无人机非常流行的应用领域，国内主流的无人机厂商中有42.8%是从事专业航拍的无人机厂商。据统计，2017年我国航拍无人机市场规模约40多亿元，并以86.5%的年复合增长率快速成长，到2022年，市场规模已超过250亿元人民币。图1-37所示为航拍无人机。

图1-37 航拍无人机

（2）**农林植保**

我国作为农业大国，每年需要大量的人员从事农业植保作业。无人机飞防是加速我国实现农业现代化的助推器，植保无人机、飞防员、农药构成了飞防体系的三大要素。日本是无人机飞防技术最成熟的国家，目前在田间作业的无人机有3000多架，飞防员

14000多人。我国的飞防作业面积是日本的28倍,据估算近期我国植保无人机需求量是10万架,无人机植保从业人员需求量是40万人。图1-38所示为植保无人机。

图1-38　植保无人机

（3）电力巡检

无人机电力巡检是指用无人机携带摄像头、红外线传感器等设备,检查高压输电线是否有接触不良、漏电、过热等故障或存在树障、大型机械施工等外力破坏隐患。目前,国家电网公司和南方电网公司相关部门正在着力推进无人机班组建设,完善各类保障支撑体系。随着无人机巡检飞行服务、租赁服务、维修保养服务等市场的空间将逐步打开,中国产业信息网数据表明,无人机巡检服务环节的市场规模大约为巡检无人机市场规模的2倍以上,因此预计电力巡检无人机及服务整体市场规模将大幅增长。图1-39所示为电力巡检无人机。

图1-39　电力巡检无人机

（4）航空测绘

近年来,我国在航空测绘技术上已经有了较大的发展,在应对自然灾害、建设城市数字化、进行国土资源调查上,也有了广泛应用。2019年,国家自然资源部启动

"十四五"基础测绘规划编制工作,推动国家测绘"实景三维中国建设"大项目。这一项覆盖全国的航空测绘项目,将引领测绘行业46万从业人员中近40万专业技术人员,从传统测绘领域转型进入无人机测绘领域。通过对全国无人机测绘领域的领军企业调研分析,目前我国的无人机航空测绘行业正在蓬勃发展,2018年,全国测绘无人机保有量超过10000台,无人机测绘进入高速发展期。图1-40所示为测绘无人机。

图1-40　测绘无人机

（5）安防应急

目前,安防行业已经成为专业级无人机市场的"新蓝海",众多安防企业利用无人机技术,研制发售安防专业级无人机。安防无人机可采集现场数据,迅速将现场的视频、音频信息传送到指挥中心,跟踪事件的发展态势,供指挥者进行判断和决策。目前,无人机安防市场主要应用集中在警用、消防、反恐、应急救援等领域,其中以警用无人机为例,据警用装备网初步统计,2017年全国涉及警用无人机（含边防、消防等）的采购成交共332宗,采购无人机数量约800架,总金额约2.5亿元人民币。无人机技术的进步,行业标准的出台,学术理论研究的深入,管理体系初步建立,警用无人机专业队伍建设初见成效,这些都极大推动了我国警用无人机的发展。前瞻产业研究院发布的《2017—2022年中国工业无人机行业发展前景预测与投资战略规划分析报告》中指出,近年无人机在整个警用领域的市场需求将超过20000架。图1-41所示为消防无人机。

图1-41　消防无人机

（6）交通执法

无人机在交通管理中的应用在最近几年愈发频繁。无人机在飞行过程中观察道路车辆状况，对路边违法停车、违法占用应急车道、违法变道、违法倒车等行为，通过系统管控平台实现自动悬停变焦、拍照取证及数据处理。交警获取违法证据图片后，进行非现场处罚或者调动民警在道口拦截，进行现场处罚。无人机还可进行喊话疏导，从而对交通进行有效治理和监管。

在应急处置方面，无人机实时回传交通事故现场视频监控图像，在重大事故的现场救援处置工作中以及夜间巡逻中，通过无人机搭载的高清摄像机、热成像、空中照明设备等，为及时、有效处置方案提供决策支持和依据。因此，无人机将成为交通部门不可或缺的工具之一。图 1-42 所示为交通管理无人机。

图 1-42　交通管理无人机

（7）灯光表演秀

无人机灯光表演秀是利用多架无人机通过灯光、运动轨迹变换等方式完成空中图案造型表演。无人机灯光秀用的是四旋翼无人机，本身飞行控制能力很强，可以前飞、后飞，可以悬停，可以平移，可以向任何方向调整自己的位置。无人机在空中呈现图形，并非像显示屏那样把每架飞机当做一个像素点，靠不同颜色的变化来呈现图形，而是每架飞机必须要飞到指定的位置才能调整灯光，因此需要事先编好每架飞机的飞行轨迹和位置，包括对灯光的控制。计算机软件根据人们画好的图案进行模型计算，把人们想要看到的画面转换成无人机的运动路径，然后将指令远程发送给每一架无人机，多架无人机按照指令调整飞行路径，并实时控制灯光的开和关，从而实现了空中视觉表演的效果，如图 1-43 所示。

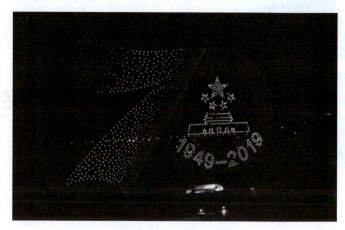

图1-43 无人机灯光秀

拓展课堂

彩虹-4是中航工业旗下彩虹公司主导研制的一款具有察打一体能力的无人机，采用无人机常用的螺旋桨发动机和气动布局，具备侦察海上、地面目标和打击的双重功能，此外也可以打击移动目标。彩虹-4无人机更为出色的地方在于其超长的远程续航能力，数据显示，彩虹4的航程最高可达3500km，已经远远超过了歼-10战斗机，此外，该无人机还可对半径1500km范围内的目标进行远程的侦察或奔袭打击任务。

根据综合评估数据显示，中国的彩虹-4无人机在综合性能上早已远远超过了美国的MQ9捕食者无人机，更重要的是，中国无人机还具有物美价廉的优势。据悉，一架美国MQ9无人机的价格为5000多万美元，而中国的彩虹-4的价格仅为200万~300万美元，两者价格相差足足10多倍。

模块二 无人机空气动力学

无人机是在空气中飞行的机器，其升力的主要来源就是机体结构与空气作用产生的，因此掌握一定的空气动力学知识，非常有必要。本模块首先简要讲解无人机飞行所处的大气环境，特别是流场的概念，然后再讲解绕无人机流动的空气流动的基本规律，继而让读者能够理解升力和阻力产生的原理，以及对应的增升减阻措施或者装置，最后讲解固定翼无人机和旋翼无人机的空气动力学知识。

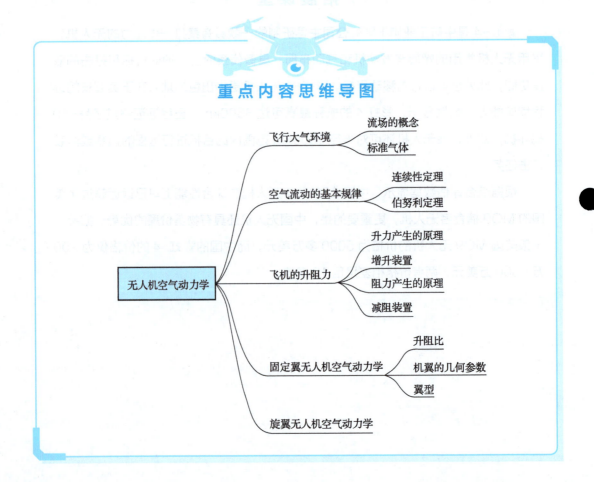

重点内容思维导图

无人机空气动力学
- 飞行大气环境
  - 流场的概念
  - 标准气体
- 空气流动的基本规律
  - 连续性定理
  - 伯努利定理
- 飞机的升阻力
  - 升力产生的原理
  - 增升装置
  - 阻力产生的原理
  - 减阻装置
- 固定翼无人机空气动力学
  - 升阻比
  - 机翼的几何参数
  - 翼型
- 旋翼无人机空气动力学

学习任务 1　了解飞行大气环境

飞行器在大气层内飞行时所处的环境条件，称为大气飞行环境。大气层是因重力关系而围绕着地球的一层混合气体，是地球最外部的气体圈层，包围着海洋和陆地，大气层的厚度大约在 1000km 以上，但没有明显的界限。本学习任务主要介绍大气的分层和大气的物理特性，并着重讲解标准大气的特点和流场的概念。

知识目标

- 熟悉对流层和平流层的特性，了解中间层、热层和散逸层。
- 熟悉大气的物理特性和标准大气的概念内涵。
- 熟悉流场相关知识。

素养目标

- 培养学生批判性思维，对比分析问题并阐述观点的能力。

引导问题

我们知道无人机是在大气里飞行的，但大气层的厚度大约有 1000km，无人机能够在大气层的哪些范围飞行？

知识点 1　大气层划分

大气层的成分主要有氮气，占 78.1%；氧气占 20.9%；氩气占 0.93%；还有少量的二氧化碳、稀有气体（氦气、氖气、氙气等）和水蒸气。大气层的空气密度随海拔而减小，越高处空气越稀薄。

以大气层中温度随高度的分布变化为主要依据，可将大气层分为对流层、平流层、中间层、热层和散逸层五个层次，如图 2-1 所示。

（1）对流层

对流层位于大气的最低层，从地球表面开始向高空伸展，直至对流层顶，即平流层的起点为止。其平均厚度约为 12km，它的厚度不一，其厚度在地球两极上空为 8km，

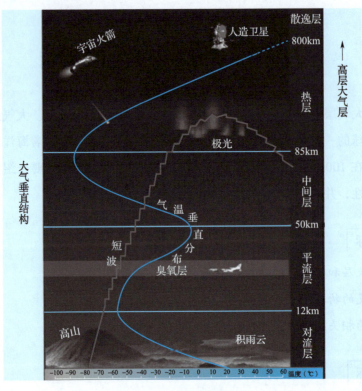

图 2-1 大气的垂直分层

在赤道上空为 17km。它是大气中最稠密的一层,集中了约 75% 的大气质量和 90% 以上的水汽质量。其高度随地理纬度和季节而变化,在低纬度地区平均高度为 17~18km,在中纬度地区平均为 10~12km,高纬度地区平均为 8~9km,并且夏季高于冬季。

对流层的气温随高度的增加而降低。这是因为该层不能直接吸收太阳的短波辐射,但能吸收地面反射的长波辐射而从下面加热大气,因而靠近地面的空气受热多,远离地面的空气受热少。高度每升高 1km,气温约下降 6.5℃。因为岩石圈与水圈的表面被太阳晒热,而热辐射将下层空气烤热,冷热空气发生垂直对流,又由于地面有海陆之分、昼夜之别以及纬度高低之差,因而不同地区温度也有差别,这就形成了空气的水平运动。大气与地表接触,水蒸气、尘埃、微生物以及人类活动产生的有毒物质进入空气层,故该层中除气流做垂直和水平运动外,化学过程十分活跃,并伴随气团变冷或变热,水汽形成雨、雪、雹、霜、露、云、雾等一系列天气现象。

(2)平流层

平流层是距地表 10~50km 处的大气层,位于对流层之上,中间层之下。平流层是地球大气层里上热下冷的一层,此层被分成不同的温度层,高温层置于顶部,而低温层置于底部。

它与对流层刚好相反，对流层是上冷下热的。在中纬度地区，平流层位于离地表10~50km 的高度，而在极地，此层则始于离地表 8km 左右。对流层上面，直到高于海平面 50km 这一层，气流主要表现为水平方向运动，对流现象减弱，所以这一大气层叫做"平流层"，又称"同温层"。这里基本上没有水汽，晴朗无云，很少发生天气变化，适于飞机航行。在 20~30km 高处，氧分子在紫外线作用下，形成臭氧层，像一道屏障保护着地球上的生物免受太阳紫外线及高能粒子的袭击。

（3）中间层

中间层又称中层，是自平流层顶到 85km 之间的大气层。该层内因臭氧含量低，同时，能被氮、氧等直接吸收的太阳短波辐射已经大部分被上层大气所吸收，所以温度垂直递减率很大，垂直对流运动强盛。中间层顶附近的温度约为 190K；空气分子吸收太阳紫外辐射后可发生电离，习惯上称为电离层的 D 层；有时在高纬度地区夏季黄昏时有夜光云出现。

（4）热层

热层又称为电离层或暖层，范围从中间层顶部伸展到 800km 高度，其中存在相当多的自由电子和离子，能使无线电波改变传播速度，发生折射、反射和散射现象。这一层的空气密度很小，声波也难以传播。热层的一个特征是气温随高度增加而上升，另一个重要特征是空气处于高度电离状态。热层的变化会影响飞行器的无线电通信。

（5）散逸层

散逸层又名外层、外大气层，是地球大气的最外层，位于热层之上。散逸层的空气极其稀薄，同时又远离地面，受地球的引力作用较小，因而大气分子不断地向星际空间散逸。航天器脱离这一层后便进入太空飞行。

（6）卡门线（Kármán line）

卡门线是一条人为设定的外地球大气层与太空的分界线，它位于海拔 100km（330000ft）处，也叫"太空的边缘"。此线得名自匈牙利裔美国工程师、物理学家西奥多·冯·卡门。他首次计算出航空器在大于这个高度上就无法进行航空飞行。在此高度附近，因大气太过稀薄，空气密度只有海平面的百万分之零点四（0.4×10^{-4}%），难以产生足够支持航空飞行的升力。据他的计算，在这个高度的飞行器自身的速度必须比轨道速度快很多，才能够获得足够的升力来支撑自身重量。据测量，中间层温度最低的地方，即中间层层顶（中间层与热层的分界线），大致分布在海拔 85~100km 处，故卡门线可以被视为正好处在或接近热层的底端。

知识点 2　大气的物理特性

（1）连续性

大气是由分子构成的，在标准状态下（即在气体温度为15℃、压强为1个标准大气压的海平面上），每立方毫米的空间内含有 2.7×10^{16} 个大气分子。当飞行器在这种空气介质种运动时，由于飞行器的外形尺寸远远大于气体分子的自由行程，故在研究飞行器和大气运动时，气体分子之间的距离完全可以忽略不计，即把气体看成是连续的介质，这就是空气动力学中常说的连续性假说。

（2）压强

大气的压强是指物体在单位面积上所承受的大气的法向作用力的大小。压强的单位是帕斯卡（Pa），$1Pa=1N/m^2$。

（3）黏性

大气的黏性是空气在流动过程中表现出的一种物流性质。大气的黏性力是相邻大气层之间相互运动时产生的牵扯作用力，也称作大气的摩擦力。

（4）可压缩性

气体的可压缩性是指当气体的压强改变时，其密度和体积也随之发生改变的性质。不同状态的物质可压缩性也不同。液体对这种变化的反应很小，因此一般认为液体是不可压缩的。而气体对这种变化的反应很大，所以一般来讲气体是可压缩的物质。

（5）声速

声速是指声波在物体中传播的速度，声波是一个振动的声源在介质中传播时产生的疏密波。

知识点 3　标准大气

前面所述的大气物体性质是随着所在地理位置、季节和高度而变化的，这样就使得航空器上产生的空气动力也发生变化，从而使飞行性能发生变化。为了在进行航空器的设计、试验和分析时所用大气物理参数不因地而异，必须建立一个统一的标准，即所谓的标准大气。

对国际标准大气的规定如下：大气被看成理想气体；海平面的高度为零。航空器都在大气层内飞行，空气的压强、温度与高度有关。国际标准大气在海平面处的参数如下：

1）压强：$P_{0N}=1.01325\times 10^5$Pa。

2）温度：$t_{0N}=15$℃$=288.2$K。

3）密度：$\rho_{0N}=1.225$kg/m^3。

知识点 4　流场的概念

气流特性是指流动中空气的压强、密度、温度以及流管粗细与气流流速之间相互变化的关系。

（1）流体

气体和液体统称为流体。气体和液体的共同点是不能保持一定形状，具有流动性；气体和液体的不同点表现在液体具有一定的体积，不可压缩，而气体可以压缩。

需要指出的是，当所研究的问题并不涉及压缩性时，所建立的流体力学规律，既适用于液体也适用于气体。当涉及压缩性时，气体和液体就必须分别处理。气体虽然是可压缩的，但在许多工程中，当气体的压力和温度变化不大，气流速度远小于声速（如马赫数 $Ma<0.3$）时，此时可以忽略气体的压缩性，这时即把气体视为不可压缩的流体。

（2）流场

把流体所占据的空间称为流场，用以表示流体特性的物理量（称为流体的运动参数），如速度、温度、压强、密度等。所以，流场又是分布上述运动参数的场。

（3）定常流动与非定常流动

根据运动参数是否随时间变化，可以将流体分为定常流动与非定常流动。如果流场中液体的运动参数不仅随位置变化而变化，还随时间变化而变化，这样的流动就称为非定常流动。如果流场中流体的运动参数只随位置改变而与时间无关，这样的流动则称为定常流动。

（4）迹线

迹线是同一质点在不同时刻形成的轨迹，是用拉格朗日法描述流体运动的方法，例如喷气式飞机飞过后留下的尾迹，以及台风的路径、纸船在小河中行走的路径等。

（5）流线

流线是不同质点的速度方向在同一时刻形成的曲线。流线是流场中某一瞬间的一条空间曲线，在该线上各点的流体质点所具有的速度方向与曲线在该点的切线方向重合，如图2-2所示。

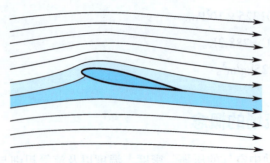

图 2-2　流线与机翼剖面

流线具有以下特征：

1）非定常流动时，由于流场中流速随时间改变，经过同一点的流线的空间方向和形状是随时间改变的。

2）定常流动时，流场中各点流速不随时间改变，所以同一点的流线始终保持不变，且流线与迹线重合。

3）流线不能相交，也不能转折。因为空间每一点只能有一个速度方向，所以不能有两条流线同时通过同一点。

4）流场中的每一点都有流线通过。由这些流线构成的流场总体，称为流线谱，简称流谱。

（6）流管和流束

在流场中任意画一封闭曲线，在该曲线上每一点做流线，由这些流线所围成的管状曲面称为流管，如图 2-3 所示。

图 2-3　流管

由于流管表面由流线所围成，而流线不能相交，因此流体不能穿出或穿入流管表面。在流体稳定流动时流管就像一只真实的管子，充满在流管内的流体，称为流束。

（7）层流和紊流

层流（Laminar Flow）是流体的一种流动状态，它做层状的流动，如图 2-4 所示。紊流（Turbulent Flow）也叫作扰流、湍流、涡流，则是不稳定的、扰动着流过物体表面的流体。气流流经物体一定距离后，表面的层流就会发生转捩，进而形成紊流。而流经的距离越长，附面层将会越厚。

图 2-4 层流和紊流

学习任务 2　了解空气流动的基本规律

本学习任务主要从空气流动的模型、流体力学分析中的运动坐标系转化、连续性定理和伯努利定理来学习空气流动的基本规律，让大家对于空气动力学的基本原理有一定的了解。

知识目标

- 熟悉空气流动模型，了解运动转换。
- 理解连续性定理和伯努利定理。

素养目标

- 能够使用连续性定理和伯努利定理，做简单的流动气压变化分析。

引导问题

前面学习了流场的概念，这是研究无人机升力的基础，除此之外，研究无人机还需要学习关于空气动力学的哪些知识？

知识点 1　空气流动模型

（1）理想流体

根据流体黏性的差别，可将流体分为两大类，即理想流体和黏性流体。完全没有黏性的流体称为理想流体，考虑黏性作用的流体称为黏性流体。自然界中各种真实流体都是黏性流体，有些流体黏性很小（如水、空气），有些则很大（如甘油、油漆、蜂蜜）。

理想流体仅是一种假想，在自然界中是不存在的，它只是真实流体的一种近似模型。但是，引进理想流体的概念还是有实际意义的，在分析和研究许多流体流动时，采用理想流体模型能使流动问题简化。

空气流过飞机时，一般只在贴近飞机表面（边界层）处考虑空气黏性的影响，其他地方则按理想流体处理。在确定飞机表面的压力分布及升力问题时，理想流体与实验结果符合得很好。在确定飞机的阻力问题时，则必须考虑流体的黏性。

气体的密度 ρ、温度 T、压强 p 是说明气体状态的主要参数，三者之间不是独立的，而是相互联系的。对于理想气体，其状态方程为：

$$p=\rho RT \tag{2-1}$$

式中，p 是压强，单位为 Pa；ρ 是密度，单位为 kg/m³；R 是气体常数，空气为 287.052 87J/（kg·K）；T 是温度，单位为 K。

在飞行速度不高时，空气的性质与理想气体差别不大，可近似按理想气体对待。只有在飞行速度超过声速 5 倍时，才有必要考虑真实气体的状态方程。

（2）不可压缩流体

根据密度（ρ）是否为常数，流体分为可压与不可压两大类。当 ρ 为常数时，流体为不可压流体，否则为可压流体。空气流过飞机时，ρ 要发生变化，其变化量的大小取决于马赫数（Ma）的大小。当 $Ma<0.3$ 时，可以忽略流体密度变化，把流体视为不可压流体；当 $Ma>0.3$ 时，必须考虑流体密度变化对流体参数的影响。

（3）绝热流体

不考虑热传导性的流体，称为绝热流体。空气低速（$Ma<0.3$）流动时，除了专门研究热问题（如发动机的散热）外，一般不考虑空气的热传导性，可以认为空气流过飞机时，温度是不变的。当空气高速（$Ma>0.3$）流动时，则要考虑空气热传导性的影响，即要考虑温度的变化对流体的影响。

知识点 2　运动的转换

当飞机在原来静止的空气中匀速直线飞行时，将引起飞机周围的空气运动，同时空气将给飞机以作用力。

这里有两个坐标系可以用。一个是静止坐标系，直接将牛顿定律用于空气对飞机的作用力；另一个是动坐标系，用于飞行中的飞机对空气的作用力。这两个坐标系产生的作用力是相对的，而用这两个坐标系求得的飞机所受的力是完全相同的。这就是运动的转换原理。

利用运动的转换原理，只要相对气流速度相同，产生的空气动力也就相同。据此，在研究飞机空气动力的产生和变化时，就可以把飞机看成不动，让空气以与飞机相同的流速经过飞机，将飞机的运动问题转化为空气的流动问题；使飞机空气动力学问题的研究得以简化。风洞试验就是根据这个原理建立起来的，如图 2-5 所示。

图 2-5　风洞试验

知识点 3　连续性定理

质量守恒定律是自然界基本的定律之一，它说明物质既不会消失，也不会凭空增加。如果把这个定律应用在流体的流动上，就可以得出这样的结论：当流体低速、稳定、连续不断地流动时，流管里任一部分的流体都不能中断或积聚；在同一时间内，流进任何一个截面的流体质量和从另一个截面流出的流体质量应当相等。

如图 2-6 所示，设截面 I 的面积为 F_1，流速为 v_1，流体密度为 ρ_1，则单位时间内流进该截面的流体质量为：

$$m_1 = \rho_1 v_1 F_1 \tag{2-2}$$

同理，设截面 II 的面积为 F_2，流速为 v_2，流体密度为 ρ_2，则单位时间内流进该截面的流体质量为：

$$m_2 = \rho_2 v_2 F_2$$

根据质量守恒定律，$m_1 = m_2$，即：

$$\rho_1 v_1 F_1 = \rho_2 v_2 F_2 \tag{2-3}$$

由于截面 I 和截面 II 是任意选取的，所以可以认为，单位时间内流过任何截面的流体质量都是相等的，故得

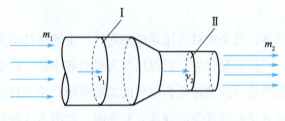

图 2-6　质量守恒定律

$$\rho v F = 常数 \quad (2-4)$$

式中，v 是流管截面上的流体速度，单位为 m/s；F 是所取截面的面积，单位为 m^2。

如果在流动过程中，流体密度不变，即 $\rho_1=\rho_2=\rho$，则方程 $\rho vF=$ 常数可简化为：

$$vF = 常数 \quad (2-5)$$

式（2-4）或式（2-5）称为连续方程，进一步可写成：

$$\frac{v_1}{v_2} = \frac{F_2}{F_1} \quad (2-6)$$

它说明了流体流动速度和流管截面积之间的关系。由此看出，当低速定常流动时，流体速度的大小与流管的截面积成反比，这就是连续性定理。也可以粗略地说，截面积小的地方流速快，而截面积大的地方则流速慢。

流体流动速度的快慢，可用流管中流线的疏密程度来表示（图 2-7）。流线密的地方表示流管细，流体速度快，反之就慢。

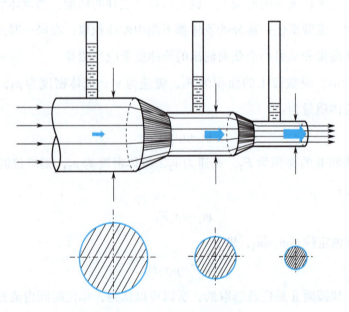

图 2-7　流管中流体的流动

需要指出的是，连续性定理只适应于低速（$Ma<0.3$），即认为密度不变，不适于亚声速，更不适合于超声速。

知识点 4 伯努利定理

在日常生活中，会观察到一些在流体的速度发生变化时，压力也跟着变化的情况。例如，在两张纸片中间吹气，两张纸不是分开，而是相互靠近；两条船在水中并行，也会互相靠拢；当台风吹过房屋时，往往会把屋顶掀掉。

能量守恒定律是自然界另一个基本定律。能量不会自行消灭，也不会凭空产生，而是从一种形式转化为另一种形式。空气低速流动时参与能量交换的只有压力能和动能，此时的能量关系可表示为：

$$动能 + 压力能 = 常数$$

伯努利定理是能量守恒定律在空气动力学中的具体应用，可表达如下：

$$p_1+\frac{1}{2}\rho v_1^2=p_2+\frac{1}{2}\rho v_2^2=p_0 \qquad (2-7)$$

式中，p_1 是截面 I 的静压；p_2 是截面 II 的静压；$\frac{1}{2}\rho v^2$ 是动压；p_0 是总压。

伯努利定理的含义是流体流速低速、定常流动时，流速小的地方，压强大；而流速大的地方压强小。同连续性定理一样，伯努利定理的应用也是有条件的，它只适应于低速，即认为密度不变，不适应于高速，并且要求流场中气体不与外界发生能量交换。

连续性定理和伯努利定理是气体动力学中两个最基本的定理，它们说明了流管截面积、气体速度和压力这三者之间的关系。综合这两个定理，可以得出如下结论：低速定常流动的流体，流过的截面积大的地方，速度小，压强大；而截面积小的地方，流速大，压强小。这一结论是解释机翼上空气动力产生的根据。

需要强调的是，在这里得出的连续性定理和伯努利定理只适用于低速，即气流不可压缩（密度不变化）的流动情况，不能推广到高速。

拓展课堂

马德堡半球（Magdeburg hemisphere）是 1654 年时的马德堡市长奥托·冯·格里克于神圣罗马帝国的雷根斯堡（今德国雷根斯堡）进行的一项科学实验，目的是证明大气压的存在。而此实验也因格里克的职衔而被称为"马德堡半球"实验。当年进行实验的两个半球至今仍保存在慕尼黑的德意志博物馆中。也有供教学用途的仿制品，用作示范气压的原理，它们的体积也比当年的半球小很多。

当年的实验把两个半球的中间抽成真空，需要用十六匹马才能拉开。实验结束后，仍有些人不理解这种现象的原理，格里克耐心地给大家解释："平时，我们将两个半球紧密合拢，无须用力，就会分开，这是因为球内球外都有大气压力的作用，相互抵消平衡了，好像没有大气作用似的。今天，我把它抽成真空后，球内没有向外的大气压力了，只有球外大气紧紧地压住这两个半球……"

马德堡半球实验证明：大气压是存在的，并且十分强大。实验中，将两个半球内的空气抽掉，使球内的空气粒子的数量减少、气压下降，球外的大气便把两个半球紧压在一起，因此就不容易分开了。抽掉的空气越多，半球内外的压力差越大，两个半球越不容易分开。

学习任务 3　了解升力和增升原理

升力作为无人机能够在天空中飞翔的原因所在，其产生原理对于非空气动力学专业类学生和读者而言有一定的难度。本学习任务言简意赅地阐述了升力产生的原理，并进一步讲解了飞机的增升装置及其工作原理。

知识目标

- 理解升力产生的原理。
- 了解迎角对升力产生的作用。

- 理解飞机增升的原理。
- 了解飞机有哪些增升装置。

素养目标

- 能够根据升力系数计算飞机的升力。
- 能够分析飞机失速的原因。

引导问题

大家知道无人机是在靠升力在天上飞的,那么大家知道无人机的升力是怎么产生的吗?

知识点1 升力产生的原理

飞机在空中飞行时,就有相对气流流过飞机,并产生作用于飞机的空气动力。飞机各部分所产生的空气动力的总和称为飞机的总空气动力,通常用 R 表示。一般情况下,飞机的总空气动力是向上并向后倾斜的。根据它所起的作用,将飞机的总空气动力(R)分解为垂直于相对气流方向和平行于相对气流方向的分力。垂直于相对气流方向的分力称为升力,用 L 表示;平行于相对气流方向的分力称为阻力,用 D 表示。

飞机在空气中之所以能飞行,最基本的事实是,有一股力量克服了它的重量把它托举在空中。飞机的升力绝大部分都是由机翼产生的。翼型是指机翼剖面形状,下面以翼型为例说明飞机升力的产生原理。

(1)伯努利学派对升力的解释

如图2-8所示,当前方来流经机翼前缘时,会被分割成上下两股气流。理想状态下,这两股气流最终应同时汇聚于机翼后缘。由于上翼面更凸出,气流的路程更远,所以上

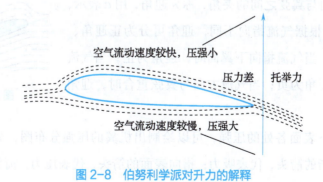

图2-8 伯努利学派对升力的解释

翼面气流的流速更快；下翼面相对平缓，气流的路程更近，所以下翼面气流的流速相对更慢。根据伯努利定理——流速快的压强小，流速慢的压强大，因此上表面气流压强小，下表面气流压强大，从而导致上下表面产生压力差。这个压力差就是升力的来源。

（2）牛顿学派对升力的解释

前面用伯努利定理解释升力的来源是基于"前缘分裂的两股气流同时到达后缘"这一原则。事实上，在特殊情况下两股气流未必"同时到达"。因此，伯努利学派对升力的解释显得不够严谨。

为此，牛顿学派提出了对升力的解释：从牛顿第三定律角度来说，密度大于空气的飞行器都是靠把空气排向下方，利用空气的反作用力来获得升力。

如图 2-9 所示，水平来流流经机翼上翼面时，由于空气与翼面的黏性作用，气流会被上翼面往后下方引导，从而导致气流向下偏折。也就是说，机翼给气流一个向下的力，那么根据牛顿第三定律，气流也会给机翼一个向上的反作用力。这一向上的反作用力便是升力的来源。通俗地讲，不管是固定翼飞机、直升机还是扑翼机，都是靠"往下扔气"来获得升力的。

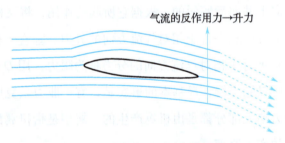

图 2-9　牛顿学派对升力的解释

知识点 2　迎角

相对气流方向与翼弦之间的夹角，称为迎角，用 α 表示，如图 2-10 所示。根据气流指向不同，迎角可分为正迎角、负迎角和零迎角。当气流指向下翼面时，迎角为正；当气流指向上翼面时，迎角为负；当气流方向与翼弦重合时，迎角为零。

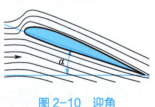

图 2-10　迎角

根据翼型上下表面各处的压强，可以绘制出机翼的压强分布图，如图 2-11 所示。图中自表面向外指的箭头，代表吸力；指向表面的箭头，代表压力。箭头都与表面垂直，其长短表示负压（与吸力对应）或正压（与压力对应）的大小。由图 2-11 可看出，上表面的吸力占升力的大部分，靠近前缘处稀薄度最大，即这里的吸力最大。

由图 2-11 可见，机翼的压强分布与迎角有关。在迎角为零时，上下表面虽然都受到吸力，但总的空气动力合力 R 并不等于零。随着迎角的增加，上表面吸力逐渐变大，下表面由吸力变为压力，于是空气动力合力 R 迅速上升，与此同时，翼型上表面后缘的湍流区也逐渐扩大。在一定的迎角范围内，R 是随着迎角的增加而上升的。但当 α 大到某一程度，再增加迎角，升力不但不增加，反而迅速下降，这种现象叫做"失速"。失速对应的迎角就叫做"临界迎角"或"失速迎角"。

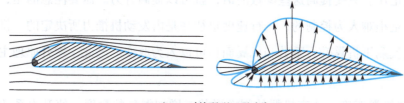

a）$\alpha=0$ 时的翼型压强分布

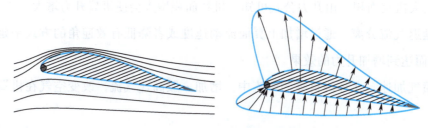

b）$\alpha>0$ 时的翼型压强分布

图 2-11 不同迎角的机翼压强分布图

知识点 3 升力公式

风洞和其他方法试验的结果表明，机翼产生升力的大小可用以下公式表示：

$$L=\frac{1}{2}\rho v^2 S C_L \qquad (2-8)$$

式中，ρ 是空气密度，单位为 kg/m³；v 是飞机与气流的相对速度（飞行速度），单位为 m/s；S 是机翼面积，单位为 m²；C_L 是机翼升力系数；$\frac{1}{2}\rho v^2$ 是动压 q。

不仅机翼会产生升力，其他暴露在气流中的某些部分，如平尾和机身都可以产生一定升力。不过除了机翼以外，其他部分产生的升力都是很小的，而且平尾的升力又经常忽上忽下地改变方向，所以通常用机翼的升力来代表整个飞机的升力。

引导问题

前面我们学习了升力产生的原理,但是你知不知道飞机的升力并不是固定的,有时候需要特意去增加呢?你知道有什么例子吗?

知识点 4　增升原理

由式(2-8)可以看出,升力与机翼升力系数、空气密度、飞行速度(相对气流速度)、机翼面积成正比。只要提高这些参数的值,就可以提高升力。需要注意的是,飞机周围的空气密度是很难人为控制的,飞行速度也往往是由发动机推力所决定的。排除这两个参数,那么就剩下机翼升力系数和机翼面积可以人为改变。因此,增升原理主要有以下4类:

1)增加机翼弯度。改变机翼的剖面形状,增加翼型的弯度,使升力系数增加,因而升力增大。

2)增大机翼面积。由升力公式可知,机翼面积增大会使机翼升力增大。

3)延迟气流分离。通过增加上翼面流动速度或者降低有效迎角的方式来延迟气流分离,从而达到增加升力的效果。

4)喷气加速。在环绕机翼的气流中,增加一股高速气流,改变空气在机翼上的流动状态。

根据以上4项原理设计的增升装置有前缘缝翼、襟翼、边界层控制和喷气襟翼等。增升装置能使飞机产生额外的升力,飞机着陆速度可以尽可能降低,因而缩短着陆滑跑距离,以便在小机场或近空条件不好的机场着陆。此外,在起飞时使用增升装置,可缩短起飞滑跑距离。

知识点 5　增升装置

飞机在低速飞行时,特别是起飞和降落过程中,由于飞行速度较小,虽然增大迎角,但升力仍然很小,不足以维持飞机的水平飞行。机翼的迎角增加是有限的,如果机翼迎角过大,超过其临界迎角,会造成气流分离,导致飞机失速。因此,为了保证飞机在起飞和着陆时仍能产生足够的升力,有必要在机翼上装设增大升力系数的装置。

增升装置是用来增大最大升力系数的装置,可以改善飞机的起飞和着陆性能,降低飞机在起降过程中的失速速度。目前使用较为广泛的增升装置主要有前缘缝翼、前缘襟翼和后缘襟翼等。小型或大型无人机上会有襟翼，微型和轻型无人机由于尺寸限制没有襟翼。无人机襟翼放下时升力系数增加，同时阻力系数也会增加，但升力增加更为明显。襟翼一般只在起降阶段使用，且收放角度不同。

1. 前缘缝翼

前缘缝翼位于机翼前缘，其作用是延缓机翼的气流分离，提高最大升力系数和临界迎角。

前缘缝翼打开时与机翼之间有一条缝隙，如图2-12所示。一方面，下翼面的高压气流流过缝隙后，贴近上翼面流动，给上翼面气流补充了能量，降低了逆压梯度，延缓气流分离，达到增大升力系数和临界迎角的目的。另一方面，气流从压强较高的下翼面通过缝隙流向上翼面，减小了上下翼面的压强差，又具有减小升力系数的副作用。

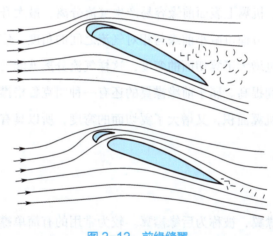

图2-12 前缘缝翼

在接近临界迎角时，上翼面的气流分离是使升力系数降低的主要原因，因而，在此迎角下，利用前缘缝翼延缓气流分离的作用，就能提高最大升力系数和临界迎角。但是，在迎角较小时，上翼面的气流分离本来就很弱，此时打开前缘缝翼，不仅不能增大升力系数，反而会使上下翼面的压强差减小而降低升力系数。因此，只有当飞机迎角接近或超过临界迎角时，即机翼气流分离现象严重时，打开前缘缝翼才能起到增大升力系数的作用。

目前所有的飞机，只在靠近翼尖且位于副翼之前装设缝翼，也叫翼尖前缘缝翼。它的主要作用是在大迎角下延缓翼尖部分的气流分离，提高副翼的效能，从而改善飞机的横向稳定性和操纵性。

2. 前缘襟翼

前缘襟翼通常指位于机翼前缘可向下偏转的无缝道的襟翼，如图 2-13 所示。它可以增大机翼的弯度，使前缘吸力增加，从而提高了升力，同时也使失速迎角有所增加。

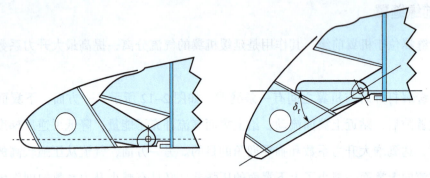

图 2-13　前缘襟翼

在大迎角飞行时，机翼上表面前缘容易产生气流分离，最大升力系数大大降低。此时，放下前缘襟翼，一方面可减小前缘与相对气流之间的角度，使气流能够平顺地沿上翼面流过；另一方面也增大了翼切面的弯度，这样气流分离就能延缓，而且最大升力系数和临界迎角也都得到提高。属于前缘襟翼的还有一种叫克鲁格襟翼，装在前缘下部向前下方翻转，既增大机翼面积，又增大了翼切面的弯度，所以具有很好的增升效果，构造也很简单。

3. 后缘襟翼

位于机翼后缘的襟翼，被称为后缘襟翼。较为常用的有简单襟翼、开缝襟翼、分裂襟翼、后退襟翼、后退开缝襟翼等，如图 2-14 所示。放下后缘襟翼，既增大升力系数，同时也增大了阻力系数。因此，在起飞时一般放小角度襟翼，着陆时放大角度襟翼。

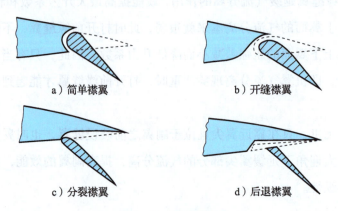

a）简单襟翼　　b）开缝襟翼　　c）分裂襟翼　　d）后退襟翼

图 2-14　后缘襟翼

（1）简单襟翼

简单襟翼与副翼形状相似，放下简单襟翼，改变了翼型的弯度，使机翼更加弯曲，如图 2-14a 所示。流过上翼面的气流流速加快，压强降低，而流过下翼面的气流流速减慢，压强提高，因此上、下翼面压强差增大，升力系数增大。

但是，简单襟翼放下后，机翼后缘涡流区扩大，机翼压差阻力增大。同时由于升力系数增大，诱导阻力增大，且相对于升力来说，阻力增大的比例更多。所以，放下简单襟翼后，升力系数和阻力系数均增大，但升阻比降低。

（2）开缝襟翼

开缝襟翼是在简单襟翼的基础上改进而成的，如图 2-14b 所示。放下开缝襟翼，一方面，襟翼前缘与机翼后缘之间形成缝隙，下翼面的高压气流通过缝隙高速流向上翼面后缘，使上翼面后缘边界层中空气流速加快，能量增多，延缓了气流分离，提高升力系数；另一方面，放下开缝襟翼，使机翼弯度增大，也有增升效果。所以，开缝襟翼的增升效果比较好，最大升力系数一般可增大 85%~95%，而临界迎角却降低不多。开缝襟翼一般开 1~3 条缝。

（3）分裂襟翼

分裂襟翼也称开裂式襟翼，像一块薄板，紧贴于机翼后缘下表面并形成机翼的一部分，如图 2-14c 所示。使用时将其放下（即向下旋转），在后缘与机翼之间形成一个低压区，对机翼上表面的气流有吸引作用，使气流流速增大，从而增大了机翼上下表面的压强差，使升力增大。除此之外，襟翼下放后增大了机翼翼型的弯度，同样可提高升力。这种襟翼一般可把机翼的升力系数提高 75%~85%。

（4）后退襟翼

后退襟翼打开时，翼面下偏的同时，还向后滑动，如图 2-14d 所示。这不但增大了机翼弯度，同时还增加了机翼面积，增升效果好，且临界迎角降低较少。

学习任务 4　阻力和减阻措施

物体在空气中运动不一定会产生升力，但总是要产生阻力。阻力是与飞机运动轨迹平行且与飞行速度方向相反的力。阻力阻碍飞机的飞行，但没有阻力飞机又无法稳定飞行。飞行器的所有部件，包括机翼、尾翼、机身以及每个暴露在空气中的部件都会产生阻力。即使是在发动机罩、机轮整流罩里面的部件，只要有空气流过就会产生阻力。

飞机低速飞行时，飞机的阻力一般包括摩擦阻力、压差阻力、干扰阻力和诱导阻力，其中摩擦阻力、压差阻力和干扰阻力合称为废阻力（寄生阻力）；当飞机高速飞行时，还会产生激波阻力。本学习任务主要讲述各类阻力产生的原理，以及相对应的减阻措施。

知识目标
- 理解阻力产生的原理。
- 了解各种阻力及对应的减阻措施。

素养目标
- 能够根据阻力系数计算飞机的阻力。

引导问题

大家都知道飞机需要有推力推动才能在天上飞，推力的作用是来克服阻力的，那么飞机的阻力对飞行到底有哪些影响呢？

知识点 1　阻力公式

计算阻力 D 的大小所用的公式与计算升力的方法相似。物体阻力的大小与物体的形状、大小、相对气流的速度 v、空气的密度 ρ 等有关。

$$D=\frac{1}{2}\rho v^2 S C_D \tag{2-9}$$

式中，ρ 是空气密度，单位为 kg/m³；v 是飞机与气流的相对速度（飞行速度），单位为 m/s；S 是机翼面积，m²；C_D 是物体的阻力系数；$\frac{1}{2}\rho v^2$ 是动压 q。

注意：机翼面积 S 用横截面积或表面积计算时，阻力系数不同；一般给出 C_D 值要标明用什么参考面积。利用这个公式计算的阻力系数，多数是根据风洞试验得出，已经把摩擦阻力和压差阻力估算在内。

知识点 2　压差阻力及减阻措施

压差阻力是由于物体前后的压力差不同而产生的阻力，也称为形状阻力。飞机的机翼、机身和尾翼等部件都会产生压差阻力。例如，圆球在空气中运动时，如果空气没有黏性，不但没有摩擦阻力而且也没有其他阻力。因为气流流过圆球时，流动情况如图 2-15a 所示，圆球前后上下的压力分布相同，所以也没有压差阻力。如果空气有黏性，气流流过圆球表面就会损失一些能量，不再能够绕过圆球回到圆球的后面去，于是产生了气流分离现象，如图 2-15b 所示。这时，圆球后面的气流形成涡流区，其压力小于圆球前面，从而产生压差阻力。

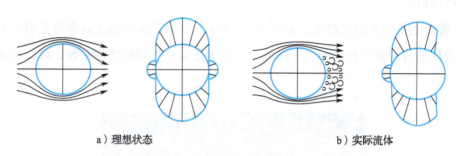

a）理想状态　　　　　　　　　b）实际流体

图 2-15　圆球在空气中运动的情况

由于空气具有黏性，气流流过机翼表面时损失了一些能量不能绕过机翼回到机翼的后面去，于是产生气流分离现象。这时机翼后缘部分的气流形成涡流区，压强降低。而在机翼前缘部分，由于气流受阻，流速减慢，压强增大，这样机翼前后缘就产生了压力差，从而使机翼产生压差阻力。飞机其他部分产生压差阻力的原理与此相同。

由于涡流区的压强等于分离点处的压强，当分离点靠近机翼前缘，涡流区压强进一步降低，压差阻力就会增大；分离点靠近机翼后缘，涡流区压强增大，压差阻力减小。机翼气流分离点的位置主要取决于迎角的大小，机翼迎角越大，分离点越靠近机翼前缘。

减少压差阻力的措施包括：物体外表流线型化；减少最大迎风面积。

飞机压差阻力与迎风面积、形状和迎角有关。迎风面积越大，压差阻力就越大。前端圆钝、后面尖细，像拉长的水滴形状的物体，被称作"流线型物体"，简称"流线体"。一般来说，流线体压差阻力小。气流流过良好流线型物体所产生的阻力只有圆柱体阻力的 1/25 左右，所以为减少飞机的压差阻力，应尽可能地将与气流接触的部件进行整流。另外，迎角越大，压差阻力就越大。

知识点 3　摩擦阻力及减阻措施

摩擦阻力是飞机与空气的黏性摩擦而产生的阻力。当气流以一定速度流过飞机表面时，由于空气的黏性作用，空气微团与飞机表面发生摩擦，阻滞了气流的流动，因此产生了摩擦阻力。

摩擦阻力取决于空气的黏性、空气与飞机的接触面积、飞机的表面状况以及飞机表面的气流流动情况。空气的黏性越大，飞机的表面积越大，飞机表面越粗糙，则摩擦阻力越大。摩擦阻力与物体的表面光滑程度有关，与物体表面积有关。

减少摩擦阻力的措施如下：

1）减小飞机外表面积。如图 2-16 所示，尽量减小飞机与空气的接触面积，可以有效减少摩擦阻力。

2）提高飞机表面的光滑度。如图 2-17 所示，尽量把物体的表面做得光滑一些，减少物体表面的各种突出物，相当于降低了飞机表面与空气间的摩擦系数，可以有效减少摩擦阻力。

图 2-16　减小飞机外表面积

图 2-17　提高飞机表面的光滑度

知识点 4　干扰阻力及减阻措施

干扰阻力是飞机各部分之间由于气流相互干扰而产生的一种额外阻力。飞机的各个部件（如机翼、机身、尾翼等）单独放在气流中所产生的阻力的总和并不等于整体所产生的阻力，而是往往小于把它们组成一个整体时所产生的阻力。所谓"干扰阻力"就是飞机各部分之间由于气流相互干扰而产生的一种额外阻力。

如图 2-18 所示，气流流过机翼和机身的连接处，由于机翼和机身二者形状的关系，在这里形成了一个气流的通道。在 A 处气流通道的截面积比较大，到 B 点翼面最圆拱的地方，气流通道收缩到最小，随后到 C 处又逐渐扩大。根据流体的连续性定理和伯努利定理，B 处的速度大而压强小，C 处的速度小而压强大，所以在从 C 到 B 的一段通道中，气流有从高压区 C 回流到低压区 B 的趋势。这就形成了一股逆流。但飞机前进不断有气流沿通道向后流，遇到了后面的这股逆流就形成了气流的阻塞现象，使得气流开始分离，而产生了很多旋涡。这些旋涡表明气流的动能有了消耗，因而产生了一种额外的阻力，这一阻力是气流互相干扰而产生的，所以称为"干扰阻力"。不仅在机翼和机身之间可能产生干扰阻力，在机身和尾翼连接处、机翼和发动机短舱连接处，也都可能产生。干扰阻力在飞机总阻力中所占比例较小。

减少摩擦阻力的措施是采取翼身融合技术，将机身、机翼、尾翼等部件之间平缓过渡。

图 2-18　飞机的干扰阻力

知识点 5　诱导阻力及减阻措施

摩擦阻力、压差阻力和干扰阻力与空气黏性有关，除了这三个阻力，飞机在飞行时还要产生诱导阻力。该阻力是伴随着升力而产生的，如果没有升力，诱导阻力也就等于零。诱导阻力的产生与翼尖涡流和下洗气流有关。这种由于产生升力而诱导出来的附加阻力被称为诱导阻力。可以说，诱导阻力是飞行器为产生升力而付出的一种"代价"。

诱导阻力是怎样产生的呢？

当机翼产生升力时，机翼下表面的压力比上表面的大，而机翼翼展长度又是有限的，所以下翼面的高压气流会绕过两端翼尖，向上翼面的低压区流去。当气流绕过翼尖时，在翼尖部分形成涡流，这种涡流不断产生而又不断向后流去，即形成了所谓翼尖涡流，如图2-19所示。

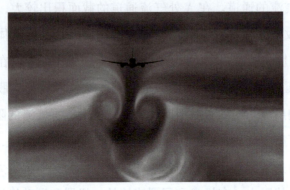

图2-19　飞机的翼尖涡流

翼尖涡流使流过机翼的空气产生下洗速度，而向下倾斜形成下洗气流。该气流方向向下倾斜的角度，叫下洗角。由翼尖涡流产生的下洗速度，在两翼尖处最大，向中心逐渐减少，在中心处最小。这是因为空气有黏性，翼尖旋涡会带动它周围的空气一起旋转，越靠内圈，旋转越快，越靠外圈，旋转越慢。因此，离翼尖越远，气流下洗速度越小。

通过实验也可看出翼尖涡流的存在。当机翼产生正升力时，由于机翼下表面与上表面的压力差，故空气从下翼面绕过翼尖翻到上翼面；在两翼尖处放置两个叶轮，在左翼尖的向右放置（从机尾向机头看），在右翼尖的向左放置；升力增大，上下翼表面压力差增大，叶轮转动得更快；升力为零，上下翼面无压力差，叶轮不转动；若机翼产生负升力，则上翼面的压力比下翼面大，此时两叶轮就会反转。

飞行中，有时从飞机翼尖的凝结云也可看到翼尖涡流。因为翼尖涡流的范围内压力很低，如果空气中所含水蒸气膨胀冷却而凝结成水珠，便会看到由翼尖向后的两道白雾状的涡流索。

实际升力与洗流方向垂直。把实际升力分解成垂直于飞行速度方向和平行于飞行速度方向的两个分力。垂直于飞行速度方向的分力仍起着升力的作用，这就是我们经常使用的升力；平行于飞行速度方向的分力，则起着阻碍飞机前进的作用，成为一部分附加阻力。而这一部分附加阻力，是同升力的存在分不开的，因此这一部分附加阻力称为诱导阻力。

总结一下：机翼产生升力的同时，由于机翼下表面压力大，上表面压力小，下翼面的高压气流会绕过两端翼尖，力图向翼上翻，形成翼尖涡流；翼尖涡流使流过机翼的空气产生下洗速度，此速度有一个向后的分量，从而产生诱导阻力。

实践表明，诱导阻力的大小与机翼的升力和展弦比有很大关系。升力越大，诱导阻力越大；展弦比越大，诱导阻力越小。减少诱导阻力的措施如下：

1）加装翼梢小翼。翼梢小翼能有效阻挡机翼下表面气流绕到上表面，可以消弱翼尖涡流的强度，从而起到减少诱导阻力的作用，如图2-20所示。

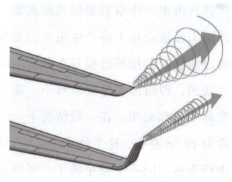

图2-20 翼梢小翼

2）增大展弦比。一般来说，机翼翼展越长，机翼下表面绕过翼尖上翻到上翼面的气流占整个机翼下表面气流的比例就越小。随着机翼的翼展变长，翼尖涡流所产生的气流损失相对于整机气流的比例是下降的，所以增大飞机的展弦比可以有效降低飞机的诱导阻力。高空长航时无人机为了提高升力、降低诱导阻力，一般采用大展弦比设计，如图2-21所示。

3）利用地面效应。当运动的飞行器距地面（或水面）很近时（图2-22），机翼的下洗气流被地面（或水面）所抑制，从而使飞机升力增加，诱导阻力下降。需要注意的是，只有飞机距离地面（或）水面小于飞机的翼展长度时，才会出现这种地面效应。

图2-21 大展弦比无人机

图2-22 地效飞行器

知识点6　激波阻力及减阻措施

飞机跨声速或超声速飞行时，会将空气强烈地压缩而形成高压而稠密的空气层。超声速气流被压缩时，一般不能像超声速气流膨胀时那样连续变化，而往往以突跃压缩的形式实现。我们把气体介质中应力（或压强）、密度和温度在波阵面上发生突跃变化的压缩波称为激波，如图2-23所示。激波是一种强扰动波，也是一种非线性传波，是超声速气流中一个很重要的物理现象。它对流动阻力或流动损失将产生很大的影响。气体通过激波时的压缩过程是在非常小的距离内完成的,即激波的厚度非常小,理论计算和实际测量都表明,在一般情况下,激波的厚度为 10^{-6} m 左右,这个数量已经与气体分子自由行程达到同一个数量级了。可以想象,在这样小的距离并且在极短时间内气体完成一

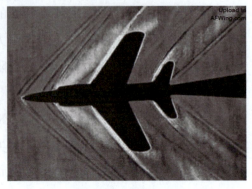

图 2-23 激波和波阻

个显著的压缩过程,因此这种变化中的每一个状态不可能是热力学平衡状态,即这种状态必然是一种不可逆的耗散过程。气体的黏性和热传导对激波有着重大的影响。激波内部的结构非常复杂,从工程应用角度,可以把这一压缩过程所占的空间距离处理为一个面,这个面就是激波面,对于激波前后气流参数的变化来说,它是个间断面。

激波阻力是由激波产生的阻碍飞机前行的阻力。激波阻力对超声速飞行器翼身组合体的体积和横截面积分布十分敏感。根据对机翼所做的实验,在亚声速飞行情况下,机翼上只有摩擦阻力、压差阻力、干扰阻力和诱导阻力,在此时,最大稀薄度靠前,压强分布沿着与飞行相反的方向上的合力不是很大,即阻力不是很大;可是在超音速飞行情况下,压强分布变化非常大,最大稀薄度向后远远地移动到尾部,而且向后倾斜得很厉害,同时它的绝对值也有增加,因此,如果不考虑机翼头部压强的升高,那么压强分布沿与飞行相反方向的合力急剧增大,使得整个机翼的总阻力相应有很大的增加。这个附加部分的阻力就是波阻。由于它来自机翼前后的压力差,所以波阻实际上是一种压差阻力。当然,如果飞机或机翼的任何一点上的气流速度都远远小于声速,是不会产生激波和波阻的。

阻力对于飞机的飞行性能有很大的影响,特别是在高速飞行时,激波和波阻的产生,对飞机的飞行性能的影响更大。这是因为波阻的数值很大,能够消耗发动机一大部分动力。当飞行速度在声速附近时,根据计算,波阻可能消耗发动机全部动力的大约 3/4,这时阻力系数急剧增大好几倍。飞机高速飞行时,当激波出现,飞机机体与激波面接触时激波阻力会明显增强。飞机与激波接触的面积越大,激波阻力就越大。

常见的减少激波阻力的措施如下:

1)降低飞行速度。降低飞行速度可避免飞机周围出现激波,可以从源头上杜绝激波阻力。

2）采用后掠机翼。与平直机翼相比，后掠翼飞机只有在更高的飞行速度情况下才会出现激波（即提高了临界马赫数），从而推迟了机翼面上激波的产生。即使机头部分出现激波，机翼后掠相当于将机翼收纳在该激波锥面内部，在一定程度上减小了机翼直接与激波接触的面积，从而降低激波阻力。

3）采用尖头尖尾薄翼型。采用这样的设计相当于减小了飞机的迎风面积，从而减少激波阻力。

学习任务 5 固定翼无人机空气动力学

固定翼飞机是人类使用时间最长的飞行器，莱特兄弟设计的人类第一架动力升空飞行器就是固定翼类型的飞机。在实际应用过程中，固定翼无人机因其具有长航时和大负载的特点而得到广泛的应用。本学习任务主要讲解与固定翼飞行器空气动力学相关的一些基础知识，让读者对固定翼飞机的原理有更多的了解。

知识目标

- 理解飞机升阻比、翼载荷以及几何参数的意义。
- 理解翼型参数对飞行性能的影响。

素养目标

- 能够根据应用场景，为无人机选择合适的翼型。

引导问题

前面学习了飞机的升力和阻力相关的知识，你知道影响飞机性能的还有哪些参数？

知识点 1 坐标系

飞机坐标轴是在建立飞行器运动方程时，为了确定相对位置、速度、加速度和外力矢量的分量而建立的。常用坐标系均采用右手直角坐标系。为了描述飞机的运动状态，必须选择适当的坐标系。描述飞机相对于地面的位置时，就必须采用地面坐标系；描述飞机的转动时，就用机体坐标系表示；描述飞机的运动轨迹可采用速度坐标系表示。以下介绍机体坐标系。

机体坐标系是指固定在飞行器或者飞机上的遵循右手法则的三维正交直角坐标系,如图2-24所示。其原点位于飞行器的质心;OX轴位于飞行器参考平面内平行于机身轴线并指向飞行器前方;OY轴平行于飞行器翼展方向并指向飞行器右方;OZ轴在参考面内垂直于XOY平面,指向航空器下方。

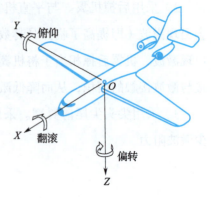

图2-24 机体坐标系

知识点2 升阻比

飞机飞行时升力与阻力之比,即升力系数与阻力系数之比,简称升阻比,是表示飞机气动效率的一个重要参数。

$$K=\frac{L}{D}=\frac{C_L}{C_D} \quad (2-10)$$

当飞机以最大升阻比对应的飞行状态运动时,其气动效率将是最高的。升阻比最大时所对应的飞行迎角一般称为有利迎角。

知识点3 翼载荷

翼载荷是指飞机质量和机翼面积之比。通常说的翼载荷是指起飞时的翼载荷,即飞机起飞时质量和机翼面积之比。翼载荷是飞机总体设计的主要参数之一,关系着飞机的起降性能、爬升性能、机动性能、最大航程和升限等。总的来说,要求机动性好、起飞着陆速度小的飞机采用小的翼载荷,而要求速度高的飞机采用大的翼载荷。

知识点4 机翼的几何参数

1)翼展:机翼左右翼尖之间的长度,一般用l表示,如图2-25所示。

2)弦长:机翼横切面的长度,它相当于某处机翼的宽度。除了矩形机翼外,机翼不同地方的弦长是不一样的,包括翼根弦长b_0、翼尖弦长b_1。一般常用的弦长参数为平均几何弦长b_{av},其计算方法为:$b_{av}=(b_0+b_1)/2$。

3)展弦比:翼展l和平均几何弦长b_{av}的比值,用λ表示。其计算公式可表示为:$\lambda=l/b_{av}$。同时,展弦比也可以表示为翼展的平方与机翼面积的比值。展弦比越大,机翼的升力系数越大，但阻力也增大，因此，高速飞机一般采用小展弦比的机翼。展弦比的大小对飞机飞行性能有明显的影响。展弦比增大时，机翼的诱导阻力会降低，从而可以提高飞机的机动性和增加亚声速航程，但波阻就会增加，以致会影响飞机的超声速飞行性能，所以亚声速飞机一般选用大展弦比机翼；而超声速飞机展弦比一般选择2.0~4.0。

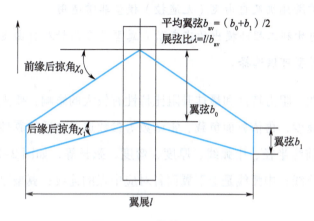

图 2-25　飞机的翼展和弦长

4）后掠角：机翼与机身轴线的垂线之间的夹角。后掠角又包括前缘后掠角（机翼前缘与机身轴线的垂线之间的夹角，一般用 χ_0 表示）、后缘后掠角（机翼后缘与机身轴线的垂线之间的夹角，一般用 χ_1 表示）及 1/4 弦线后掠角（机翼 1/4 弦线与机身轴线的垂线之间的夹角，一般用 $\chi_{0.25}$ 表示）。如果飞机的机翼向前掠，则后掠角就为负值，变成了前掠角。

5）根梢比：翼根弦长 b_0 与翼尖弦长 b_1 的比值，一般用 η 表示，即 $\eta=b_0/b_1$。

6）相对厚度：机翼翼型的最大厚度与弦长 b 的比值。

知识点 5　翼型选择

飞机结构中最重要的部分是机翼。飞机的升力主要来自于机翼，机翼的剖面称之为翼型。为了适应各种不同的需要，航空前辈们发展了各种不同的翼型，从适用于超声速飞机的到手掷滑翔机的，100 年来有相当多的单位及个人做过系统的研究。与翼型有关的比较重要的研究机构及个人如下：

NACA——国家航空咨询委员会，即美国太空总署（NASA）的前身，它进行过一系列翼型研究成果，比较有名的是"四位数"翼型及"六位数"翼型，其中"六位数"翼型是层流翼。

易卜拉——易卜拉原先研究滑翔机翼型，后期改为研发模型飞机翼型。

渥特曼——渥特曼教授对现今的滑翔机翼型有重大贡献。

哥廷根——德国在第一次世界大战后被禁止发展飞机，但滑翔机不在禁止之列，所以哥廷根大学对低速（低雷诺数）飞机翼型有一系列的研究，对遥控滑翔机及自由飞（无遥控）模型非常适用。

班奈狄克——匈牙利工程师提出的班奈狄克翼型是专门针对自由飞模型的，有很多翼型可供选择。

翼型对升力特性、阻力特性和最佳升阻比特性有较大的影响，要先确定无人机的用途、大小、质量、速度，再依翼面负载、雷诺数等参数选择合适的翼型。

翼型参数包括前缘半径、中弧线、厚度、弯度、弦长等，如图2-26所示。弦线是翼型前缘与后缘的连线；中弧线是上下翼面各对应中点的连线；翼型厚度是指翼型上翼面与下翼面的距离。

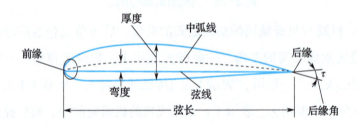

图2-26 翼型的几何参数

对于低速飞行的无人机，前缘半径越小，在大迎角下气流越容易分离。前缘半径太大，阻力也会增加。中弧线形状和厚度分布对翼型的空气动力学性能影响很大，中弧线最高点与弦线的距离一般是弦长的4%~8%，与前缘的距离一般是弦长的25%~50%。翼型厚度越大，阻力越大。一般低速无人机翼型最大厚度是弦长的6%~18%，薄翼型比较容易保持层流边界层，翼型最大厚度位置对上表面边界层位置的影响也较大，最大厚度越靠近前缘，转捩点位置越靠前。

翼型的相关数据包括形状的几何坐标，以及在某个展弦比及各种雷诺数下的升力系数、阻力系数，一般用极曲线表示，其纵坐标是升力系数，横坐标是阻力系数，如图2-27所示。选择翼型时，一定要知道翼型的最佳升阻比。对几种翼型的极曲线的切线进行对比，切线斜率越大，翼型的升阻比就越高。这些曲线对翼型选择和飞行性能估算都有重要作用。

在为新机型选择翼型时，一个简单的方法是用已有的成功翼型作为参考进行计算和修改。应根据巡航状态升力系数要求，选择阻力系数最小的翼型。

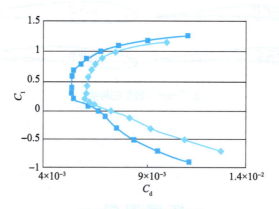

图2-27　翼型的极曲线

早期飞机的翼型，如哥廷根翼型、克拉克Y翼型、易卜拉翼型、NACA四位数及五位数等翼型，在低速无人机、通用航空飞机和航空模型中均应用较多，可以根据需要进行选择或改进。另外，S翼型也广泛应用于飞翼布局无人机种。平尾和垂尾需要在正负迎角和侧滑角状态下工作，因此一般选择对称翼型，如NACA四位数翼型。

有些翼型有特殊的编号方式，通过编号就大概知道其特性。例如NACA2412，第一个数字2代表中弧线最大弧高是2%，第二个数字4代表最大弧高在前缘算起40%的位置，第三、四个数字12代表最大厚度是弦长的12%；而NACA0010，其第一、二个数字都是0，代表对称翼，最大厚度是弦长的10%。但要注意每家命名方式都不同，有些只是单纯的编号，由于翼型种类实在太多，如只知编号没有坐标也搞不清楚到底是什么类型。如图2-28所示，翼型一般常分成以下几类：

1）平凸型：上凸下平，也叫克拉克Y翼型。

2）对称型：上下弧线均凸且对称，也叫全对称翼。

3）凹凸型：上凸下凹。

4）双凸型：上下均凸且不对称。

5）S翼型：上凸下凹，且中弧线是一个平躺的"S"形状。这类翼型因攻角改变时，压力中心变动很小，常用于无尾翼机。

6）特种型：未来满足特殊性能的翼型，例如层流翼型是一种为使翼表面保持大范围的层流，以减小阻力而设计的特种翼型。

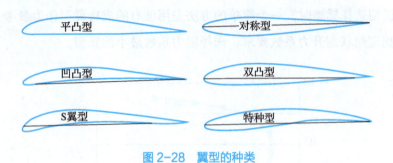

图 2-28 翼型的种类

拓展课堂

　　歼 20 战机是我国自主研发的第一款第五代战机（欧美旧标准称为第四代），它的成功研制和投入部队使用，真正让我国战机实现了历史性的跨越。

　　而主导歼 20 战机研发和成功面世的核心人物，正是中国科学院院士——杨伟。

　　杨伟有多牛？他 15 岁上大学，22 岁研究生毕业，30 岁任研究室主任，38 岁成为中国最年轻的飞机总设计师，是被网友们誉为有"剽悍人生"的传奇人物。

　　2019 年 10 月 1 日，新中国成立 70 周年的阅兵仪式上，一组超燃画面展现在国人面前：160 余架各型先进战机陆续飞过天安门上空，中国人期待了几十年的军机蔽日、旋翼遮天的景象终于成为了现实！

　　无数人因此泪目，回想起 1949 年开国大典的阅兵式上，只有 17 架飞机出现在天安门上空。周总理说：飞机不够，我们就飞两遍。为了凑数，最前面的 6 架飞机绕过一圈之后又飞了一遍。

　　这 70 年间的进步，是我国航空工业从一穷二白到跻身世界先进行列的事实，是几代航空人的不懈努力。因为他们，我国航空业的发展才能摆脱看别人脸色，被人卡脖子的尴尬境地，全面实现自主研发、独立制造，壮军威、扬国威，强大祖国的国防，维护祖国的和平与统一。

学习任务 6　旋翼无人机空气动力学

旋翼无人机一般指无人直升机和多旋翼无人机,如图 2-29 所示。与固定翼无人机不同,旋翼无人机的旋翼既是升力面又是操纵面,同时提供前飞动力。

虽然多旋翼无人机和无人直升机在结构形式、飞行原理、操纵原理等方面有很大不同,但从产生升力的本质上来说,多旋翼无人机和无人直升机有很多近似之处。多旋翼无人机主要依靠每个旋翼上的螺旋桨叶片在旋转过程中产生升力,无人直升机主要依靠主旋翼上的桨叶在旋转过程中产生升力,桨叶是这两类无人机产生升力的重要部件。本学习任务主要讲解旋翼空气动力学相关的基础原理知识。

a) 无人直升机　　　　　　　b) 多旋翼无人机

图 2-29　旋翼无人机

知识目标

- 了解无人直升机和多旋翼无人机的组成。
- 理解旋翼的作用。

素养目标

- 培养学生主动学习分析的能力。

引导问题

现在我们已经比较熟悉旋翼无人机了,你认为四旋翼无人机和无人直升机有什么异同呢?

知识点 1　无人直升机的组成

无人直升机本体包括主旋翼、尾桨、机体、操纵系统、动力装置等。

1. 主旋翼

主旋翼是直升机和旋翼机等旋翼航空器的主要升力部件，主要部件包括桨毂、拉杆与摇臂、十字盘以及由数片桨叶构成的螺旋桨，如图 2-30 所示。

图 2-30　无人直升机的主旋翼

（1）桨毂

如图 2-31 所示，桨毂是安装在旋翼轴上，其功能之一是连接桨叶，二是连接传动主轴。桨毂的作用与汽车轮毂类似。桨叶与桨毂之间的螺钉需拧紧，但不宜过紧，一般用三指力度能够顺畅移动桨叶便可。

（2）拉杆与摇臂

拉杆与摇臂又叫变距拉杆、变距摇臂，如图 2-32 所示。其功能是连接桨毂、T 型头与十字盘，舵机控制十字盘运动，通过拉杆与摇臂使桨毂改变方向，从而达到桨叶挥舞形成直升机的运动。

图 2-31　无人直升机的桨毂

图 2-32　无人直升机的拉杆与摇臂

（3）十字盘

十字盘也叫倾斜盘，如图 2-33 所示，是直升机最重要的部分之一。十字盘是由机械液压系统驱动的，并且和驾驶员的操纵杆联动。十字盘不止可以前后倾斜，它可以向任何一个方向倾斜，从而带动桨叶改变飞行姿态和方向。

（4）桨叶

桨叶形如细长机翼，如图 2-34 所示，其在空气或水中旋转，可将发动机转动功率转化为推进的动力。数个桨叶连接在桨毂上，搭配倾斜盘来实现直升机的灵活移动。无人直升机的桨叶是非常重要也非常脆弱的，每次使用完后尽量装入保护套中，同时也需要定期保养。

图 2-33　无人直升机的十字盘

图 2-34　无人直升机的桨叶

（5）主旋翼的作用

1）产生升力，用以平衡直升机的重力以及机身、平尾、机翼等部件在垂直方向上的分力。

2）产生向前的水平分力，克服空气阻力使直升机前进。

3）在悬停时，产生侧向或向后水平分力，使直升机进行侧飞或后飞。

4）产生分力及力矩对直升机进行控制或机动飞行，类似于飞机上的各种操纵面

2. 尾桨

牛顿第三定律告诉我们——相互作用的两个物体之间的作用力和反作用力总是大小相等，方向相反，作用在同一条直线上。因此，当直升机驱动旋翼旋转时，旋翼也必然会对直升机产生一个反作用力矩，如图 2-35 所示。如果只有一个主旋翼，没有其他措施，直升机机体会产生"不由自主"的旋转。直升机飞行时，旋翼旋转的反作用力矩会使直升机向与旋翼旋转的相反方向转动，尾桨产生的拉力可抵消这种转动而实现航向稳定。

尾桨是指单旋翼直升机为平衡旋翼旋转产生的反作用力矩，而在机身尾部所装置的小型旋翼，也叫尾旋翼如图 2-36 所示。它的构造与旋翼基本相同，其旋转平面平行于直升机的对称面。对于双旋翼无人直升机，其两个旋翼可以通过反向旋转的形式抵消自旋效应，不用设尾桨。

尾桨的作用除了提供反力矩，保持飞机的平衡之外，还可利用其变矩作用控制直升机的航向。

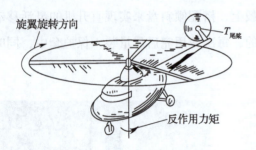
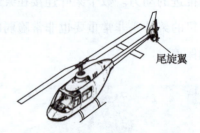

图 2-35 单旋翼直升机的自旋效应　　图 2-36 单旋翼直升机的尾桨

尾旋翼的组成部分如下：

1) 尾桨毂。尾桨毂的功能与主旋翼桨毂功能相同，如图 2-37 所示。

2) 尾拉杆和尾摇臂。尾拉杆和尾摇臂与主旋翼的拉杆及摇臂功能相同，如图 2-38 所示。尾拉杆直接连接在舵机上。

图 2-37 无人直升机的尾桨毂　　图 2-38 尾拉杆与尾摇臂

3) 尾桨叶。尾桨叶与主螺旋桨叶功能相同，如图 2-39 所示。

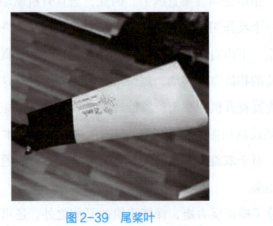

图 2-39 尾桨叶

知识点 2　多旋翼无人机的组成

多旋翼无人机主要由电机、电调、桨叶、电池、飞行控制系统、遥控系统、机架、云台等组成。

（1）电机

电机依据电磁感应原理实现电能转化为机械能，通常也称为电动机，俗称"马达"，如图 2-40 所示。电机根据电源的不同分为直流电机和交流电机，直流电机又有无刷电机和有刷电机，多旋翼无人机常用无刷电机。无刷是指无换向器，无电刷，其特点是低干扰，噪声低，运转流畅，并且寿命较长，可控性强。在选择电机的一个重要指标就是 KV 值，KV 是无刷电机的转速参数，即每升高 1V 电机增加的转速值，通常来说 KV 越高，转速越快。

（2）电调

电调的全称是电子调速器（Electronic Speed Controller，ESC），如图 2-41 所示。电调也分为无刷电调和有刷电调，与无刷电机配套的是无刷电调。电调输出线（有刷 2 根，无刷 3 根）与电机连接，输出三相交流电，可实现电机的正转和反转。要根据电机的参数来合理选择电调，通常情况下主要是参照电机的功率来选择。

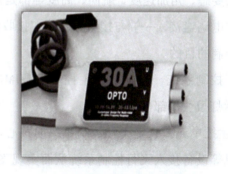

图 2-40　多旋翼无人机的电机　　图 2-41　多旋翼无人机的电调

（3）桨叶

桨叶是通过自身旋转，将电机转动功率转化为动力的装置，如图 2-42 所示。在整个飞行系统中，桨叶主要提供飞行所需的动能，按材质一般可分为尼龙桨、碳纤维桨和木桨等。

（4）电池

电池是将化学能转化成电能的装置，如图 2-43 所示。在整个飞行系统中，电池作为能源储备,为整个动力系统和其他电子设备提供电力来源。目前在多旋翼飞行器上,一般采用锂离子蓄电池。

图 2-42　旋翼无人机的桨叶

图 2-43　多旋翼无人机的电池

（5）飞行控制系统

飞行控制系统集成了高精度的感应器元件,主要由陀螺仪（飞行姿态感知）、加速度计、角速度计、气压计、GPS 及指南针模块（可选配）,以及控制电路等部件组成。通过高效的控制算法内核,飞行控制系统能够精准地感应并计算出飞行器的飞行姿态等数据,再通过主控制单元实现精准定位悬停和自主平稳飞行。根据机型的不一样,可以有不同类型的飞行辅助控制系统,有支持固定翼、多旋翼及直升机的飞行控制系统。

目前被广泛使用的飞行控制器是 APM 和 PIX。飞行控制器是飞行器的"大脑",飞行器的姿态、角加速度、航向、高度等都是由它通过输出 PWM 波来控制电机实现的,它一端与电调连接,一端与接收机相连,接收机接受控制信号并实现飞控信号输入以达到遥控控制的目的。

飞行控制系统一般主要由主控单元、IMU（惯性测量单元）、GPS 指南针模块、LED 指示灯模块等部件组成。

1）主控单元。它是飞行控制系统的核心,通过它将 IMU、GPS 指南针、舵机和遥控接收机等设备接入飞行控制系统从而实现飞行器自主飞行功能,如图 2-44 所示。除了辅助飞行控制以外,某些主控单元还具备记录飞行数据的黑匣子功能。

2）惯性测量单元（IMU）。它包含 3 轴加速度计、3 轴角速度计和气压高度计,是高精度感应飞行器姿态、角度、速度、加速度、角速度和高度的元器件集合体,如图 2-45 所示。它在飞行辅助功能中充当极其重要的角色。

3）GPS 指南针模块。它包含 GPS 模块和指南针模块,用于精确确定飞行器的方向及经纬度,如图 2-46 所示。它对于失控保护自动返航、精准定位悬停等功能的实现至关重要。

图 2-44　多旋翼无人机的主控单元

图 2-45　多旋翼无人机的惯性测量单元　　图 2-46　多旋翼无人机的 GPS 指南针模块

（6）遥控系统

遥控系统由遥控器和接收机组成，是整个飞行系统的无线控制终端，如图 2-47 所示。

（7）机架

机架有四轴的，如图 2-48 所示，也有六轴、八轴的机架。机架的强度和重量也是影响飞行器稳定的因素之一。

图 2-47　多旋翼无人机的遥控器　　　　图 2-48　多旋翼无人机的机架

（8）云台

云台是无人机上安装、固定摄像机的支撑设备，如图 2-49 所示。云台分为二轴增稳和三轴增稳。为什么要增稳？因为无人机在飞行的过程中，机架会产生振动，从而会引起摄像机也发生振动，导致拍出的图像模糊不清，所以需要将摄像机固定在云台上，以达到防止抖动的目的。

引导问题

我们知道固定翼无人机靠的是机翼产生升力，然后用发动机产生推力，让飞机能够飞起来并往前飞，那么你是否知道旋翼类型的无人机产生升力和推力的原理与固定翼无人机有什么差异呢？

图 2-49　多旋翼无人机的云台

知识点 3　旋翼空气动力学

旋翼桨叶除了随机体一起做直线或曲线运动外，还要绕旋翼轴旋转，因此桨叶的空气动力现象比机翼复杂得多。无人直升机的旋翼既是升力面又是操纵面，因此比多旋翼螺旋桨的运动更加复杂，涉及螺旋桨产生空气动力的典型原因。下面就无人直升机的翼型和旋翼说明其空气动力的主要特性。

1. 旋翼翼型

旋翼翼型的定义与固定翼翼型相同，指桨叶在展向某个界面的剖面形状。与固定翼无人机机翼不同的是，旋翼桨叶有其特殊的翼型形状，并且翼型形状和扭转角随展向位置变化。早期直升机桨叶的翼型为对称翼型，如 NACA 四位数翼型族。这种翼型在变距过程中气动中心保持不变，能够在旋转中保持稳定，并且操纵载荷最小。现在直升机主要采用非对称翼型。这种翼型的压力中心随迎角的变化而移动，可以通过扭转角的修正来产生和对称翼型相似的性能。这种翼型的升力特性更好，阻力发散马赫数有明显的提高，如 ONERA 的 OA2 系列、OA3 系列、OA4 系列、OA5 系列，Boeing-Vetol 公司的 VR 系列，Sikorsky 公司的 SC 系列，DLR 的 DM-H 系列及俄罗斯的 TsAGI 系列等。

旋翼翼型空气动力产生原理与固定翼翼型相同，由伯努利定理可以解释其升力产生的原因。其升力计算公式也与固定翼翼型相同，即

$$L=\frac{1}{2}\rho v^2 b C_1^\alpha \alpha \tag{2-11}$$

但对于旋翼翼型，式（2-11）中有两点与固定翼不同，一是速度 v，二是迎角 α。速度 v 不仅包含来流速度，也包含桨叶旋转速度，且桨叶每个剖面旋转引起的线速度均不同。迎角 α 不是指来流速度与翼型剖面的夹角，而是指合成速度与翼型剖面的夹角。

并且由于旋翼既是升力面又是操纵面，变距操作会引起桨叶剖面角度的改变，同时影响每个时刻迎角的大小。对此解释如下：

1）旋翼在前飞运动中气流流速是飞行速度与旋翼速度的合速度，其大小和方向时刻发生改变。悬停中的气流速度为旋转速度，其大小不变，方向时刻发生变化。

2）迎角为气流流速与翼型弦线的夹角。如前所述，一方面合成气流方向与旋翼转速有关，导致迎角与不旋转的机翼的迎角有所不同；另一方面，总距操纵、横向周期变距操纵和纵向周期变距操纵会改变旋翼翼型弦线与旋转平面的夹角，这个角度称为变距角。综合这两方面因素，翼型的迎角在旋转运动过程中时刻发生变化。迎角与变距角的概念也不相同。

2. 旋翼空气动力学特性

旋翼同时具有固定翼无人机的升力作用、动力作用和操纵作用。其中，升力作用是通过翼型产生升力，旋翼产生的向上升力用来克服直升机的重力，维持空中飞行；动力作用是通过挥舞运动，改变桨尖平面方向，旋翼产生的向前水平分力用来克服空气阻力，使直升机保持前进速度。操纵作用是通过变距操纵，旋翼产生其他分力及力矩，对直升机进行控制和机动飞行。

旋翼桨叶的空气动力特性分为三个方面：一是升力方面，最大升力系数要高，这样能延迟在后行工作区产生的失速；二是阻力方面，延缓前行桨叶的失速，可以降低气动阻力；三是力矩方面，为了降低交变载荷，气动力矩系数要小。

相比固定翼，旋翼桨叶的空气流动现象有以下特点。

（1）速度、迎角、空气动力从翼根到翼尖的变化

桨叶旋转会使不同的位置获得不同的相对来流速度，这样会导致在靠近翼尖部位的载荷最大。为了使桨叶在展向受力尽量保持均匀，制造桨叶时通常沿展向会有一个不同的初始迎角。一般在靠近根部的区域桨叶截面迎角较大，靠近尖部的区域截面迎角较小，如图 2-50 所示。

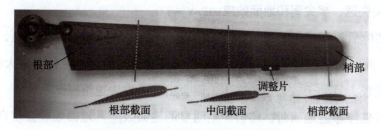

图 2-50　迎角沿桨叶展向的分布规律

桨叶做旋转运动，桨叶上的线速度为

$$v=\omega r \qquad (2-12)$$

式中，ω 为桨叶转速；r 为桨叶的展向位置旋转半径。

由式（2-12）可知，在悬停状态下，越靠近桨尖，线速度越大。

由于桨叶上的线速度随展向位置变化，通常来说空气动力应该随线速度的增加而增大，单桨尖线速度可能达到亚声速、跨声速甚至超声速，这会导致桨尖产生失速，升力损失，阻力增加。由于桨尖升力损失，一般在桨尖处升力会减小，如图 2-51 所示。

在前飞时，旋翼桨叶的主要工作区包括前行桨叶工作区、后行桨叶工作区及悬停状态工作区。由于合成速度的影响，前行桨叶工作区的马赫数大，而后行桨叶工作区的马赫数小。

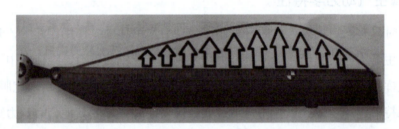

图 2-51　空气动力沿桨叶展向的分布规律

（2）桨根的反流区

在悬停状态，桨叶旋转一周，其上的空气动力分布基本保持不变。在翼根处，由于存在初始迎角和变距角，翼型在靠近桨根处的迎角可能较大，使桨根区域处于失速状态。

当旋翼处于前飞状态时，由于存在前飞速度，在旋转过程中这个桨盘的空气动力不再对称。将桨盘分为两个区域：桨叶前进区域和前进速度叠加，桨叶相对来流速度增加，从而增大前进区域桨叶上的空气动力；在桨叶后退区域，由于桨叶后退速度和前飞速度相减，桨叶上的相对来流速度减小。尤其在桨叶后退区域的桨根处，由于前飞速度要大于根部速度，将在根部出现反流区。

（3）桨尖失速、桨尖涡和地面效应

由于在桨叶后退区域旋转速度和前飞速度相减，后退区域的升力损失，会造成桨盘升力不对称，此时为了保持升力对称，弥补升力损失，需要给桨叶一个较大的变距操纵。此时桨尖速度较大且处于较大迎角之下，则会出现桨尖失速情况。

当直升机悬停靠近地面时，将会产生明显的地面效应。地面效应会使直升机诱导阻力减小,同时能获得比空中飞行升阻比更高的流体力学效应:当运动的直升机距地面(或水面)很近时,这个桨盘的上、下压力差增大,升力会陡然增加,如图2-52所示。

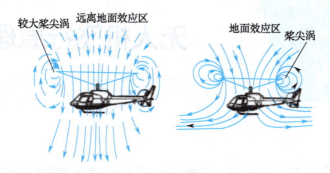

图2-52　旋翼机的地面效应

(4)旋翼桨叶挥舞运动

直升机悬停时桨叶平面垂直于桨轴,旋翼旋转所产生的升力等于机身重力。悬停时由于在展向对应处的桨叶的来流速度不同,会导致展向力的分布相应不同。另外,由于桨叶受周期力的作用,导致桨尖在旋转时将同时绕桨毂做挥舞运动,如图2-53所示。

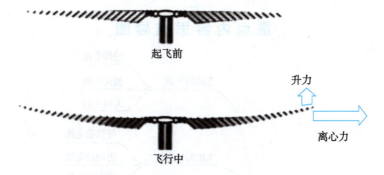

图2-53　悬停时桨叶的挥舞运动

模块三 无人机飞行原理

我们学习了怎么让无人机飞上天，还要让无人机能够按照我们需要的方式和方向飞，才能够对我们有帮助，因此我们要学习无人机在天上如何飞行。本模块主要以固定翼为例，从无人机的平衡、稳定性和操纵性等几个方面，详细去讲解无人机在天空如何实现稳定的操控；此外，还讲解了对无人机非常重要的一些性能指标。

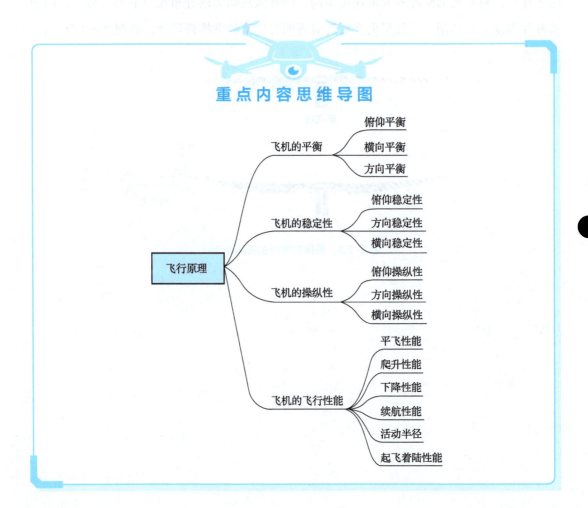

重点内容思维导图

飞行原理
- 飞机的平衡
  - 俯仰平衡
  - 横向平衡
  - 方向平衡
- 飞机的稳定性
  - 俯仰稳定性
  - 方向稳定性
  - 横向稳定性
- 飞机的操纵性
  - 俯仰操纵性
  - 方向操纵性
  - 横向操纵性
- 飞机的飞行性能
  - 平飞性能
  - 爬升性能
  - 下降性能
  - 续航性能
  - 活动半径
  - 起飞着陆性能

学习任务 1 飞机的平衡

稳定性和操纵性是飞机的两种特性，都与飞机的平衡有密切的关系。稳定性是研究飞机怎样自动保持平衡状态的问题，操纵性是研究飞机在驾驶员操纵下怎样改变飞行状态的问题。

研究飞机的平衡状态是研究飞机稳定性和操纵性的基础，本学习任务主要介绍飞机的平衡问题，以及飞机的稳定性和操纵性。

知识目标

- 理解飞机平衡产生的原理。
- 理解飞机对应的动作控制原理。

素养目标

- 能够简单计算无人机平衡所需的力矩大小。

引导问题

我们知道飞机在天上飞行是升力和重力以及推力和阻力平衡的结果，你是否知道飞机是通过怎么操纵这些力而让飞机做出各种动作的呢？

知识点 1 平衡的定义

在力学系统里，平衡是指在惯性参照系内，物体受到几个力的作用，仍保持静止状态，或匀速直线运动状态，或绕转轴匀速转动的状态，这时我们称物体处于平衡状态，简称为物体的平衡。平衡是物体保持原有运动状态的一种能力。飞机在飞行中，飞机的机翼、机身、尾翼等部件都要承受重力和空气动力的作用。当所有作用在飞机上的外力与外力矩之和为零时，则飞机处于平衡状态。通常飞机做匀速直线运动或匀速盘旋时，飞机处于平衡状态。飞机的平衡包括"作用力的平衡"和"力矩的平衡"两个方面。若把飞机当作一个质点，飞机质点（重心）的位移运动取决于作用在飞机上的外力是否平衡，是共点力作用下飞机的平衡，属于作用力平衡问题；若把飞机当作一个刚体，飞机绕重心的转动取决于作用在飞机上的外力矩是否平衡，是非共点力作用下飞机的平衡，属于力矩平衡问题。本学习任务首先分析在力矩作用下飞机的平衡，即飞机绕重心的转动问题。

为了研究问题方便，我们把飞机绕着重心的力矩平衡分解为绕三个机体轴的力矩平衡，如图 3-1 所示，即相对于横轴（O_z）的俯仰（纵向）平衡、相对于纵轴（O_x）的横向平衡以及相对竖轴（O_y）的方向（航向）平衡。

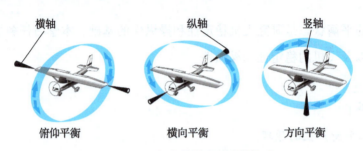

图 3-1　飞机机体轴和对应的转动

知识点 2　俯仰平衡

（1）俯仰平衡原理

俯仰平衡（纵向平衡）是指作用于飞机的上仰力矩和下俯力矩彼此相等，也就是各俯仰力矩平衡。这样，飞机就不会绕横轴转动，既不上仰，也不下俯。

飞行中，机翼升力（$L_翼$）通常作用在飞机重心的后面，形成下俯力矩（$M_翼$），其大小为：

$$M_翼 = L_翼 \times l_翼 \qquad (3-1)$$

式中，$l_翼$ 为机翼压力中心到飞机重心的距离（即力臂）。

在中等迎角以下，由于流过机翼后的气流有一定程度的下洗，因此，水平尾翼（平尾）一般产生负升力。它对飞机重心所形成的力矩为上仰力矩（$M_尾$），其大小为：

$$M_尾 = L_尾 \times l_尾 \qquad (3-2)$$

式中，$l_尾$ 为水平尾翼压力中心到飞机重心的距离（即力臂）。

飞行中，要保持飞机的俯仰平衡，就必须使下俯力矩等于上仰力矩，如图 3-2 所示。可用以下公式表示：

$$L_翼 \times l_翼 = L_尾 \times l_尾 \qquad (3-3)$$

水平尾翼升力虽小，但它距飞机重心很远，力臂很长，所以力矩很大，这就是水平尾翼能够起到俯仰平衡作用的原因。

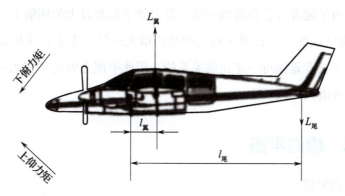

图 3-2　飞机的俯仰平衡

（2）俯仰平衡的影响因素

飞机的俯仰平衡取决于飞机的机翼和平尾上空气动力产生的俯仰力矩，而机翼和平尾的俯仰力矩分别等于它们所产生的升力，乘以各自升力到飞机重心的力臂。因此，凡是影响机翼和平尾升力大小的因素，都是影响机翼和平尾俯仰力矩的因素。此外，飞机重心位置的前后移动也会影响机翼和平尾俯仰力矩的大小。根据以上分析，可以得出影响机翼和平尾俯仰力矩的因素有以下几点：

1）飞机迎角。迎角越大，机翼和平尾升力系数越大，升力越大，机翼和平尾俯仰力矩越大。例如，水平尾翼前缘上偏，平尾迎角加大，升力系数加大，平尾的上仰力矩加大。

2）翼型。机翼和平尾翼型有变化时，升力系数发生变化，俯仰力矩也会发生变化。例如，升降舵下偏，水平尾翼翼型改变，升力系数加大，水平尾翼的上仰力矩加大。

3）飞行马赫数。在超过临界马赫数以后，飞行马赫数加大，机翼局部激波向后发展，机翼升力系数加大，并且压力中心后移，这会使机翼升力和机翼升力到飞机重心的力臂加大。

4）飞机重心位置。飞机重心位置后移，机翼下俯力矩减小，平尾上仰力矩也减小，由于重心离平尾远，重心后移一小段距离，对平尾上仰力矩影响不大，上仰力矩减小不多。但重心离机翼压力中心很近，只要重心后移一小段距离，造成的机翼力矩变化都会很大，因此机翼下俯力矩会减小很多。

5）空气密度、机翼面积、飞行速度。空气密度、机翼面积、飞行速度越大，机翼和平尾俯仰力矩越大。它们对机翼和平尾俯仰力矩的影响完全一样。例如，机翼面积加大一倍，考虑到飞机设计时，平尾和机翼面积是保持一定比例关系的，这样平尾面积也就要加大一倍，则机翼和平尾俯仰力矩各增加一倍。如果空气密度增加一倍，机翼和平尾俯仰力矩也要各增加一倍；如果飞行速度增加一倍（飞行速度等于原来飞行速度的两倍），机翼升力和平尾升力会各增加三倍（升力等于原来升力的四倍）。

6）机翼平均气动弦长。机翼平均气动弦长增大一倍，考虑到飞机设计时，机翼平均气动弦长与机身长度是保持一定比例关系的，因此平尾力臂也要增大一倍，所以机翼和平尾俯仰力矩各增大一倍。

知识点 3　横向平衡

（1）横向平衡原理

横向平衡是指作用于飞机各滚转力矩互相平衡，也就是迫使飞机向左滚转的力矩（$L_右 \times l_右$）与迫使飞机向右滚转的力矩（$L_左 \times l_左$）相等，如图 3-3 所示。这样飞机就不绕纵轴滚转，既不向左倾斜，也不向右倾斜。用公式表示为：

$$L_右 \times l_右 = L_左 \times l_左 \qquad (3-4)$$

式中，$L_右$ 为右翼升力；$L_左$ 为左翼升力；$l_右$ 为右翼升力到重心之间的力臂；$l_左$ 为左翼升力到重心之间的力臂。

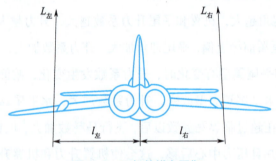

图 3-3　飞机的横向平衡

在飞行中，如果出现了飞机自动向一侧倾斜的现象，就称作横向不平衡。飞机自动向左倾斜，称作左坡度；飞机自动向右倾斜，称作右坡度。

飞机出现横向不平衡的原因主要是机翼变形，使两侧机翼不对称，造成左、右机翼升力不对称，或使左、右机翼升力到重心的力臂不等，引起左滚力矩与右滚力矩不平衡，飞机自动出现倾斜。

飞机允许在一定条件下出现一定程度的自动倾斜。飞机的自动倾斜如果超出了规定，称为坡度故障。这时，维修人员必须对其进行排除。

（2）副翼保持平衡的原理

飞机在飞行中出现了横向不平衡的现象，即出现坡度时，可以使副翼偏转，以消除坡度，保持飞机的横向平衡。为了分析问题方便，假定飞机左右重力不均衡，飞机重心向左移动，左、右翼升力到重心的力臂不等，右翼升力到重心的力臂（$l_{右}$）增长，左翼升力到重心的力臂（$l_{左}$）减短。这样 $L_{右} \times l_{右} > L_{左} \times l_{左}$，即左滚力矩＞右滚力矩。这样，飞机将向左滚转，出现左坡度，如图3-4a所示。

为了保持飞机的横向平衡，这时应该使右副翼向上偏转，减小右机翼升力，左副翼向下偏转，增加左机翼升力。这样使左滚力矩重新等于右滚力矩，保持飞机的横向平衡，如图3-4b所示。

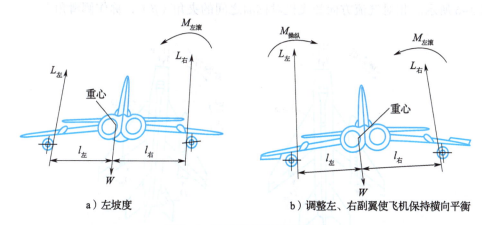

a）左坡度　　　　　　　　b）调整左、右副翼使飞机保持横向平衡

图3-4　飞机横向平衡的调节

知识点4　方向平衡

（1）方向平衡原理

飞行中，使机头左右偏转的力矩，主要是两边机翼阻力产生的偏转力矩和垂直尾翼侧向力产生的偏转力矩。如果作用在飞机上的左偏转力矩和右偏转力矩相等，飞机就保持方向平衡；如果不等，机头则产生偏转。

飞行中，当飞行员不进行操纵时，在正常条件下，左右机翼产生的阻力大小相等，力臂（阻力到重心的垂直距离）相同，在垂直尾翼上也没有侧向力的作用，如图3-5所示。这时，左偏转力矩＝右偏转力矩，飞机自动保持方向平衡，公式表示为：

$$D_{左} \times l_{左} = D_{右} \times l_{右} \quad (3-5)$$

式中，$D_{左}$为左翼阻力；$D_{右}$为右翼阻力；$l_{左}$为左翼阻力到重心之间的力臂；$l_{右}$为右翼阻力到重心之间的力臂。

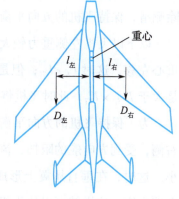

图3-5　飞机的方向平衡

平衡和不平衡是可以转化的。如果机翼变形使两侧机翼的阻力不等，或者垂直安定面和方向舵变形使垂直尾翼产生侧向力，改变了飞机各偏转力矩之间的平衡关系，就会破坏飞机的方向平衡。

飞机的方向平衡被破坏以后，在偏转力矩作用下，机头将向左或向右偏转，而飞机由于具有很大的运动惯性，将沿着原来的方向飞行，这时，相对气流就会从侧前方吹来。凡是相对气流从侧前方吹来的飞行状态，就称作侧滑。当机头向左偏转，气流从机头右前方吹来，称作右侧滑；反之，机头向右偏转，气流从机头左前方吹来，称作左侧滑，如图 3-6 所示。相对气流方向和飞机对称面之间的夹角（β），称作侧滑角。

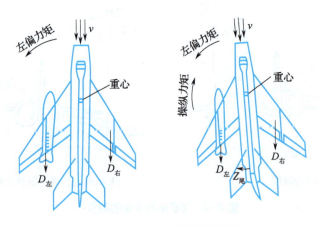

图 3-6　飞机方向平衡的调节

由以上分析可知，飞机的方向平衡被破坏以后，飞机将出现侧滑。侧滑是飞机方向不平衡的一种表现。飞机允许在一定条件下出现一定程度的自动侧滑。飞机的自动侧滑如果超出规定，称为侧滑故障。

（2）方向舵保持方向平衡的原理

飞机在飞行中出现了方向不平衡的现象，即出现侧滑时，可以使方向舵偏转，以消除侧滑，保持飞机的方向平衡。

以下以飞机左侧重力较大为例，说明方向舵的方向平衡作用。飞机左侧重力较大，重心左移，这时 $l_{左}<l_{右}$；但是，由于左翼的阻力远大于右翼的阻力，因此，$D_{左} \times l_{左}$ 还是大于 $D_{右} \times l_{右}$，此时飞机将要产生向左的偏转，即使出现右侧滑。

为了保持飞机的方向平衡，应该使方向舵向右偏转。这时，相对气流流过垂直尾翼右侧，受到方向舵的阻挡，流管变粗，流速减慢，压力增大，而垂直尾翼左侧则压力减小。这时，在垂直尾翼上形成一个向左的侧力（$Z_{尾}$），此侧力对飞机的重心形成一个右偏力矩，这样就可以使飞机的左、右偏转力矩重新相等，保证了飞机的方向平衡，此时的公式如下：

$$D_{左} \times l_{左} = D_{右} \times l_{右} + Z_{尾} l_{尾} \qquad (3-6)$$

由此可见，方向舵具有保持方向平衡的作用，可以防止出现侧滑。

学习任务 2　飞机的稳定性

飞机的平衡状态会受到各种扰动（如阵风、发动机工作不均衡等）而发生变化。为了保持飞机的平衡状态，飞机应具有自动恢复原来平衡状态的特性，也就是说飞机应具有稳定性。

知识目标

- 理解飞机稳定性产生的原理。

素养目标

- 能够简单分析破坏飞机飞行稳定性的原因。

引导问题

前面我们学习了飞机的平衡，现在我们要学习飞机的稳定性。你知道为什么飞机要采用有稳定性的设计吗？

知识点 1　稳定性的定义

在日常生活中，可以看到一些有关稳定性的现象。例如，一个悬挂着的摆锤，如图 3-7 所示，当它受到微小的扰动时，就会来回摆动，在扰动消失之后，摆锤摆动的幅度会越来越小，最后恢复到原来的平衡位置。这说明悬摆具有稳定性。

那么悬摆为什么会有稳定性？其原因有两个方面：一是当摆锤不在平衡位置时，其重力（W）对摆轴构成一个力矩，使摆锤具有自动恢复原来平衡位置的趋势，这个力矩称作稳定力矩；二是在摆锤来回摆动中，作用

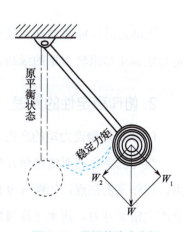

图 3-7　悬摆的稳定力矩

于摆锤的空气阻力也对摆轴构成一个力矩，阻止摆锤摆动，这个力矩称作阻转力矩，其方向同摆锤的摆动方向始终相反，使摆锤的摆幅越来越小，最后停止在原来的平衡位置。

上述问题告诉我们：悬摆要有稳定性，首先要有稳定刀矩，但单有稳定力矩还不行，它只是稳定性的必要条件；还要有阻转力矩，这样才能充分地保证悬摆具有稳定性。

悬摆具有稳定性的原理也同样适用于飞机。飞机之所以具有稳定性，首先是偏离原来平衡状态时出现稳定力矩，使飞机具有自动恢复原来平衡状态的趋势。其次是在摆动过程中，又出现阻转力矩，促使飞机摆动减弱直至消失。由此可见，飞机的稳定性就是在飞行中当飞机受微小扰动而偏离了原来的平衡状态，在扰动消失以后，不经飞行员操纵，飞机能自动地恢复原来平衡状态的特性。下面按俯仰、方向和横向这三方面来分别说明飞机为什么具有稳定性。

知识点 2　俯仰（纵向）稳定性

1. 俯仰稳定性的定义

在飞行中，如果当飞行受到微小扰动而偏离俯仰平衡状态，同时在扰动消失以后，不经飞行员操纵，飞机能自动恢复原来的俯仰平衡状态，我们就说飞机具有俯仰稳定性，如图 3-8 所示。

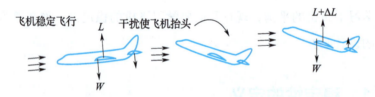

图 3-8　飞机的俯仰稳定性

飞机之所以能够自动恢复原来的俯仰平衡状态，是因为迎角变化时，产生了俯仰稳定力矩和俯仰阻转力矩的缘故。

2. 俯仰稳定性的原理

（1）俯仰稳定力矩的产生

当飞机受扰动而使迎角发生变化时，在飞机上会产生附加升力。此附加升力的着力点，称作飞机焦点，如图 3-9 所示。因为迎角改变时，机翼、机身、水平尾翼等部分都会产生附加升力，而水平尾翼的附加升力距飞机重心较远，所以飞机各部分附加升力合力的着力点（即飞机焦点）在飞机重心之后。

飞机焦点位于飞机的重心之后,当飞机受扰动而使迎角增大时,飞机附加升力($\Delta L_{飞机}$)将对重心形成附加的下俯力矩,即形成俯仰稳定力矩,使飞机具有自动恢复原来迎角的趋势,如图3-10a所示。同理,当飞机受扰动而减小迎角时,产生向下的附加升力,对飞机重心形成俯仰稳定力矩,也使飞机具有自动恢复原来迎角的趋势,如图3-10b所示。总之,当飞机迎角发生变化时,在飞机焦点上形成一个附加升力,对飞机重心形成一个恢复飞机俯仰平衡的力矩,这就是俯仰稳定力矩。

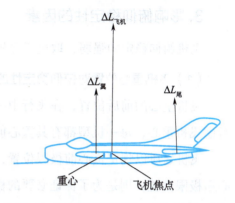

图3-9 飞机增大迎角后所产生的附加升力

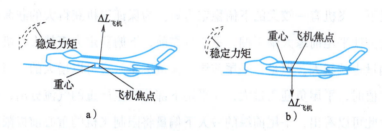

图3-10 俯仰稳定力矩的产生

综上所述,可以得出一个重要结论就是,飞机焦点位于飞机重心之后是飞机产生俯仰稳定力矩的条件。

(2)俯仰阻转力矩

俯仰阻转力矩主要由水平尾翼产生,如图3-11所示。当机头向上转动时,水平尾翼向下运动,这时就有一个向上的相对气流流向水平尾翼,这个力是$\Delta L_{尾}$,它对重心构成的力矩就是俯仰阻转力矩。俯仰阻转力矩的作用是阻止飞机在恢复俯仰平衡状态过程中绕横轴来回摆动。

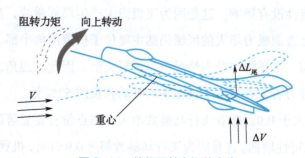

图3-11 俯仰阻转力矩的产生

3. 影响俯仰稳定性的因素

飞机俯仰稳定的强弱，取决于飞机的重心位置、飞行马赫数以及飞行高度。

（1）飞机重心位置对俯仰稳定性的影响

飞机重心的前后位置，在飞行中一般变化不大。但是，在飞机设计制造时需要着重考虑飞机重心，每一机型都有其重心前极限和重心后极限位置。

飞机之所以规定重心前极限位置，是为了保证高空飞行的机动性能。至于飞机的重心后极限位置，则是为了保证必要的稳定性。

根据飞机俯仰稳定力矩的产生原因可以看出，飞机焦点在重心之后是获得俯仰稳定力矩的条件。飞机重心与飞机焦点之间的距离就是俯仰稳定力矩的力臂。当重心前移时，俯仰稳定力矩加大，飞机的俯仰稳定性增强。飞机在空中机动飞行时使用的是大迎角，在此情况下，飞机有一较大的下俯稳定力矩。为保证飞机获得大的载荷因数所需迎角，飞行员就需使平尾前缘大幅下偏。重心越靠前，下俯稳定力矩越大，机动飞行所需平尾前缘下偏量也就越大。但是，平尾前缘下偏量不是一直可以增大的，当平尾前缘下偏量超过一定值时，平尾负迎角过大，在平尾下部将产生严重的气流分离，从而降低平尾的效能。由此可以看出，平尾前缘的最大下偏量将限制飞机的重心前极限位置。当重心位置后移时，俯仰稳定力矩减小，俯仰稳定性过于减弱，这时会引起操纵上的困难，因此，重心后极限位置也有一定的限度，一般飞机重心后极限位置，必须设计在飞机焦点前3%~4%平均气动弦长处。

（2）飞行马赫数对俯仰稳定性的影响

飞机俯仰稳定力矩的大小跟飞机焦点位置紧密相关，飞机焦点后移，俯仰稳定力矩增大，俯仰稳定性增强；飞机焦点前移，俯仰稳定力矩减小。而飞机焦点位置又与飞行马赫数有关。

1）飞行马赫数小于0.9。飞行马赫数增大时，焦点位置基本不变，飞行马赫数的改变对飞机的俯仰稳定性没有影响。这是因为飞机尚未产生局部激波，当飞机受到扰动而增大迎角时，机翼上表面吸力增大的区域仍然主要位于机翼的前半部，即机翼的附加升力的着力点仍很靠前。平尾附加升力情况也与机翼类似。因此，迎角改变对机翼和平尾各部分附加升力的合力着力点基本上仍在平均气动弦长的52%处。

2）飞行马赫数大于0.9。随着飞行马赫数增大，焦点位置要显著后移，俯仰稳定力矩显著增大，俯仰稳定性增强。这是因为飞行马赫数超过0.9以后，机翼已产生局部激波，这时当飞机受扰动而增大迎角时，机翼上最低压力点后的流管扩散加剧，局部超声速区扩大，流速显著增大，吸力也显著增大，而且超声速区较靠后，机翼附加升力的着力点后移，即飞机焦点后移。随着飞行马赫数增大，机翼上表面的超声速区不断向后扩大，飞机焦点也逐渐向后移动，当飞行马赫数增大到 1.15 时，焦点约后移到平均气动弦长的 70% 处。

（3）飞行高度对俯仰稳定性的影响

高度升高，空气密度减小，飞机俯仰转动时，阻转力矩减小。因此，随着高度增加，飞机受到扰动后，要经过较长时间、多次、较快地往复摆动才能基本上恢复到原来的平衡位置。高空飞行中，出现俯仰摆动时，只要飞行员稳住驾驶杆，俯仰摆动就会自行消失。但如果飞行员在这种情况下进行修正，则反而会使摆幅越修正越大，这是因为摆动周期短，修正时机不易掌握。例如，飞行员发现机头上仰时，以向前推杆来修正，由于摆动周期短，当向前推杆时，飞机已开始下俯，所以推杆更增加了飞机的下俯，反之亦然。这就是高空飞行时，飞机容易产生俯仰飘摆的道理。

4. 静稳定度

所谓静稳定度是指气动中心（焦点）到飞机重心（质心）的距离，气动中心在重心之后静稳定度为正，飞机是静稳定的；气动中心在重心之前静稳定度为负，飞机是静不稳定的。静稳定度用来描述飞机的俯仰稳定性的大小，可以用俯仰力矩系数除以升力系数来计算。

在亚声速飞行状态，普通构型的飞机的翼身组合体的升力中心在重心稍后的某个距离（静稳定），这时翼身组合体的升力所产生的负俯仰力矩（机头向下的力矩），由平尾下偏所产生的向下升力来平衡，平尾的升力被从翼身组合体升力中减去，因而使总的升力减小；而且由于飞机的静稳定特性，飞机有保持原有飞行状态的趋势，使飞机的操纵也不灵活。而放宽静稳定度的飞机的气动中心可以很接近重心（也可以重合），甚至在重心的前面，飞机的静稳定度变得很小甚至变为静不稳定。飞行中主要靠主动控制系统（即自动增稳系统）主动控制相应操纵面，保证飞机的稳定性。这时，为了保持平衡只需要较小的甚至向上的平尾升力，去平衡翼身组合体的正俯仰力矩（机头向上的力矩）。

在超声速状态，无论普通构型的飞机还是放宽静稳定度的飞机都具有作用在重心之后的翼身组合体升力矢量。因为放宽静稳定度的飞机的重心比普通飞机的重心更靠前。这样为配平由于翼身组合体升力产生的负俯仰力矩所需要的尾翼向下载荷比普通飞机要小，因而就可以大大减小尾翼尺寸和重量，使其在超声速状态也具有较高的升力。

由此可见，采用放宽静稳定度的手段，可以大幅提高飞机的机动性能。首先，可以使飞机用于平衡所需的平尾面积大大减小，因此平尾的重量可以减轻，阻力可以减小；另外，对于静不稳定飞机，平尾的升力和翼身组合体升力方向一致，这样飞机的总升力也得到了提高。

知识点3　方向（航向）稳定性

1. 方向稳定性的定义

在飞行中，当飞机受微小扰动而偏离方向平衡状态，在扰动消失以后，不经飞行员操纵，飞机具有能自动恢复原来方向平衡状态的特性，我们称之为飞机的方向稳定性。

2. 方向稳定性的原理

（1）方向稳定力矩的产生

方向稳定力矩主要是由垂直尾翼产生的。例如，在直线飞行中，飞机受微小扰动而出现左侧滑时，相对气流从左前方吹来，在垂直尾翼上产生向右的附加侧力（ΔZ），对飞机重心形成方向稳定力矩，力图使机头左偏，消除侧滑，如图3-12所示。这时机身上也有侧力，它位于飞机重心之前，但距离重心很近。它与ΔZ的合力在重心之后，故对重心仍形成稳定力矩。

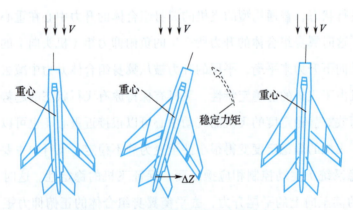

图3-12　垂直尾翼产生的方向稳定力矩

（2）方向阻转力矩的产生

方向阻转力矩主要也是由垂直尾翼产生的。例如，机头右偏时垂直尾翼向左运动，在垂直尾翼范围内产生向右的相对气流速度（ΔV）。因此，在垂直尾翼上产生附加侧力，即图3-13中的ΔZ，它对飞机重心形成阻转力矩，阻止机头向右偏转。同理，机头向左偏转时,也会产生阻止机头向左偏转的阻转力矩。

3. 方向稳定力矩和阻转力矩的影响因素

影响方向稳定力矩和方向阻转力矩的因素即是影响方向稳定性的因素,主要包括垂直尾翼的面积、垂直尾翼的形状、垂直尾翼距飞机重心的距离等。增加垂尾面积,改变其形状以增加空气动力、提高飞行速度,增加垂尾距飞机重心的距离等措施,都可以增加飞机的方向稳定性。

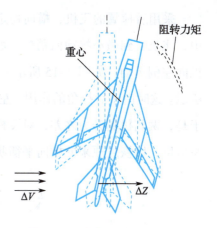

图 3-13 方向阻转力矩的产生

知识点 4 横向(横侧)稳定性

1. 横向稳定性的定义

在飞行中,当飞机受到微小扰动而偏离横向平衡状态,在扰动消失以后,不经飞行员操纵,飞机具有能自动恢复原来横向平衡状态的特性,我们称之为飞机的横向稳定性。

2. 横向稳定的原理

(1)横向稳定力矩的产生

当飞机向左或向右倾斜的时候,上反角具有促使飞机自动恢复原来横向平衡状态的稳定作用,如图 3-14 所示。例如,在稳定飞行中,如果飞机受到外力干扰,就会使机翼一边高一边低,飞机绕纵轴发生倾斜。这时,升力和重力的合力偏向右边,使飞机产生右侧滑。在右侧滑的情况下,由于机翼具有上反角,左翼迎角增大,升力增加;右翼迎角减小,升力降低。左右翼升力之差就够成了横向稳定力矩,外力消失后,不需要飞行员的操纵,稳定力矩促使飞机自动恢复原来的飞行状态——横向平衡状态。

图 3-14 机翼上反角的稳定作用

采用后掠翼的飞机，横向稳定力矩主要是后掠翼在侧滑中产生的。其原理是在平飞中，飞机受到微小扰动而稍带左坡度时，升力（L）和飞机重力（W）的合力（F）使飞机向左侧运动，如图 3-15 所示。相对气流从左前方吹来，因而出现左侧滑，如图 3-16 所示。这时由于后掠角的作用，左翼的垂直分速度比右翼大，左翼的升力也就比右翼大。于是，两侧机翼升力之差，对飞机重心形成横向稳定力矩，使飞机向右滚转，力图消除左坡度，以恢复原来的横向平衡状态。

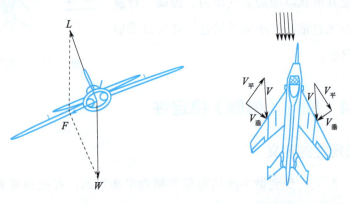

图 3-15　飞机出现左坡度　　　图 3-16　左侧滑中后掠翼的气流分速

垂直尾翼产生的横向稳定力矩，是因为当飞机出现侧滑后，垂直尾翼上产生附加侧力（$\Delta Z_{尾}$），其着力点高于飞机重心。此力对飞机重心构成横向稳定力矩，力图消除坡度，进而消除侧滑，使飞机趋于恢复横向平衡状态，如图 3-17 所示。

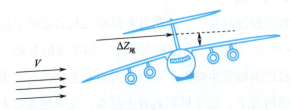

图 3-17　垂直尾翼的横向稳定力矩

机翼的上下位置对横向稳定性的影响如图 3-18 所示。当飞机受到扰动呈微小左坡度，并向左侧滑时，对于上单翼的飞机来说，在左翼下表面，气流受到机身的阻挡，流速减慢，压力升高，升力增大，于是形成横向稳定力矩，增强横向稳定性；对于下单翼的飞机来说，在左翼上表面，气流受到机身阻挡，流速减慢，压力升高，升力减小，于是形成横向不稳定力矩，起着削弱横向稳定性的作用；对于中单翼飞机来说，在左翼的上下表面，气流都要受到机身的阻挡，流速都减小，压力都升高，因而对横向稳定性的影响不大。

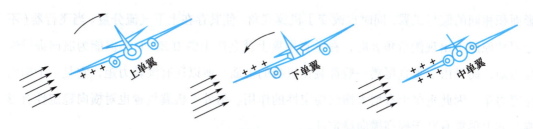

图3-18 机翼位置对横向稳定性的影响

（2）横向阻转力矩的产生

飞机横向平衡被破坏后，在绕纵轴转动的过程中，两翼就会产生与旋转方向相反的阻力，对重心构成阻转力矩。在横向稳定力矩和阻转力矩的作用下，飞机就能自动恢复到原来的横向平衡状态。

横向阻转力矩主要是由机翼产生的。例如，飞机向左滚转，如图3-19所示，左翼下沉，出现向上的相对气流速度（ΔV），产生正的附加升力（$\Delta L_左$）；右翼上扬，出现向下的相对气流速度（ΔV），产生负的附加升力（$\Delta L_右$）。于是，左右机翼出现升力差，对飞机重心形成阻转力矩，阻止飞机向左滚转。同理，飞机向右滚转时，也会产生阻止向右滚转的阻转力矩。

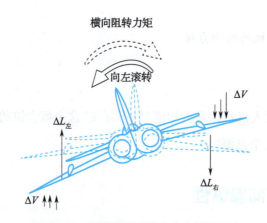

图3-19 机翼位置对横向稳定性的影响

3. 横向稳定力矩和阻转力矩的影响因素

机翼的上反角、后掠角和垂直尾翼等是保证飞行器横向稳定性的主要条件。后掠角越大，其所起的横向静稳定作用越强。如果后掠角很大就可能导致过分的横向静稳定性，一般用上反角替代。当飞行器向某一方向滚转时，下方的机翼更接近水平，产生额外升力；上方的机翼更偏离水平，升力下降，两侧的升力差导致其产生稳定力矩，恢复水平位置。这相当于机翼在水平投影上的面积改变了，机翼的气动效率转变为与其在水平投影面积相同的假想机翼，同时也改变了机翼迎角，使其存在上下气流分量。当飞行器（不论何种原因）出现侧滑角 β 时，在垂直尾翼上就会产生侧力 Z。它不但能为航向提供恢复力矩，而且由于垂直尾翼一般都装在机身的上面，所以还有滚转力矩，它是一个横向稳定力矩，因此垂尾也有增大横向稳定性的作用。另外，机翼位置也对横向稳定性有影响，如上单翼有利于提高横向稳定性。

学习任务 3　飞机的操纵性

飞机在使用杆、舵的情况下改变其飞行状态的特性，称作飞机的操纵性。本学习任务将研究飞机的俯仰操纵性、方向操纵性和横向操纵性。

知识目标

- 理解飞机的俯仰、方向和横向操纵原理。

素养目标

- 能够简单计算飞机的俯仰力矩。

引导问题

你有没有驾驶过无人机？你是否知道"好不好飞"这个概念讲的是飞机的操纵性呢？飞机的操纵性包括哪几个方面？

知识点 1　俯仰操纵性

（1）俯仰操纵性的定义

飞机的俯仰操纵性就是飞行员使用驾驶杆偏转升降舵之后，飞机绕横轴转动而改变其迎角、速度等飞行状态的特性。

在平飞中，飞机的升力与重力必须相等，故随着飞行速度的改变，需要相应改变迎角以保持升力不变。飞行速度加快，升力随之增大，为保持平飞，就必须相应减小迎角，以减小升力使其保持与重力相等；飞行速度减慢，升力随之减小，为保持平飞，就需要相应地增大迎角，以增大升力使其保持与重力相等。总之，为保持平飞，在大速度下应用小迎角，在小速度下应用大迎角，也就是说，一个平飞速度对应一个迎角。

（2）俯仰操纵的原理

在平飞中，飞机原来处于力矩平衡状态。由于飞行速度降低，飞行员向后拉一点杆，升降舵向上偏转一个角度。于是，水平尾翼的形状发生了变化，水平尾翼就产生一个向下的空气动力（$\Delta L_{尾}$），对飞机重心构成一个俯仰操纵力矩（上仰力矩），迫使机头上仰，增大迎角，如图 3-20 所示。由于飞机迎角增大，水平尾翼迎角也增大，在水平尾翼产生的空气动力的基础上又产生了一个向上的空气动力（$\Delta L_{尾}$），对重心构成一个向下的稳定力矩（下俯力矩），其方向同操纵力矩相反。随着迎角的增大，稳定力矩也增大。当迎角增大到稳定力矩和操纵力矩相等时，飞机的俯仰力矩重新取得平衡，飞机即停止转动，并保持比原来更大的迎角飞行。

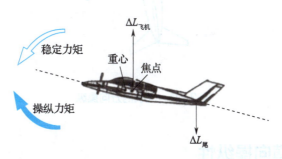

图 3-20　飞机的俯仰操纵

在迎角增大的过程中，虽然飞机有了附加升力，但因平飞速度减小，所以总升力仍保持不变。相反，要增大飞行速度，飞行员需适量向前推杆，偏转升降舵使其下偏一个角度，使迎角减小。

知识点 2　方向操纵性

（1）方向操纵性的定义

飞机的方向操纵性，就是在飞行员操纵方向舵以后飞机绕竖轴偏转，改变侧滑角等飞行状态的特性。

（2）方向操纵的原理

操纵方向舵改变侧滑角与操纵升降舵改变迎角的道理是一样的。例如，在无侧滑的直线飞行中，如果蹬右舵，方向舵则向右偏一个角度，垂直尾翼上产生向左的侧力（$\Delta Z_{尾}$），对飞机重心构成一个使飞机向右偏转的方向操纵力矩，如图 3-21 所示。在方向操纵力矩作用下，飞机将向右偏转，出现左侧滑。出现左侧滑的同时，飞机产生向左的方向稳定力矩，且随侧滑角的增大而逐渐增大。当方向稳定力矩增大到与方向操纵力矩相等时，飞机就保持侧滑角不变。如果蹬舵量增大，方向操纵力矩增大，飞机就保持较大的侧滑角飞行。由此可见，在平飞中，一个方向舵的偏转角，对应着一个侧滑角。

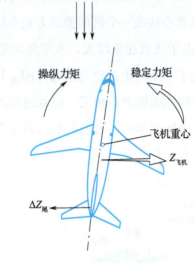

图 3-21　飞机的方向操纵

知识点 3　横向操纵性

（1）横向操纵性的定义

飞机的横向操纵性，就是在飞行员操纵副翼以后，飞机绕纵轴滚转，改变滚转角速度和坡度等飞行状态的特性。

（2）横向操纵原理

在某一飞行速度下，飞行员操纵左副翼向上偏转、右副翼向下偏转，如图 3-22 所示，飞机因左右两翼升力之差形成横向操纵力矩而向左滚转。在滚转中，只要没有侧滑，就不会有稳定力矩产生，只有横向阻转力矩。滚转越快，阻转力矩越大。当横向操纵力矩与横向阻转力矩相等时，飞机就做等速滚转。副翼偏转越多，等速滚转的角速度就越大。

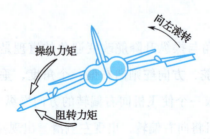

图 3-22　飞机横向操纵原理

如果飞行员要保持一定的坡度飞行，就应该在飞机滚转到达预定坡度以前，提前使副翼回到中立位置，这样横向操纵力矩就会消失。在横向阻转力矩的作用下，飞机绕纵轴的滚转角速度迅速减小，在到达预定坡度时，滚转角速度减小为零，飞机即保持一定坡度飞行。

拓展课堂

七十岁高龄还驾驶战机做出高难度的眼镜蛇动作，他就是传奇将军、中国人民解放军空军原副司令员——林虎。

林虎祖籍山东招远，幼年父母双亡，被一户姓林的人家收养，取名"林根生"。1938年，他参加了八路军，在山东沂蒙山区抗日根据地对日作战，"林虎"便是部队领导给他起的名字。1945年，林虎加入中国共产党，同年12月，林虎由山东抗日军政大学一分校选送到东北民主联军航空队学习航空技术。1949年10月1日的开国大典上，林虎驾驶P-51战机飞过天安门上空。

1950年9月，林虎任空军某师副团长，1951年冬率部参加抗美援朝，在朝鲜战场上，他击落和击伤美军先进的F-86"佩刀"各一架。

1997年8月，已七十岁高龄的林虎将军作为珠海航展的代表顾问，参加第三届莫斯科航空航天展，他驾驶苏-30战机在空中做了一系列特技飞行动作：翻筋斗、半筋斗翻转、横滚、超低空通过机场、大坡度低空急转弯以及飞机攻角接近120°的眼镜蛇动作。其高超的飞行技巧令人叹为观止。

学习任务4　无人机的飞行性能

通常使用"性能"这一术语描述无人机实现其设计目标的有效性。不同的无人机会强调不同的性能，如平飞性能、机动性能、续航性能、负载能力、起飞着陆性能等。本学习任务主要从固定翼飞机的角度来讲解无人机的飞行性能。

> **知识目标**
>
> - 理解无人机的最大、最小平飞速度和经济平飞速度。
> - 了解无人机的爬升下降、续航和着陆性能以及无人机的活动半径。

> **素养目标**
>
> - 能够分析无人机在平飞、爬升和降落阶段的受力平衡。

> **引导问题**
>
> 大家来讨论一下,你觉得无人机最重要的性能是哪个?

知识点 1 平飞性能

平飞性能是无人机最重要的的性能之一,决定了无人机飞行速度和飞行高度范围。它与无人机的气动特性、动力装置和结构等密切相关。对于大型和小型无人机,更关注其飞行包线,即高度 – 速度范围;对于轻型和微型无人机,许用飞行高度较低,一般仅关注其飞行速度范围。

在无人机进行平飞时,升力、阻力、推力和重力沿机体轴平衡,同时,这些力对重心的力矩也为零。无人机的平飞性能主要包括最大平飞速度、最小平飞速度、平飞经济巡航速度及平飞速度范围,这些速度主要取决于升力系数和发动机推力。

(1)最大平飞速度

在一定高度和质量下,无人机处于最大推力状态时,无人机所能达到的稳定平飞速度,就是其做定常直线飞行时所能达到的最大平飞速度。

不同高度状态,发动机推力不同。在一定高度下,速度越大,阻力越大。当阻力引起的需用功率和发动机可用功率平衡时,飞机维持定直平飞状态。最大平飞速度主要受发动机推力的限制,同时还受飞机结构强度、颤振等的限制。

(2)最小平飞速度

无人机做等速平飞所能保持的最小速度称为最小平飞速度。对无人机的要求来说,最小平飞速度越小越好。因为最小平飞速度越小,无人机就可用越小的速度接地,以改善其着陆性能。例如,可以减小无人机在航母上的滑跑距离,以改善其着舰性能,如图 3-23 所示。

最小平飞速度受无人机失速特性的限制，这是因为要维持等速直线飞行，则升力要等于重力，且保持定值，速度越小，在保持配平构型的升力线斜率一定的情况下，迎角越大。失速时的迎角为升力系数最大值，失速速度也是平飞速度最小值。此外，最小平飞速度还受发动机使用特性的影响。

图 3-23　无人机航母着舰

（3）平飞经济巡航速度

用最小所需功率做水平飞行时的速度称为平飞经济巡航速度，此时发动机油耗最小。无人机一般均以平飞经济巡航速度飞行，因为此时经济性最好。

（4）平飞速度范围

一定高度下，从最小平飞速度到最大平飞速度，称为平飞速度范围。平飞速度范围越大，即最小平飞速度越小、最大平飞速度越大，无人机的平飞性能越好。

知识点 2　爬升性能

无人机沿向上倾斜的轨迹所做的等速直线飞行称为爬升（上升），爬升是固定翼无人机升高的基本方法。通常，爬升开始可以通过加大迎角来实现，这将导致升力的瞬间增加，但只会持续几秒，随后无人机会减速，升力比原来小，小于无人机的重力。爬升中无人机的受力如图 3-24 所示。

图 3-24　爬升中的无人机受力

爬升性能参数主要包括最大爬升角、最大爬升率、爬升时间和爬升所经过的水平距离。影响爬升性能的主要因素是发动机的剩余推力和爬升方式。

爬升有两种极限状态：一种是快速爬升或以最大爬升率爬升，即无人机以最短的时间爬升到指定高度；另一种是陡升或以最大爬升角爬升，这时无人机可以避开机场周围的障碍物。这两种方案会有不同的爬升路径和空速，如图 3-25 所示。

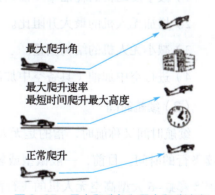

图 3-25　最大爬升角和最大爬升速率

知识点 3　下降性能

无人机沿向下倾斜的轨迹做等速直线飞行称为下降，下降是无人机降低高度的基本方法。下降中作用于飞机的外力与平飞、爬升相同，也有升力、重力、拉力和阻力，如图 3-26 所示。某些情况下，飞机下降时可以不需要动力，此时只有升力、阻力和重力。下降时升力同样小于平飞升力。

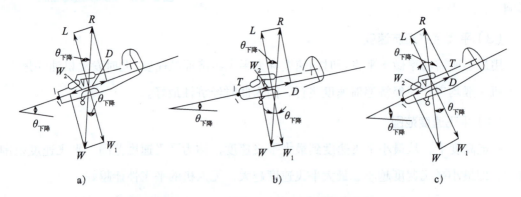

图 3-26　三种情况下飞行下降时的作用力

知识点 4　续航性能

续航性能是指无人机持续航行的能力，主要包括航程和续航时间两个指标。

（1）航程

航程是指无人机起飞后在不再加油或充电的情况下，以巡航速度或预定航线所能到达的最远距离。

提高航程的方法如下：

1）减小发动机的耗油率（油动无人机）。

2）增加无人机的最大升阻比。

3）减小无人机的结构质量。

4）进行空中加油（具备空中加油能力的大型无人机）。

（2）续航时间

续航时间又称航时，指的是无人机在一次加油或一次充满电的情况下在空中所能持续飞行的时间。目前，一般微型或轻型无人机的续航时间都在 1h 以内。表 3-1 列出了国产彩虹-6 大型高空无人机的飞行性能参数。

表 3-1　彩虹-6 大型高空无人机飞行性能参数

项目	彩虹-6	
	侦察型	察打型
最大起飞重量 /kg	7800	7800
最大载荷能力 /kg	300	2000
载油量 /kg	3420	1720
全机长 /m	15	15
翼展 /m	20.5	20.5
机高 /m	5.0	5.0
最大平飞速度 /（km/h）	800	800
巡航速度 /（km/h）	500~700	500~700
巡航高度 /km	10	10
升限 /km	12	12
最大续航时间 /h	20	8
最大航程 /km	12000	4500
最大爬升率 /（m/s）	20	20

知识点 5　活动半径

无人机由指定位置起飞，到达某一空中位置，完成一定任务（如洒药、巡线等）后返回起飞位置所能达到的最远单程距离，称为活动半径（R），如图 3-27 所示。无人机的活动半径略小于其航程的一半。

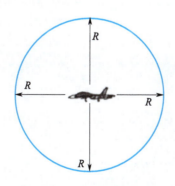

图 3-27　无人机活动半径

知识点 6　起飞着陆性能

起飞性能主要指起飞速度和起飞滑跑距离。起飞速度主要受失速速度和擦尾角的影响。起飞速度达到失速速度的 1.2 倍时，无人机离地较为安全。起飞滑跑距离指无人机从静止状态到完全离地所经过的距离。对于前三点式无人机，起飞滑跑分为三轮滑跑和抬前轮后的两轮滑跑两个阶段。滑跑距离主要由第一个阶段决定，此时发动机性能和地面粗糙度对滑跑距离的影响较大。在第二个阶段，无人机已达到失速速度，一般认为以该速度继续滑跑 3s 时达到完全离地状态。

着陆性能主要指着陆速度和着陆滑跑距离。着陆拉飘时发动机不工作，着陆速度为

$$v_{jd}=k\sqrt{\frac{2G}{\rho S C_{L,jd}}} \tag{3-7}$$

式中，k 为地面效应因子，一般为 0.9~0.95；G 为飞机重量；ρ 为空气密度；S 为飞机参考面积；$C_{L,jd}$ 为接地升力系数。

着陆速度主要由失速迎角和着陆质量决定。着陆质量越小，失速迎角越大，则着陆速度越小，滑跑距离越短。

04 模块四 无人机飞行控制原理

飞行控制系统对于无人机来说是至关重要的一个系统，它决定了无人机是否能够很好地完成它的任务，包括保持飞行的稳定性和飞行路线的准确性等功能。本模块着重讲解飞行控制相关的一些基础知识，包括什么是飞控、飞控的基本原理、飞控的硬件组成和飞控的软件及算法等，让读者能够全面了解飞控到底是什么东西，以及对无人机而言起到什么作用；最后，还介绍了一些常用的开源飞控，帮助读者将来进行选择和实践尝试。

重点内容思维导图

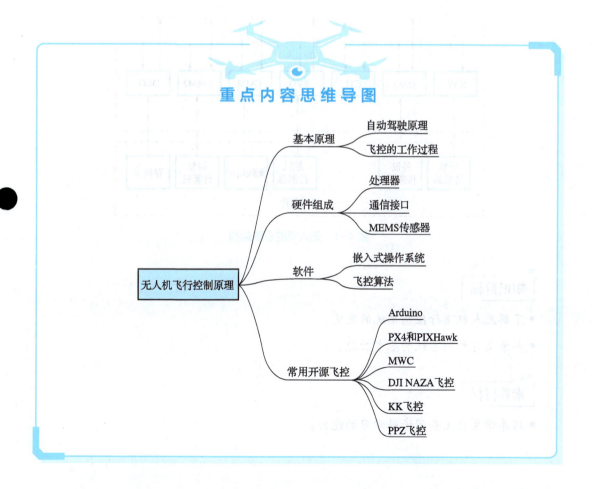

无人机飞行控制原理
- 基本原理
  - 自动驾驶原理
  - 飞控的工作过程
- 硬件组成
  - 处理器
  - 通信接口
  - MEMS传感器
- 软件
  - 嵌入式操作系统
  - 飞控算法
- 常用开源飞控
  - Arduino
  - PX4和PIXHawk
  - MWC
  - DJI NAZA飞控
  - KK飞控
  - PPZ飞控

学习任务 1　飞行控制系统概述

飞行控制系统作为无人机系统中核心重要的子系统,在无人机的任务执行中,承担着诸如数据采集处理、飞行控制、自动导航、数据链路信息传输等任务。无人机的系统架构如图 4-1 所示。飞行控制系统的性能好坏直接关系到无人机的飞行状态与品质,对任务的执行意义重大。小型无人机由于载荷能力有限,以及受电力供应、能耗、续航能力等条件制约,无法采用由常规质量的、体积较大的高精度器件构成的飞行控制系统。本学习任务主要讲述的是微小型飞行控制系统。

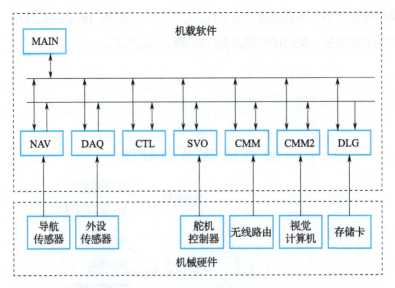

图 4-1　无人机的系统架构

知识目标

- 了解无人机飞行控制系统的定义。
- 熟悉飞行控制系统的基本功能。

素养目标

- 培养学生自主查阅资料学习的能力。

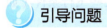 引导问题

我们知道大疆无人机最出名的就是它的飞控，你知道飞控的定义是什么吗？

知识点 1　飞行控制系统的定义

飞控全称导航飞控系统，在多旋翼无人机业内也把它称为自驾，即自动驾驶仪。这也是多旋翼无人机不是航模的根本原因之一。我们常说无人机是空中机器人，其实还有陆地轮式机器人（无人车）、陆地履带机器人（无人坦克）、陆地四足机器人（机器骡子）、水面机器人（无人艇）、水下机器人（无人潜航器）、太空机器人（可变轨的卫星）等。

国内外微小型飞控系统的共同特点可简要概括为以下几点：

1）集成多种 MEMS 传感器，如陀螺仪、加速度计、磁传感器、压力传感器等，而且集成度逐渐增加，有效地降低了产品的体积重量与成本。

2）集成小型 GPS 接收模块，可扩展 GLONASS、北斗组合导航，甚至可以扩展差分 GPS 信号、SBAS 信号，多种定位方式的使用确保了导航精度。

3）采用微处理器运行控制算法，实现稳定控制、高度保持、速度控制、导航控制等功能，具备手动、半自主、自主等多种操作控制方式，并提供相应的地面控制系统（Ground Control Station，GCS）支持。

4）预留较多的 IO 接口，实现功能的扩展升级，以及对不同任务载荷的控制。

5）支持多种起飞、降落方式的选择，满足不同野外工作环境下的操作要求。

6）对同一类型无人机（如固定翼）多种布局或多种类型无人机具有良好的支持，只需要软件配置。

知识点 2　飞行控制系统的基本功能

无人机飞行控制系统的基本任务是完成数据采集、姿态解算，以及复杂的控制任务等。系统利用多种类型的传感器，监测、反馈无人机相关状态，并根据这些信息的融合，确定系统的控制量，对无人机进行控制。

系统通过可靠性高以及带宽较好的无线通信链路，进行机上信息的下载与地面指令的上传，实现数据的实时交互。无人机飞行控制系统通常具备不同的操纵模式，例如在

手动控制模式下,操作手通过 RC 遥控方式对无人机进行操作,实现某些飞行条件(如起飞、降落)下的操作。

飞行控制系统的控制量最终任务是送到执行机构——舵机,控制各个翼面的动作,实现最佳无人机姿态、飞行航迹的控制。因此,飞行控制系统中包含舵机输出模块,保证舵面的正确行为。此外,为了实现系统的任务扩展,通常预留出较多的接口,实现对任务载荷的控制,包括对其他模拟量进行采集、航拍时对相机快门的开关操作以及伞降模式下开伞动作的执行等。

飞行控制系统的硬件主要由主控芯片、各种传感器、多种数据接口等组成。其硬件具有以下特点:

1)传感器的集成度、精度不断提高。各款微小型无人机自动驾驶仪多采用 MEMS 传感器,从最初的单轴,到现在的多轴,传感器的集成度不断提高,在降低成本、减小体积重量的同时,也减少了器件的安装误差。传感器模拟信号输出到数字信号输出,节省了芯片的 IO 接口资源与芯片引脚,同时,对板上参考电源的设计降低了要求,提高了系统的稳定性。

2)主控芯片的性能愈加强劲。现在所采用的主控芯片主要为 DSP、ARM 或者采用双 CPU 架构,如双 ARM、ARM+DSP、ARM+FPGA 等,芯片的处理能力日益强大,并且具有更多的外围标准接口,如 USART、SPI、I2C、CAN、SDIO、USB 以及 AD 转换接口等。这对于扩展系统的接口设计、减少外围接口芯片,非常有利。同时,在多 CPU 的设计方案中,通过采用协处理器,发挥不同处理器的性能优势,实现功能分离,提高工作效率,甚至通过采用多 CPU 实现冗余度设计,这对飞行安全也是很有必要的。

3)较多的外围接口设计。鉴于日后二次开发与功能扩展,控制平台预留出较多的通用 IO 接口以及诸如 USART、SPI、I2C、CAN 等接口,这些接口的开放,对于外接其他类型的传感器,或者挂载相关的任务载荷,提高系统的扩展性能十分重要。

通过以上的分析,并结合要设计完成的测控系统的功能要求以及电路设计维护的方便,将飞行测控系统按照功能进行模块划分。划分的模块可以包括主控单元模块、传感器模块、电源管理模块、舵机输入输出模块、其他扩展接口模块。因此,微小型无人机飞行控制系统的硬件基本结构和功能架构可采用图 4-2 所示的设计方案。

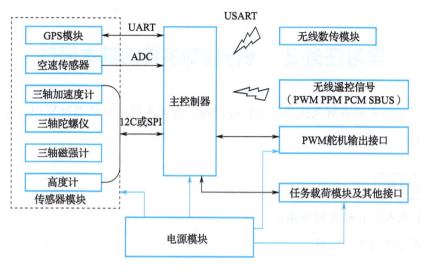

图 4-2 飞行控制系统的硬件基本组成

拓展课堂

　　大疆是一家纯正中国血统的无人机公司，在 2019 年大疆入选了"福布斯中国最具创新力企业榜"。正是大疆，带领着中国的无人机品牌走出了国门，让中国生产的无人机销往世界各地。

　　2012 年，大疆推出第一台航拍一体机"大疆精灵"，短短的 8 年里，大疆硬生生成为世界第一的民用无人机品牌。

　　大疆占据了美国 70% 的无人机市场，虽然美国政府将大疆拉进了"黑名单"，但是大疆的市场份额不降反增，美国对此也是伤透脑筋，于是就对大疆增加关税。但是大疆知道这个消息以后也是二话不说，针对美国市场直接涨价 13%，将多交的税费直接转嫁到美国的消费者身上，其中也包括了美国军方。

　　大疆用自己的产品让竞争对手服气，让我们为了不起的中国制造点一个大大的赞！

学习任务 2　飞行控制系统的基本原理

本学习任务主要讲解飞控系统的核心原理，即无人机的自动驾驶原理，并介绍飞控的工作过程。

知识目标

- 理解无人机自动驾驶的原理。
- 了解飞控的工作过程。

素养目标

- 培养学生勤学好问、善于合作探讨的能力。

引导问题

无人机可以设定好路线以后自动执行飞行任务，它是怎么做到的？

知识点 1　自动驾驶原理

世上一切物体每一刻的运动都可以用这 6 个数表示，每个数都是可以自由变化的，是 1 个自由度，一共 6 个自由度，绕轴的 3 个表示姿态，沿轴的 3 个表示位置。运动学当中的六自由度方程就对应这 6 个数，如图 4-3 所示。多旋翼无人机只要知道了绕轴的 3 个数并控制这 3 个数，就能稳住自己的姿态；只要知道了沿轴的 3 个数并控制这 3 个数，就能控制自己的位置。

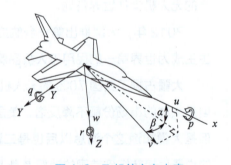

图 4-3　飞机的六自由度

（1）如何稳住姿态

多旋翼无人机作为空中机器人，要稳定姿态，也得在飞控板上长出三个水平尺，这三个水平尺正是速率陀螺仪。如果你仔细观察，每个飞控上都能看见速率陀螺仪，如图 4-4 所示。多旋翼无人机能稳定姿态靠的就是速率陀螺仪，结合其他一些传感器测量及主芯片计算，通过电调带动电机动作进行调整。

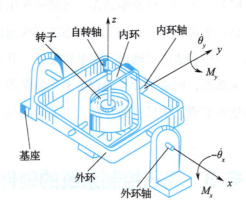

图 4-4　陀螺仪的基本结构

（2）如何调整位置

多旋翼无人机是机器人，所以飞行器上安装了磁力计、气压高度计、超声波高度计、GPS、室内飞行使用的光流传感器等。靠这些就能准确地知道自己当前的位置，并调整一点姿态，顶住风，悬停在当前位置上。这时我们再告诉飞行器下一点的位置，它就会掉头向下一点飞去。

1）多旋翼上常用的传感器包括：三轴速率陀螺仪、三轴加速度计、三轴磁力计、气压高度计、GPS 等。

2）计算单元是多旋翼飞控板上，中间最大的那个用于计算的芯片。

3）执行机构是多旋翼无人机上的电调、电机和舵机。

知识点 2　飞控的工作过程

飞控系统实时采集各传感器测量的飞行状态数据，接收无线电测控终端传输的由地面测控站上行信道送来的控制命令及数据，经计算处理，输出控制指令给执行机构，实现对无人机各种飞行模态的控制和对任务设备的管理与控制；同时，将无人机的状态数据及发动机、机载电源系统、任务设备的工作状态参数实时传送给机载无线电数据终端，经无线电下行信道发送回地面测控站。

固定翼无人机飞行的控制通常包括方向、副翼、升降、油门、襟翼等控制舵面，通过舵机改变飞机的翼面，产生相应的扭矩，控制飞机转弯、爬升、俯冲、横滚等动作。不过随着智能化的发展，无人机已经涌现出四轴、六轴、单轴、矢量控制等多种形式。

传统直升机形式的无人机通过控制直升机的倾斜盘、油门、尾舵等，控制飞机转弯、爬升、俯冲、横滚等动作。多轴形式的无人机一般通过控制各轴桨叶的转速来控制无人机的姿态，以实现转弯、爬升、俯冲、横滚等动作。飞控的作用就是通过飞控板上的陀螺仪对无人机进行控制。具体来说，要对四轴飞行状态进行快速调整，如发现右边力量大，机体向左倾斜，那么就减弱右边电流输出，使电机变慢、升力变小，机体自然就不再向左倾斜。如果没有飞控系统，四轴飞行器就会由于安装误差、外界干扰、零件之间的不一致等而形成飞行力量不平衡，后果就是左右、上下胡乱翻滚，根本无法飞行。

学习任务 3　飞行控制系统的硬件组成

飞行控制是通过软硬件结合来实现的，本学习任务主要讲解飞控的硬件组成，以及各个模块的功能作用，让读者对于飞控硬件有一定的了解。

知识目标

- 了解飞控处理的作用。
- 理解飞控各个硬件模块的功能作用。

素养目标

- 培养学生能够根据任务需求选择合适的传感器的能力。

引导问题

无人机的飞控是由哪些硬件组成的？

知识点 1　处理器

飞控的处理器是无人机飞控的主控芯片，如图 4-5 所示。它是系统硬件的核心组成部分，是联系各个传感器及接口之间的桥梁，也是控制设备运行工作的大脑。

它的主要任务包括：

1）以较高的采集频率对传感器数据进行采集并实时处理。

2）根据获取信息解算无人机的位置和姿态，以及高度、速

图 4-5　主控芯片

度等信息。

3）接收地面控制站的遥控指令，对指令解析，并结合当前机体信息解算出系统控制量，驱动舵机执行动作，保持无人机按照控制规律飞行。

4）对机上设备管理，执行任务载荷的操作，并保存操作日志及机体信息。

5）遥测信息按照设计频率下传给地面控制站，供操作人员监控决策。

6）ARM 芯片除了具有较高的数据处理能力外，还具有数量和种类上非常丰富的外部接口，例如 Pixhawk 使用的即为 ARM Cortex M4 架构的芯片，其主控芯片是由 ST 公司生产的 STM32F427。

知识点 2　通信接口

（1）舵机信号输入与输出模块

在无人机的飞行过程中，某些飞行阶段需要驾驶员的人工操作干预，比如起飞阶段无人机飞行姿态与参数调整、准备切入航线时，降落阶段人工操作选择备降地点与开伞等动作的执行、飞行故障的人工介入，甚至全过程中视距范围内人工操纵。

无人机主要通过接收机接收来自遥控器的控制信号，如图 4-6 所示。目前市场上的接收机主要的信号类型为 PWM、PPM 以及 S.bus、DSM 等几种。其中 PWM（Pulse Width Modulation）是脉宽调制，在无人机控制中主要用于舵机的控制，通过控制周期方波信号的占空比，对舵机转动角度进行控制。

图 4-6　Futaba 接收机

（2）遥控遥测模块

遥控遥测模块主要功能分为两部分，一部分是将无人机的传感器信息、遥控指令信息、制导数据、控制律参数等重要数据通过无线链路下传至地面站，为地面站指挥人员提供数据；另一部分是地面站发出遥控指令来控制干预无人机。

1）遥控任务：主要用来接收地面站发送的遥控指令，并根据遥控指令来实现三种飞行模式的切换、飞行指令的实施等，是飞行控制软件中一个重要的任务，必须保证其稳定运行。

2）遥测任务：将传感器信息、遥控指令信息、制导数据、控制律参数和飞行模式等飞行状态和信息下传至地面站，用于地面站对无人机的实时监控。

（3）导航模块

导航主要包括自主导航、指令导航和人工导航，导航模块输入信号为无人机传感器采集到的信息或地面Futaba遥控器操控指令，输出为舵机控制信号。

1）自主导航。它主要包括航线管理和导航制导两大功能。航线管理功能主要为无人机提供飞行的参考航线，使飞行控制软件根据提供的参考航线信息制定无人机飞行的制导策略。导航制导功能主要是为当前无人机提供位置偏差、高度偏差等导航信息，并通过控制律解算模块实现无人机的航迹跟踪、爬升及下滑等控制，保证无人机能按预定的航线进行自主飞行，实现对飞行航迹的有效控制。

无人机的任务航线由不同的航路点组成，每个航路点包含多项不同的属性，其中包括航点总数、航段编号、航点编号、航点经度、航点纬度、航点高度和特征字。其中航点总数定义了整个航线包含的所有航点数目，航段编号、高度和特征字代表了航段的属性，航点编号、航点经度和纬度定义了航路点自身的属性。整个航线以文本文件的形式将航路信息存储到飞行控制计算机的闪存（FLASH）中，一条航线用一个航线数据文件定义，航路信息需要在飞行控制软件进行初始化的时候读取到数据区中。

2）指令导航。指令导航任务是事件触发式任务，即任务平时处于"挂起"状态，当地面监控软件发出指令导航的命令时，飞行控制软件开始接入指令导航模块，并根据地面上发出的指令，来接入不同的模态控制律，从而达到地面指挥人员操控无人机的目的。

系统根据地面遥控指令，执行爬升、平飞、下滑、直飞等动作，并调用相应的模态控制律来控制无人机稳定飞行。指令导航任务主要分为纵向指令模态和横侧向指令模态，其中纵向包括指令爬升、指令平飞和指令下滑；横侧向包括指令左转、指令右转和指令直飞。在指令飞行模式下，指令导航任务根据地面站的不同飞行指令进入相应的控制逻辑。在无人机进行横侧向模态切换时，指令左转和指令右转之间必须加入直飞过渡态，即无人机在横侧向处于直飞状态时才能响应左转或右转的指令。在纵向飞行模式进行切换时，为了保证模态切换的平稳性，在指令爬升和指令下滑之间必须有一个中间过渡态，即无人机纵向处于平飞模态才能响应爬升或下滑的指令。

3）人工导航。人工导航任务需要地面指挥人员给出飞行模式切换指令后才能激活，此时完全由地面遥控设备来操控无人机飞行。人工导航采用Futaba遥控器直接控制无人机进行飞行任务，如图4-7所示。当飞行控制系统收到人工遥控指令后，飞行控制软件立即切除自主控制律，无人机的舵面直接受到地面站遥控器的控制。在人工导航模式下，地面站将捕获到的 Futaba 遥控器的 PPM 高电平信号通过无线电台上传给无人机。无人机飞行控制软件按照 Futaba 遥控器帧格式，将 PPM 高电平信号转换成各路舵面的偏转角度，从而驱动舵机的工作。

（4）数据存储模块

在飞行控制系统中，数据存储模块发挥的作用越来越明显，记录飞控系统传感器数据并做事后分析已成为飞控研制过程中必须进行的步骤。如 PIXHawk 飞控中加入了 SD 卡模块，可用于存储飞行数据及地形数据，如图 4-8 所示。

图 4-7　Futaba 遥控器

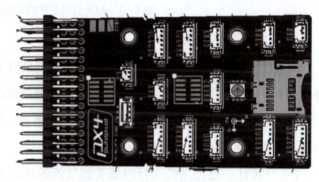
图 4-8　带 SD 卡模块的 PIXHawk 飞控

知识点 3　MEMS 传感器

传感器作为控制系统的最前端，需要检测被控系统的相关参数，将反馈量与目标值比较，按照控制律对执行机构进行控制。微小型无人机飞行控制系统需要获得的参数主要包括机体的加速度信息、角速度信息以及经纬度、高程、速度、空速等信息。按照获得信息的传感器类型，需要的传感器种类主要包括加速度计、陀螺仪、高度计、磁强计、空速传感器、GPS 等。这些传感器构成无人机导航飞控系统的基础。

（1）姿态传感器

一般情况，一个 IMU 包含了三个单轴的加速度计和三个单轴的陀螺仪。加速度计检测物体在载体坐标系统独立三轴的加速度信号；而陀螺仪检测载体相对于导航坐标系的角速度信号，测量物体在三维空间中的角速度和加速度，通过积分，从而获得物体转动的角度信息，并以此解算出物体的姿态，在导航中有着很重要的应用价值。

姿态传感器用于感受无人机的俯仰、滚转和航向角度，用于实现姿态稳定与航向控制功能，如图 4-9 所示。姿态传感器的选择要考虑其测量范围、精度、输出特性、动态特性等。姿态传感器应安装在无人机重心附近，振动要尽可能小，有较高的安装精度要求。通常自动驾驶仪在安装时都会采取减振措施。

图 4-9　ADI 公司生产的姿态传感器

（2）高度、空速传感器

高度、空速传感器用于感受无人机的飞行高度和空速，是高度保持和空速保持的必备传感器。高度、空速传感器的性能主要考虑测量范围和测量精度。

1）气压高度计：利用气压与高度的关系，通过观测气压测量飞机飞行气压高度（又称相对高度）的传感器，如图 4-10 所示。

2）空速计：通过飞机飞行时感受到气流的冲击力量，即动压，与空气静止时的压力相比，从而转换出飞机空速的传感器，如图 4-11 所示。

图 4-10　气压高度计　　　　　　　图 4-11　空速计

（3）位置传感器

位置传感器用于测定无人机的位置，是飞行轨迹控制的必要前提。惯性导航设备、GPS 卫星导航接收机、磁航向传感器是典型的位置传感器。

由于 MEMS 传感器的精度毕竟有限，无法利用 INS 来进行航位推算以及据此进行控制操作。在进行导航控制时，无人机按照设定航线飞行，飞行控制系统需要 GPS 提供速度、经纬度、高度等信息作为量测值。常用的 GPS 接收机为瑞士 ublox 型号，最新版本 Ublox8 系列支持 GPS、GLONASS、北斗三网导航，如图 4-12 所示。

图 4-12 GPS 模块

磁强计可以对地磁矢量在机体坐标系下的分量，在姿态解算中，其精度对航向角的解算非常重要。目前通常 GPS 模块中会集成磁强计模块。

学习任务 4 飞行控制系统的软件

前文我们讲过飞行控制需要通过软硬件来实现，本学习任务主要讲解飞控的操作系统以及飞控的核心——飞控算法的一些基本知识，特别是 PID 算法。

知识目标

- 了解无人机飞控的常用算法。
- 理解 PID 算法的基本原理。

素养目标

- 培养学生未来能够学会简单的 PID 调试的能力。

引导问题

对于无人机飞控来说，软件才是最重要的，那么软件里面最重要的部分是什么？

知识点 1　嵌入式操作系统

无人机飞行控制系统需要满足其实时性、可靠性、稳定性等多方面的要求，传统的单片机式的程序设计越来越难以满足其性能要求，而嵌入式实时操作系统的使用在这方面已经发展得较为成熟。

嵌入式操作系统是一种运行在嵌入式相关产品中的操作系统,它的主要作用是负责任务的调度、内存的分配以及数据的存储等。常见的嵌入式产品有手机、平板电脑、自助取款机、收银台结算机等。嵌入式操作系统为用户程序提供了丰富的接口,如设备的驱动接口、通信接口、图形接口等,这就大大方便了应用程序的开发,使得嵌入式产品的可靠性、实用性、用户体验等都大大提升。

在进行一款产品的设计时可以选择使用操作系统,也可以选择不使用操作系统。在不使用操作系统的程序设计中,应用软件的开发一般会涉及芯片寄存器、定时器、外部中断、存储地址等与硬件相关的特性。这就要求软件的开发人员对底层硬件有较好的理解。而嵌入式操作系统通过对软件架构进行了层次划分,应用程序的开发人员只需要关心与项目功能相关的代码,负责任务功能的实现,不必关心硬件底层的信息,这在某种程度上屏蔽了底层硬件对开发人员的限制,同时这种设计也提高了应用软件的移植性。而且,底层软件设计人员不必关心项目的功能,只要提供给上层调用硬件的接口函数即可。对嵌入式操作系统的软件设计来说,一般会将其分为多个层次,这里将其进行四个层次的划分:设备驱动层、内核层、应用接口层、应用层,如图 4-13 所示。

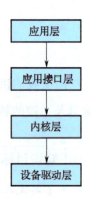

图 4-13　嵌入式软件的层次结构

由于产品的功能不同,所采用的硬件也不同,因此,软件部分的设计会根据硬件进行一些裁剪。对于那些功能比较简单,使用低端单片机就可以实现的设计,完全没有必要采用操作系统,其一般只包括驱动层和应用层;对于复杂的项目设计,则需要采用操作系统来进行项目的设计,而且这也是科技发展的必然趋势。

知识点 2　飞控算法

无人机要实现自动控制、自主飞行任务的关键在于无人机飞行控制系统,其不仅包括传感器、控制器等硬件平台,而且还包括内部所采用的控制算法,其中控制算法是整个无人机控制的核心,在飞行控制系统中占据主导地位。无人机自主飞行、自动控制的实现需要对控制系统内回路和外回路都具有良好的控制特性和控制效果,一般内回路被称为姿态回路,外回路被称为位置回路。下文将讲到的无人机飞控算法就是姿态回路中保持无人机姿态稳定的算法,主要有捷联惯导系统、PID 算法和卡尔曼滤波算法三种。

(1) 捷联惯导系统

惯导系统是一种不依赖于任何外部信息也不向外部辐射能量的自主式导航系统,具有隐蔽性好，可在空中、地面、水下等各种复杂环境下工作的特点，主要分为平台式惯导系统和捷联惯导系统两大类。惯导系统基本工作原理是以力学中牛顿定律为基础，通过测量载体在惯性参考系的加速度，将它对时间进行积分，之后将其变换到导航坐标系，得到在导航坐标系中的速度、偏航角和位置信息等。

早期的惯导系统由于采用了机械式精密稳定平台，被称为平台式惯导系统，它不仅体积和质量大、可靠性低、维护复杂、费用昂贵，其系统性能还受到平台机械结构的复杂性和极限配合精度的制约。

捷联惯导系统（SINS）是在平台式惯导系统基础上发展而来的，它是一种无框架系统，由三个速率陀螺仪、三个加速度计和微型计算机组成，其原理如图4-14所示。陀螺仪和加速度计直接固连在运载体上。陀螺仪和加速度计分别用来测量运载体的角运动信息和线运动信息，机载计算机根据这些测量信息解算出运载体的航向、姿态、速度和位置。捷联惯导系统由于省去了复杂的机械式平台，其结构简单、体积小、重量轻、成本低、维护简单、可靠性高，还可以通过冗余技术提高其容错能力。并且，由于诸如激光陀螺仪、光纤陀螺仪等固态惯性器件的出现，以及计算机技术的快速发展和计算理论的日益完善，捷联惯导的优越性日趋显露。

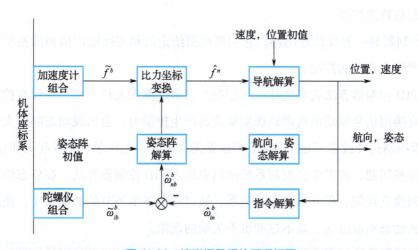

图4-14　捷联惯导系统原理框图

捷联惯导系统和平台式惯导系统一样，能精确提供载体的姿态、地速、经纬度等导航参数。但平台式惯导系统结构较复杂，可靠性较低，故障间隔时间较短，造价较高，为可靠起见，通常在一个运载体上要配用两套惯导装置，这就增加了维修和购置费用。在捷联惯导系统中，由于计算机中存储的方向余弦解析参考系取代了平台系统以物理形式实现的参考系，因此，捷联惯导系统具有以下独特优点：

1）去掉了复杂的机械式平台系统，系统结构极为简单，减小了系统的体积和质量，同时降低了成本，提高了可靠性，简化了维修工作。

2）无常用的机械式平台，缩短了整个系统的启动准备时间，也消除了与平台系统有关的误差。

3）无框架锁定系统，允许全方位（全姿态）工作。

4）除能提供平台式惯导系统所能提供的所有参数外，还可以提供沿机体三个轴的速度和加速度信息。

但是，由于在捷联惯导系统中惯性元件与载体直接固连，其工作环境恶劣，对惯性元件及机载计算机等部件也提出了较高的要求，包括：要求加速度计在宽动态范围内具有高性能、高可靠性，且能数字输出；由于要保证大攻角下的计算精度，对计算机的速度和容量都提出了较高的要求。

（2）PID算法

虽然现代控制理论发展日臻完善，人们通过科学研究获得了诸多具有优异控制效果的算法和控制理论，但在工程应用领域，基于经典PID的控制算法仍然是最简单、最有效的控制方案。目前主流的几款开源飞控中，无一例外都采用了PID控制算法来实现无人机的姿态和轨迹控制。

PID控制器是一种线性控制器，它主要根据给定值和实际输出值构成控制偏差，然后利用偏差给出合理的控制。

那么PID控制器算法能解决什么问题呢？以多旋翼无人机为例，在没有控制系统的情况下，直接用信号驱动电机带动螺旋桨旋转产生控制力，会出现动态响应太快，或者太慢，或者控制过冲或者不足的现象，多旋翼无人机根本无法顺利完成起飞和悬停动作。为了解决这些问题，就需要在控制系统回路中加入PID控制器算法。在姿态信息和螺旋桨转速之间建立比例、积分和微分的关系，通过调节各个环节的参数大小，使多旋翼系统控制达到动态响应迅速、既不过冲也不欠缺的现象。

控制律解算模块利用数据采集模块得到的飞机状态信息和导航制导信息，调用相应的飞行模态控制律，对无人机实施控制。控制律解算模块由控制逻辑模块、纵向控制律解算模块和横侧向控制律解算模块组成。纵向控制的目的在于稳定无人机的姿态、高度与速度；横侧向控制的目的在于控制无人机的姿态和航迹，针对不同的运动模态采取不同的控制策略以保证无人机具有良好的飞行性能。

在飞行控制软件中，控制律模块是整个软件的核心功能模块，是无人机实现姿态稳定、高度控制、航迹控制、航向控制等控制的基础。

PID 是自动控制理论里的一种控制方法，PID 的意思分别代表了比例、积分和微分，其工作原理如图 4-15 所示。

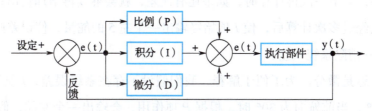

图 4-15　PID 工作原理图

首先有一个状态量，这个状态量在整个过程中，希望通过输入一个控制量，使其发生变化，并尽量接近目标量。比如，在航线控制中，状态量是飞机当前的飞行航向，目标量是飞机为到达目标点而应该飞行的目标航向，控制量则是对其进行控制的方向舵面或横滚角度。通过调整方向舵面、横滚角度来控制飞机的当前飞行航向，使之尽量接近为压航线而应该飞行的目标航向。

那么我们如何给出这个控制量，比如给哪个方向的、多大的方向舵量呢？最简单的考虑，是按照当前航向与目标航向的偏差大小来决定给多大的方向舵量：方向舵量 $p=P*$（目标航向 − 当前航向）。这个方向舵量 p，就是 PID 控制里的 P 部分，即比例部分。

那么，是不是只要有了 P，控制就完成了呢？实际上有了 P，在大多数情况下，我们可以控制飞机朝目标量去接近，但可能会出现一些情况，比如当飞机的安装有偏差（我们称之为系统误差），导致我们输出一个左 5 方向舵给舵机的时候，飞机才能直飞；当不给方向舵，即方向舵放在中位时，飞机会右偏。我们想象一下这个时候如果只有 P 项控制会有什么后果：假设初始状态是飞机飞行航向和目标航向一致，按 P 输出飞机方向舵应该在中位；而这时由于系统安装误差的存在，会导致飞机偏右，于是偏离了目标航向；然后 P 项控制会输出一个左舵，来修正航向偏差、刚开始的时候由于偏差量很小，输出的这个左舵也很小，于是飞机继续右偏，然后导致这个左舵加大，最终到达 5，使飞机直飞，但这时候的飞行航向与目标航向始终存在一个偏差。这就是 P 项的局限，无法修正系统误差，于是 I 项——积分控制就出场了。

I 项的输出这样定义：方向舵量 $i=I*$（偏差和）。偏差和是当前航向和目标航向的偏差，每计算一次累加一次，一直累加到上次的值，再加上这次计算时当前航向和目标航向的偏差。即这个偏差和是跟以前的累积误差有关的。同样是上面的例子，I 项的效果就这样体现：当飞机飞行航向与目标航向始终存在偏差时，I 项将这个值累加上，比如 5，于是在 P 项之上，再叠加一个 $I*5$ 的修正量，增加了一个左舵，比如 2，然后导致飞机的飞行航向与目标航向的偏差会小一些。也许这一次计算输出的控制量并没有完全消除误差，但下一次再计算时，如果还有误差，就会继续再增加输出控制量，使误差更小，于是经过多次计算后，使 I 项始终输出一个左 5 的舵量，使误差归零。这就是 I 项的作用——消除系统误差。

D 项的意思是微分。为了便于解释，我们假设不存在系统误差，I 项为 0。比如当目标航向为 0°，当前航向为 30° 时，根据 P 项作用，会输出一个左舵，假设为左 15，使飞机向左转向，于是当前航向逐渐减小，比如减小到 20° 的时候，P 项输出的左舵也会减小到左 10。那么，当飞机转到 0° 时，跟目标航向一致时，P 项输出方向舵回到中立位，飞机是否就保持 0° 直飞了呢？答案是否定的。由于飞机的惯性，飞机在左转弯时产生了一个左转弯的速率，导致飞机航向回到目标航向无偏差且方向舵回中后，仍然还会继续左转，然后产生负的偏差，P 项再输出右方向舵，然后再回中。如果 P 项合适，我们看到的就是一个逐渐收敛于目标航向的飞行航向，即先左过头，然后右过头，再左过头，再右过头……最后过头量越来越小，最终到达目标航向。而 D 项的作用，就是尽量消除这个过头量，使之尽快贴近目标航向。

D 项的定义是：方向舵 $d=D*$（当前状态量 – 上一次的状态量）。在这个例子中，当飞机在从 30° 的航向，左转弯到 0° 目标航向的过程中，D 项的输出实际上是转弯角速率的比例值，并且方向与 P 项相反，这样当飞机比较接近 0° 目标航向时，由于 P 值已经很小了，而这时候如果转弯速率不小，D 项就输出一个右方向舵，抵消过快的转弯速率，阻止飞机航向到达目标航向后继续冲过头。

最后，方向舵量 = 方向舵量 p + 方向舵量 i + 方向舵量 d，即为完整的输出。根据飞行的表现，通过对 P、I、D 系数的调整，最终使输出的控制量能够尽快地控制状态量贴近目标量，并消除系统误差，避免过度振荡。

（3）卡尔曼滤波算法

卡尔曼（Kalman）滤波算法是为了更好地对多种传感器数据融合进行姿态解算。信号在传输与检测过程中不可避免地会受到来自外界的干扰与设备内部噪声的影响，为获取准确的信号，就要对信号进行滤波。所谓滤波就是指从混合在一起的诸多信号中提取出有用信号的过程。例如，大家熟知的低通滤波器就是利用信号所处频带的不同，设置具有相应频率特性的滤波器，使得有用的低频信号尽量无衰减地通过，从而去除高频杂波。

而Kalman滤波是Kalman于1960年提出的从与被提取信号有关的观测量中通过算法估计所需信号的一种滤波算法,它创新地将状态空间的概念引入随机估计理论中,将信号过程视为具有白噪声影响的线性系统输入输出过程,在估计过程中利用系统的多种方程构成滤波算法。此外,Kalman滤波的输入输出是由时间更新和观测更新算法联系在一起的,根据系统状态方程和观测方程估计出所需处理的信号。那么为什么Kalman滤波会应用到惯性导航系统中呢?这主要是因为惯性导航系统的"纯惯性"传感器不足以达到所需的导航精度,为了补偿导航系统的不足,常常使用其他导航设备来提高导航精度,以减小导航误差。因此开发人员想到了Kalman滤波算法,利用该算法,可以将来自惯性导航系统,与其他导航装置的数据(如惯性导航系统计算的位置对照GPS接收机给出的位置信息)加以混合利用,估计和校正未知的惯性导航系统误差。

学习任务5　常用开源飞控

飞控分为开源飞控和闭源飞控,无人机能被快速普及,很大程度上得益于开源飞控的发展,因为困扰着无人机发展的关键设备是自动驾驶仪。那么,开源飞控是什么?又是如何发展起来的?在纷繁复杂的无人机产品中,四旋翼飞行器以其结构简单、使用方便、成本低廉等优势,最先进入了大众的视线。但是,这种飞行器对飞行控制能力的要求是最高的,因此它刺激了大批基于MEMS传感器的开源飞控的出现。

开源(Open Source)的概念最早被应用于开源软件,开放源代码促进会(Open Source Initiative)用其描述那些源代码可以被公众使用的软件,并且此软件的使用、修改和发行也不受许可证的限制。每一个开源项目均拥有自己的论坛,由团队或个人进行管理,论坛定期发布开源代码,而对此感兴趣的程序员都可以下载这些代码,并对其进行修改,然后上传自己的成果,管理者从众多的修改中选择合适的代码改进程序并再次发布新版本。如此循环,形成"共同开发、共同分享"的良性循环。

> **知识目标**
>
> ● 了解常用的飞控算法。
> ● 熟悉PX4飞控。

无人机系统理论基础

> **素养目标**
>
> - 根据需求选择合适的开源飞控，培养学生开拓创新的能力。

> **引导问题**
>
> 你知道有哪些开源飞控吗？

知识点 1　Arduino

要谈开源飞控的发展就必须从著名的开源硬件项目 Arduino 谈起。Arduino（图 4-16）是最早的开源飞控，由 Massimo Banzi、David Cuartielles、TomIgoe、Gianluca Martino、David Mellis 和 Nicholas Zambetti 于 2005 年在意大利交互设计学院合作开发而成。Arduino 公司首先为电子开发爱好者搭建了一个灵活的开源硬件平台和开发环境，用户可以

图 4-16　Arduino 软件开发套件

从 Arduino 官方网站获得硬件的设计文档，调整电路板及元件，以符合自己实际设计的需要。

Arduino 可以通过与其配套的 Arduino IDE 软件查看源代码并上传自己编写的代码，Arduino IDE 使用的是基于 C 语言和 C++ 的 Arduino 语言，十分容易掌握，并且 Arduino IDE 可以在 Windows、Macintosh OSX 和 Linux 三大主流操作系统上运行。

随着该平台逐渐被爱好者所接受，各种功能的电子扩展模块层出不穷，其中最为复杂的便是集成了 MEMS 传感器的飞行控制器。为了得到更好的飞控设计源代码，Arduino 公司决定开放其飞控源代码，从此开启了开源飞控的发展道路。著名的开源飞控 WMC 和 APM 都是 Arduino 飞控的直接衍生产品，至今仍然使用 Arduino 开发环境进行开发。

知识点 2　PX4 和 PIXHawk

PX4 是一个软硬件开源项目（遵守 BSD 协议），目的在于为学术界、爱好者和工业团体提供一款低成本、高性能的高端自驾仪。这个项目源于苏黎世联邦理工大学的计算机视觉与几何实验室、自主系统实验室和自动控制实验室的 PIXHawk 项目。

PX4FMU 自驾仪模块运行高效的实时操作系统（RTOS），Nuttx 提供可移植操作系统接口（POSIX）类型的环境，例如 printf（）、pthreads、/dev/ttyS1、open（）、write（）、poll（）、ioctl（）等。软件可以使用 USBbootloader 更新。PX4（图 4-17）通过 MAVLink 同地面站通信，兼容的地面站有 QGroundControl（图 4-18）和 MissionPlanner（图 4-19），软件全部开源且遵守 BSD 协议。

图 4-17　PX4 飞控板

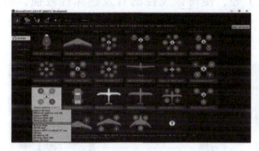

图 4-18　QGroundControl 软件界面

图 4-19　MissionPlanner 软件界面

由 3DR 联合 APM 小组与 PX4 小组于 2014 年推出的 PIXHawk 飞控是 PX4 飞控的升级版本，拥有 PX4 和 APM 两套固件和相应的地面站软件。该飞控是目前全世界飞控产品中硬件规格最高的产品，也是当前无人机爱好者手中最炙手可热的产品（图 4-20）。PIXHawk 拥有 168MHz 的运算频率，并突破性地采用了整合硬件浮点运算核心的 Cortex-M4 的单片机作为主控芯片，内置两套陀螺仪和加速度计 MEMS 传感器，互为补充校正，内置三轴磁场传感器，并可以外接一个三轴磁场传感器，同时可外接一主一备两个 GPS 传感器，在故障时自动切换。

图 4-20　PIXHawk 飞控板

PIXHawk 使用最先进的定高算法，可以仅凭气压高度计便将飞行器的飞行高度固定在 1m 以内。它支持目前几乎所有的多旋翼类型，甚至包括三旋翼和 114 这样结构不规则的产品。它使飞行器拥有多种飞行模式，支持全自主航线、关键点围绕、鼠标引导、"FollowMc"、对尾飞行等高级的飞行模式，并能够完成自主调参。

PIXHawk 飞控的开放性非常好，几百项参数全部开放给玩家调整，基础模式简单，调试后即可飞行。

知识点 3　MWC

MultiWiiCopter（MWC）飞控是一款典型的 Arduino 衍生产品，是专为多旋翼无人机开发的低成本飞控，它完整地保留了 Arduino IDE 开发和 Arduino 设备升级和使用的方法，如图 4-21、图 4-22 所示。由于成本低、架构简单、固件比较成熟，因此该飞控在国内外拥有大量爱好者。除了支持常见的四、六、八旋翼无人机以外，该飞控的最大特点是支持很多奇特的飞行器类型，如三旋翼、阿凡达飞行器（Bicopter avatar style）、Y4 型多旋翼（其中两轴为上下对置）等，使得该飞控的开发趣味性较强，容易博得大家的喜爱。

  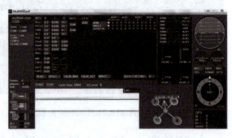

图 4-21　MWC 飞控　　　　　　　　　　图 4-22　MultiWii 调参软件

知识点 4　DJI NAZA 飞控

NAZA 飞控俗称哪吒飞控，它是大疆（DJI）公司出产的一款多旋翼无人机飞控，如图 4-23 所示。Naza lite 飞控是大疆 2014 年推出的入门级多旋翼飞控，最大支持 8 轴，调试简单，飞行稳定。它是一款封闭式飞控，也就是闭源飞控。这里说一下闭源飞控和开源飞控的区别，它们的区别就类似 iOS 系统和 Android 安卓系统的区别。

图 4-23　NAZA 飞控

和直升机相比，NAZA 飞控能为低高度多旋翼飞行器在狭小空间内提供卓越的飞行特性。例如，在 USB 连接时，禁止电调发送信号至电机，当油门摇杆不是在最低位置时，禁止油门输入和摇杆命令。该飞控主要为四旋翼和六旋翼飞行器设计，是针对多旋翼飞行器爱好者开发的一种自动驾驶系统。NAZA 自动驾驶系统可以实现姿态稳定和高度锁定功能，可广泛应用于休闲娱乐、航拍以及 FPV 无人机运动。

知识点 5　KK 飞控

KK 飞控是源于韩国的一款开源飞控项目，也是第一种广为大众接受的多旋翼无人机飞控，如图 4-24 所示。在开源飞控发展的初期，该飞控的横空出世给整个四旋翼无人机行业带来了一种震撼。该飞控只使用三个成本低廉的单轴陀螺仪，配合一台最简单的四通道遥控设备，就能控制常见的三、四、六旋翼飞行器，并且支持"十字"型、X 型、H 型和上下对置等多种布局。该飞控使用三个可调电阻调整感度作为调参方法，保留了早期航模陀螺仪的特征。作为多旋翼飞控起始的重要见证，这款"古董"级经典飞控，依然拥有众多玩家。以 KKV5.5 为例，KKV5.5 采用 Atmegal68PA-AU 芯片和 MURATAENC-03RC 陀螺芯片，支持包括固定翼模式在内的 12 种工作模式，如图 4-25 所示。

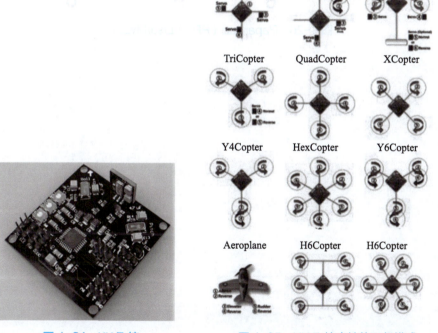

图 4-24　KK 飞控　　　　图 4-25　KK 飞控支持的飞行模式

知识点 6　PPZ 飞控

Paparazzi（PPZ）是一个软硬件全开源的项目，它始于 2003 年，开发目标是建立一个配置灵活且性能强大的开源飞控项目。PPZ 的一大特点是，该开源飞控方案中除了常见的飞控硬件、飞控软件和地面站软件之外，还包含地面站硬件，包括各种调制解调器、天线等设备。从功能上讲，PPZ 已经接近一个小型的无人机系统了。

该开源项目的另一个特点是采用 Ubuntu 操作系统，它将全部地面站软件和开发环境集成于该系统下，官方称之为 LiveCD。一张 CD 加上飞控硬件，就可完成从开发到使用的全部工作。

PPZ 目前最流行的硬件版本是 Paparazzi（PPZ）Lisa/Mv2.0，如图 4-26 所示。该硬件拥有大量的扩展接口，并且使用可扩展的单独的 IMU 传感器板。这也是早期开源飞控比较流行的做法，这样可以像 DIY 台式计算机那样，随着传感器升级而不断升级 IMU 硬件。

图 4-26　Paparazzi（PPZ）Lisa/Mv2.0

模块五 无人机导航原理

导航对于无人机而言，就像是给无人机一双眼睛和一个指南针，这样它才能知道自己在哪里、要往哪个方向走。漫无目的地四处游荡的无人机，是根本无法完成任务的。本模块首先讲解了导航技术的发展和分类，以及当今常用的一些导航的基本手段；然后再详细讲述了各类导航技术的原理，特别是卫星导航的基本原理，包括美国的 GPS 和中国的北斗导航系统；最后讲解了组合导航和能够提升卫星导航精度的差分定位技术的基本原理。

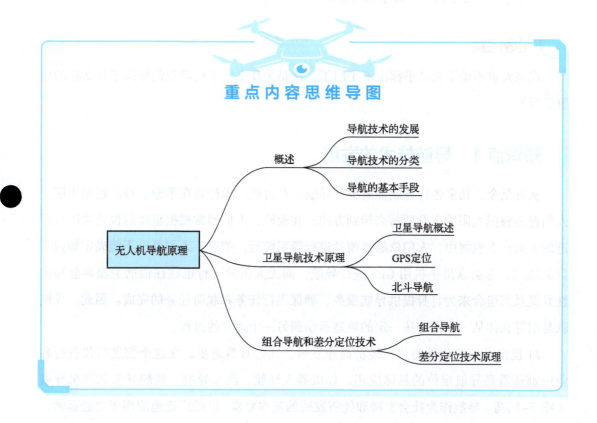

重点内容思维导图

学习任务 1　导航技术概述

导航系统向无人机提供参考坐标系的位置、速度、飞行姿态，引导无人机按照指定航线飞行，相当于有人飞机中的领航员。无人机载导航系统主要分为非自主（GPS 等）和自主（惯性制导）两种，但它们分别有易受干扰、误差积累增大的缺点。未来无人机的发展要求障碍回避、物资或武器投放、自动进场着陆等功能，需要高精度、高可靠性、高抗干扰性能，因此多种导航技术结合的"惯性 + 多传感器 + GPS + 光电导航系统"将是未来发展的方向。

> **知识目标**
> - 了解导航技术的分类和基本手段。
> - 理解无线电导航和惯性导航的基本原理。

> **引导问题**
> 现在大家不带手机几乎都出不了门了，这是为什么？手机给我们带来了什么样的导航引导？

知识点 1　导航技术的发展

从古至今，几乎各行各业都离不开导航。在古代，无论是在平原、沙漠还是山区，人们普遍根据太阳的东升西落来辨别方向；在夜晚，人们通常根据星座的位置来确定行进的方向；在航海中，人们依靠指南针进行导引前行。如今，人们外出不能确定如何去目的地时，总会拿出手机用 GPS 进行导航。而无人机的飞行也往往借助卫星导航与惯性导航及其组合来为自身提供导航服务，确保飞行任务和载荷任务的完成。因此，导航就是引导载体从一个地方按一定的轨迹运动到另一个地方的过程。

21 世纪是信息化的时代，经济高速发展，社会日益进步，在这个信息时代各行各业中都能看到导航定位的具体应用，如机器人导航、汽车导航、船舰导航和飞机导航（图 5-1）等。导航作为社会发展和经济发展的基本要素，已经广泛地应用于交通运输、工农业生产、军事作战、科学研究等领域，推动了经济、政治、文化和军事等行业的发展，在现代社会中占有不可缺少的地位，也越来越受到世界各国的高度重视和大力发展。

图 5-1　飞机导航

在人类发展历史上，由于交通、工农业生产以及军事战争等多方面的需要，很早就出现了导航应用。在远古时代，早期的人类在耕作、迁徙捕猎等社会经济活动中，会利用显著的地形地貌或者人为制造的一些标记物等来满足自己定位与导向的需求。后来随着活动范围的扩大，地形地貌的导航方式已无法满足人们的需求，人类开始着眼于宇宙天体导航，即利用星体、星座等来指引方向，最常见的星体包括太阳、月亮、北极星等，星座如猎户座、北斗七星（图 5-2）等。

图 5-2　北斗七星与北极星的关系

随着对导航功能要求的增加及性能需求的提高，人们发现仅依靠自然界的导航远远不能满足人类的社会、经济，尤其是军事的需要。于是，人类开始利用自己的智慧才能去发明导航方法、创造导航设备，在上千年的时间长河里陆续制造出了指南车、计里鼓、罗盘以及广泛使用的指南针等（图 5-3）。这些看似简单的导航装置对于早期人类认识地球及地理环境，发展工农业生产，赢得战争先机等提供了大量帮助。随着时间的推移和技术的进步，人类更是在不同时期系统地发明制作了海员历、航海表、经纬位置表示法，以及各种导航坐标系等导航装置、导航标准和导航方法，为近现代导航技术的发展打下了良好的基础。

图 5-3　古今的导航指南设备

到了 17 世纪，牛顿提出了三大定律，奠定了惯性导航技术的基础。惯性导航是通过惯性器件测量载体的加速度和角速度，通过积分运算，获得飞行器的瞬时速度、瞬时位置以及姿态信息。组成惯性导航系统的设备都安装在运载体内，工作时不依赖于外界信息，也不用向外界辐射能量，并且不受外界干扰，是一种自主式导航系统，具有体积小、成本低、精度高、隐蔽性好等特点，已经广泛应用于各个领域，在导航应用方面占据较大的比例。

人类社会发展到近现代阶段时，导航的应用已深入到生产实践活动的方方面面。随着无线电通信技术的发明和应用，无线电导航作为无线电通信的一个副产品也应运而生。无线电导航就是利用无线电技术对运载体航行的全部过程实施导航的技术，通过对无线电信号的测量，可以确定运载体当前所处的位置及其航行参数，引导运载体的安全航行，以及在夜间和复杂气象条件下的着陆或进港，保证运载体能够准确、安全地完成航行任务（图 5-4）。

无线电导航受外界条件的限制较小，测量导航参数的精度较高，测量速度快，系统的体积小、质量轻，可靠性高，系统价廉经济，易于推广和流行。由于这些特点，无线电导航技术得到了迅速发展，已经广泛地应用于航空航海及航天事业中，并且在陆路交通、工农业生产、大地（海洋）勘探测量、旅游探险、科学研究等诸多方面发挥出越来越大的作用。

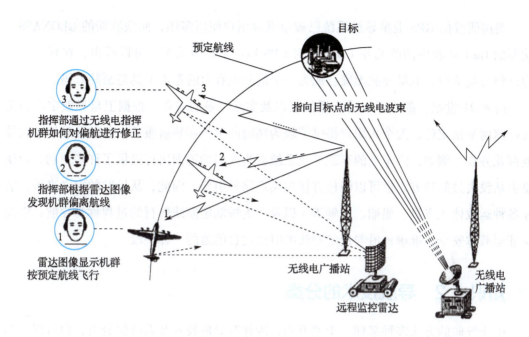

图 5-4 无线电导航

随着人类跨入到现代社会的发展阶段，无线电导航的一个分支——卫星导航开始进入人们的视野，它对传统的导航技术和手段提出了挑战。卫星导航是利用人造地球卫星进行导航的一种方法，解决了原有的无线电导航系统信号覆盖范围和定位精度之间的矛盾（图 5-5）。相比传统的导航定位方法，卫星导航系统具有覆盖范围广、定位精度高、稳定性好、没有积累误差等诸多优点，可以为区域内的众多国家甚至在全球范围内提供三维位置、三维速度和时间信息。目前它已成为军事行动中不可或缺的导航工具，同时在民用方面也发挥了巨大作用，其应用范围已深入到各行各业及人类生活工作的各个角落。

图 5-5 卫星导航

美国研发的 GPS 卫星导航系统已被全世界用户使用多年，而俄罗斯的 GLONASS、欧洲的 Galileo 和中国的北斗（BDS）对 GPS 形成了竞争关系。可以看出，在现代国际的合作与竞争中，卫星导航无疑已成为一个国家强有力的竞争工具与制胜筹码。

进入 21 世纪，随着手机的广泛使用以及实际导航的需要，根据卫星导航定位和无线蜂窝网基站定位，为个人用户提供了较为精确的定位和导航服务，各种导航地图软件也百花齐放。例如，汽车上的车载导航系统就为人们的地面出行提供了许多便利，即使要去从没去过的地方，也可以轻松方便地实现路径引导。因此，从导航的定义来讲，引导各种运载体（飞机、船舶、车辆等）以及个人按既定航线航行的过程称为导航，它是保证运载体安全、准确地沿着选定路线准时到达目的地的一种手段。

知识点 2　导航技术的分类

由于导航的方式多种多样、千差万别，因此对导航技术及系统的分类，也可以从多个角度，依据不同的标准进行。下面就介绍几种主要的无人机导航的分类方法。

（1）测角、测距、测速、测姿等系统

按无人机导航系统所测量的几何参量划分，可分为测角系统、测距系统、测距差系统、测速系统、测加速度系统和测姿系统等。如图 5-6 所示，对角度的测量位置面将对应于一个圆锥面或半平面，即角度为一恒定值时所形成的几何面（线）。同样，测距对应于以导航台为中心的一个球面（在三维空间）或圆（在二维平面上）（图 5-7）。测距差是测量运载体到两个导航台的距离差，对应于以两个导航台为焦点的双曲面（三维空间）或双曲线（二维平面）。对速度和加速度的测量不能直接定位，需要通过积分，计算出运载体在各个方向所移动的距离，再进行定位。测姿是指测量运载体的航向角、俯仰角和横滚角三个角度值。

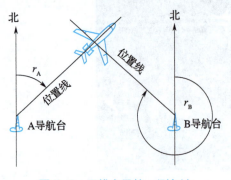

图 5-6　无线电导航－测角法

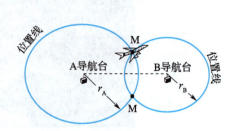

图 5-7　无线电导航－测距法

（2）单一导航与组合导航

根据无人机导航所使用导航手段的数量，可分为单一导航和组合导航两种。单一导航是仅利用一种导航技术的导航方式；而组合导航是使用两个或两个以上不同单一导航技术进行定位的综合导航方式，它可以充分利用某一单个导航技术的优点，同时避免其不足。常见的组合导航多以惯性导航（INS）或卫星导航为主，结合其他辅助导航系统一起工作，如 INS/GPS 组合导航、INS/ 视觉组合导航和 INS/GPS/ 超宽带（UWB）组合导航等（图5-8）。

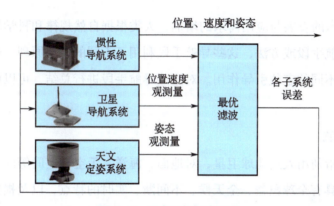

图 5-8　组合导航基本原理

（3）自主式导航与非自主式导航

根据无人机导航是否需要借助外界设备的情况，导航可以分为自主式导航和非自主式导航。自主式导航是指仅利用载体上的导航设备，便可独立产生或得到导航信息的导航技术，如惯性导航、多普勒导航、地形辅助导航和地磁导航等。非自主式导航不仅使用载体上的导航设备，同时也使用载体外部的导航设备，如地面导航台站、空间卫星等，两者配合工作才能得到导航定位信息，如卫星导航、Wi-Fi 导航等。

（4）有源导航与无源导航

按无人机导航收发信号的情况，可分为有源导航和无源导航方式。有源导航是用户设备工作时需要向外发射信号，导航台站或其他物体（如地面）通过与用户设备配合工作，得到用户的定位信息。无源导航是运载体上的用户设备不需要发射信号，其自身可以测量（如惯导）、采集（如视觉导航），或者接收导航台发射的信号（如GPS），就可以实现定位的方式。视觉导航如图5-9

图 5-9　视觉导航

所示。对军事应用来说,无源导航可以实现隐蔽定位,不暴露用户目标,但是不能像有源工作方式那样进行双向通信,以及提供指挥功能等。

(5)近程导航与远程导航

按无人机导航的有效作用距离划分,可以分为近程导航和远程导航两种。通常作用距离在 500km 之内的是近程导航,大于 500km 的是远程导航。

知识点 3 导航的基本手段

随着导航技术的发展与应用需求的增加,人类根据自然规律和科学原理,发明创造出许多不同的导航手段或方法,这些导航手段利用了不同的工作原理,适用于不同的应用环境,发挥着不同的定位引导作用。对这些导航手段进行总结,可以归纳出目前常用的几类导航方法。

(1)卫星导航

卫星导航是指利用人造地球卫星,对地面、海洋、天空和空间等的导航用户进行导航定位的技术,具有全球覆盖、全天候、不间断、实时的特点,以及提供高精度的三维位置、三维速度和时间信息的能力。

当前全球有四大卫星导航系统,一般统称为全球导航卫星系统(Global Navigation Satellite System,GNSS),如图 5-10 所示。除此之外,为进一步提升 GNSS 的性能,补充 GNSS 在某些应用方面的不足,许多国家和地区也都设计并建立了自己的卫星导航增强系统。

图 5-10 四大卫星导航系统

卫星导航系统通常由空间的人造导航卫星、地面的测控站和用户接收定位设备三个部分组成。空间的多颗导航卫星组成一个导航星座，主要的功能是接收并存储由地面测控站发来的导航信息，执行地面测控站发送的控制指令，并向地面持续发射导航定位信号，确保在地球上任意一点在任何时刻都能观察到足够数量的卫星。地面测控站负责对整个系统的运行进行控制，它通常包括若干个组成卫星跟踪网的监测站、将导航电文和控制命令播发给卫星的注入站和一个协调各方面运行的主控中心站。用户接收定位设备即大家通常所说的导航接收机，通过捕获、跟踪视线范围内的各颗卫星发射的导航信号，进而确定用户接收机自身的空间位置。

卫星导航的定位原理为用户接收设备精确测量空中 4 颗或 4 颗以上卫星发来的测距信号，根据信号传播的时间或相位测量卫星与用户间的距离（伪距），然后完成一组至少包括 4 个方程式的数学模型的求解运算，就可获得用户实时的三维位置坐标以及时间信息，如图 5-11 所示。

卫星导航的优点是可以实现全球全天候导航，导航范围遍及地球的各个区域，在任何恶劣的气象条件下，并且不分季节、昼夜，均可利用卫星导航系统进行定位，并且导航的精度高，导航设备小，进行操作的自动化、智能化程度高；缺点是导航精度受卫星时钟、卫星轨道、电离层、对流层、多径等因素的影响会产生偏差，易受其他无线电波的干扰，且在大型建筑内或山体下方、涵洞内等恶劣的环境下难以实现定位。

（2）惯性导航

惯性导航是利用惯性器件来测量运载体本身的加速度和角速度，经过积分等运算得到载体的速度、位置和姿态等信息，从而达到对运载体导航定位的技术（图 5-12）。常见的惯性器件有加速度计和陀螺仪等，有时也会用到磁力计和高度计等。目前常用的

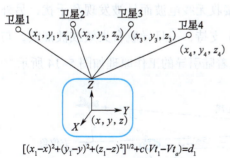

图 5-11　卫星导航工作原理

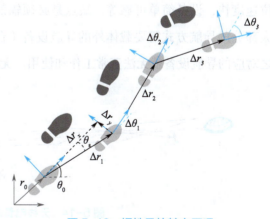

图 5-12　惯性导航基本原理

含有惯性元件或设备的系统包括惯性测量单元（IMU）、惯性导航系统（INS）、航姿参考系统（AHRS）、微机电系统（MEMS）等。

惯性导航的特点是能工作在地球的任何地方，不依赖于环境条件（如气象、地形、电磁环境等），属于无源自主导航方式，不受外界干扰和虚假信号的影响。其基本工作过程如图 5-13 所示。惯性导航的缺点是在积分过程中会产生积累误差，不适用于长时间的导航。

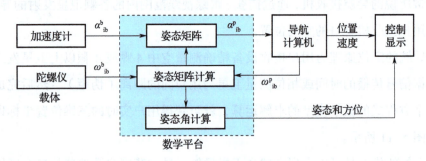

图 5-13　惯性导航工作流程

（3）无线电导航

无线电导航是利用无线电技术对运载体航行的全部（或部分）过程实施导航的技术。它是能够完成全部或部分无线电导航功能（或任务）的技术装置组合，称为无线电导航系统或设备；而置于地面、飞机、船舰或已知运动轨迹的卫星上，为其他用户载体提供导航定位功能的无线电导航系统或设备，则称为无线电导航台（站）。

常见的无线电导航系统有无线电高度表、无线电着陆引导系统（ILS、MLS）、多普勒导航系统、塔康系统（VOR 与 DME 复合系统）、罗兰系统（LORAN-C）和卫星导航系统等。无线电导航的优点是不受时间、天气等的限制，测量精度高，作用距离远，定位速度快，设备简单可靠等；缺点是必须辐射和接收无线电波而易被发现和干扰，另外大部分的导航方式需要载体外的导航设备（台站）支持，一旦导航台失效或被摧毁，与之对应的导航设备就无法正常工作和使用。无线电着陆引导的工作原理如图 5-14 所示。

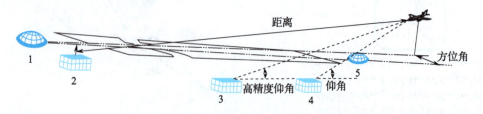

图 5-14　无线电着陆引导的工作原理

（4）图形匹配导航

图形匹配导航也常称为地形辅助导航，是指飞行器在飞行过程中，利用预先储存的在飞行路线上某些地区的特征数据（如地形位置高度数据、图像信息等），与实际飞行过程中测量到的相关数据进行不断比较来实施导航修正的一种技术，如图5-15所示。图形匹配导航一般可分为地形匹配导航、景像匹配导航和桑地亚惯性地形辅助导航等。

一般来讲，单纯的图形匹配导航不能直接提供地理坐标位置信息，需要和其他导航方式进行组合，常用的是图形匹配与惯性导航的组合方式。图形匹配导航的优点是没有累积误差，隐蔽性好，

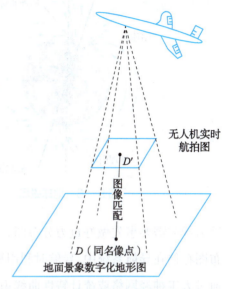

图5-15 基于地面图像辅助的无人机定位导航

抗干扰性能较强；缺点是计算量较大，实时性不佳，匹配效果易受地理环境变化的影响，适合于起伏变化较大的地形或图像差异明显的地区，不适宜在平原或者海面等环境下的使用。图形匹配导航容易受气象条件的影响，在恶劣气象条件下的导航效果不佳；另外一般还会要求飞行尽量按照规定的路线飞行，导航的灵活性、适应性较差。

（5）地磁导航与重力导航

地磁导航与重力导航都是利用地球的物理特性进行导航的手段。地磁导航是根据地球近地空间的地磁特性，来确定载体经纬度并进行导航的技术。从理论上来讲，地磁场为矢量场，如图5-16所示。在地球近地空间内任意一点的地磁矢量都与其他地点的地磁矢量不同，且与该地点的经纬度存在一一对应的关系，从而可以通过测量载体所在位置的地磁场矢量来确定载体的定位信息。按照对地磁数据处理方式的不同，地磁导航又分为地磁匹配与地磁滤波两种，其中地磁匹配方式在导航应用中更为广泛。

地磁导航属于无源导航方式，具有无辐射、隐蔽性强、不受敌方干扰、全天时、全天候、全地域、能耗低等优点，并且不存在误差积累，其原理如图5-17所示。它的缺点是导航精度易受其他机载设备和无人机动态飞行的干扰，并且地磁匹配方式需要存储大量的地磁数据。

重力导航是从重力测量以及重力异常和重力垂线偏差的测量与补偿的基础上发展起来的一种导航方法，是利用重力敏感仪表通过测量重力实现图形跟踪的一种导航技术。

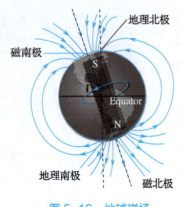
图 5-16 地球磁场

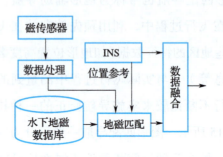
图 5-17 地磁导航原理图

重力导航需要事先做好重力分布图，图中的各条路线都有特殊的重力分布，并将重力分布图存储在导航系统中。导航时利用重力敏感仪器测定重力场的特性来搜索期望的路线，通过人工神经网络或统计特性曲线识别法等，使运载体确认、跟踪或横过某条路线，实现引导其到达某个目标点的目的。

重力导航也属于无源导航，具有精度高、不受时间限制、不受干扰、无辐射、隐蔽性强的特点。重力导航适用于地理特性变化比较大的区域，因此常作为惯性导航的辅助手段。

（6）视觉导航

视觉导航是通过摄像机采集视觉图像，利用图像处理、计算机视觉模型识别等相关技术，获取载体的运动信息和空间位置信息，实现自主导航的技术，如图 5-18 所示。视觉导航一般可分为主动式视觉导航和被动式视觉导航两种，其中被动式导航的应用较多。视觉导航设备简单、成本低，经济性好，应用范围较广，但定位效果依赖于视觉设备对周围环境的分辨程度和识别能力。

图 5-18 无人机视觉导航

（7）天文导航

天文导航是通过对宇宙中的自然天体的测量来确定载体自身位置和航向的导航技术。它根据已知天体的位置，测量天体相对于导航用户参考基准面的高度角和方位角等，来计算载体的位置和航向等导航信息。

天文导航属于自主式导航，既不需要其他地面设备的支持，也不受人工或自然形成的电磁场的干扰，不用向外辐射电磁波，隐蔽性好，并且定位误差与定位时刻无关；其缺点是定位、定向的精度一般。它一般用于航海，特别是早期航海活动，基本上只能通过观察星星的位置来进行天文导航。

根据跟踪的星体数，天文导航分为单星、双星和三星导航。单星导航由于航向基准误差大而定位精度低；双星导航定位精度高，在选择星对时，两颗星体的方位角差越接近90°，定位精度越高（图5-19）。三星导航常利用第三颗星的测量来检查前两次测量的可靠性，在航天中，则用星体来确定航天器在三维空间中的位置。

航空常用的天文导航仪器有星体跟踪器、天文罗盘和六分仪等。自动星体跟踪器能从天空背景中搜索、识别和跟踪星体，并测出跟踪器瞄准线相对于参考坐标系的角度。天文罗盘通过测量太阳或星体方向来指示飞行器的航向。六分仪通过对恒星或行星的测量而指示出飞行器的位置和距离。

天文导航系统通常由星体跟踪器、惯性平台、计算机、信息处理电子设备和标准时间发生器等组成。星体跟踪器是天文导航系统的主要设备，一般由光学望远镜系统、星体扫描装置、星体辐射探测器、星体跟踪器信号处理电路和驱动机构等组成，如图5-20所示。它通过扫描对星体进行搜索，搜索到星体之后立即转入跟踪状态，同时测出星体的高度角和方位角。星体跟踪器的辐射探测器在飞机上较多采用光电倍增管和光导摄像管，在航天器上较多采用光导摄像管和析像管。电荷耦合器件是20世纪70年代发展起来的一种探测器，它体积小、灵敏度高、寿命长，不用高压供电，能直接获得精确的空间信息，近年来在飞机、导弹、航天飞机和卫星上得到广泛应用，并为星体跟踪器小型化创造了条件。

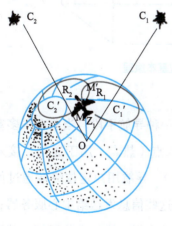
图5-19 双星导航

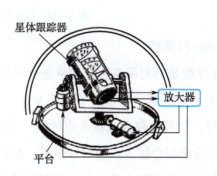
图5-20 星体跟踪器

（8）UWB 导航

UWB（Ultra Wide Band）是超宽带的英文简称，UWB 导航是指以超宽带通信技术为基础，利用超宽带无线电信号实现高精度定位的导航方式。超宽带导航信号通常利用脉冲冲击的调制方式，形成扩频宽带信号进行信息传输，在完成信息隐蔽传输的同时，可以实现精密的测距定位。UWB 定位系统的组成如图 5-21 所示。

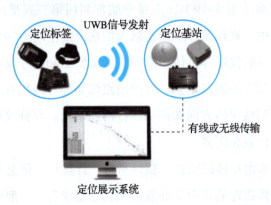

图 5-21　UWB 定位系统组成

UWB 导航具有传输速率高、功耗低、抗多路径效果好、安全性高和系统复杂度低等优点；其缺点是占用带宽大，易对其他无线电系统造成干扰。UWB 定位的基本原理如图 5-22 所示。

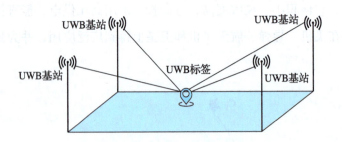

图 5-22　UWB 定位基本原理

（9）Wi-Fi 导航

Wi-Fi 导航是指利用 Wi-Fi 信号进行定位的一种导航手段。当前在很多室内区域及人群密集的室外区域，都布设了许多 Wi-Fi 接入点（热点）用于通信，接入点会向周围发射信号，信号中包含该接入点的唯一全球 ID。导航用户定位终端通过侦听附近的接入点，并检测每个接入点的信号强弱，然后把这些信息发送给中心服务器；服务器再根据这些信息，查询每个接入点在数据库里记录的坐标，进行定位运算，就可以解算出定位端的具体位置，最后再把定位结果传递给定位终端就可以实现导航，如图 5-23 所示。

一般接收到的 Wi-Fi 接入点信号越多，导航精度就会越高。

Wi-Fi 导航的优点是一般不需要额外的硬件成本，大多利用现有的无线局域网进行定位，受非视距的影响较小，具有良好的可扩展性；缺点是 Wi-Fi 信号的稳定性不强，定位精度还有待提高。但基于 Wi-Fi 技术的优势，Wi-Fi 导航的开发将具有广阔的市场空间和发展前景，尤其可用于室内定位领域。

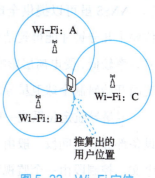

图 5-23　Wi-Fi 定位

学习任务 2　卫星导航技术原理

卫星导航定位系统的基本作用是向各类用户和运动平台实时提供准确、连续的位置、速度和时间信息，在高精度、全天候、实时性等方面对导航领域产生了革命性的影响。卫星是围绕行星运转的物体，在这里指人造地球卫星。本学习任务主要介绍卫星导航的基本原理。

知识目标

- 理解卫星导航的基本原理。
- 了解北斗卫星导航系统。

素养目标

- 能够根据所学，分析影响无人机卫星导航精度的因素，培养创新能力。

引导问题

大家用微信共享位置的时候能够非常精确，你知道用的是什么技术吗？

知识点 1　卫星导航概述

最早的卫星导航系统是 1958 年由美国海军武器实验室开始研制，于 1964 年建成并用来对核潜艇提供全球导航定位的子午仪导航卫星系统（Navy Navigation Satellite System，NNSS），又称多普勒卫星定位系统。NNSS 是人类历史上诞生的第一代卫星导航系统。

NNSS 虽可以提供全球定位，但要间隔 4~6h 才能得到一次定位的机会，且一次定位要十几分钟才能得到结果，无法满足连续实时定位的要求。此外，其卫星轨道低、信号频率较低，受电离层影响大，不能满足精密定位的精度要求。因此，在 NNSS 的基础上，美国开始研制全球卫星导航定位系统（Global Navigation Satellite System，GNSS）。

卫星导航定位系统一般由三部分构成，分别为空间星座部分、地面监控部分、用户设备部分。空间段一般由一个包含有多颗卫星的星座构成，每颗卫星广播测距码和导航电文。控制段由一个监视和控制网络组成，用来管理卫星星座和更新卫星导航电文。控制段具体由主控站、监测站、注入站、通信设施等组成。监测站接收卫星数据，采集气信息，并将所收集到的数据传送给主控站。主控站的功能包括：管理、协调地面监控系统各部分的工作；收集各监测站的数据，编制导航电文，送往注入站；监控卫星状态，向卫星发送控制指令；卫星维护与异常情况的处理。注入站将导航电文注入导航卫星。用户段包含有各种不同种类不同用途的接收机，用来接收、解码和处理 GPS 卫星的测距码和导航电文。

定位卫星导航是通过不断对目标物体进行定位从而实现导航功能的。目前，全球范围内有影响的卫星定位系统有美国的 GPS（全球定位系统）、俄罗斯的 GLONASS（格洛纳斯）、欧盟的 Galileo（伽利略）、中国的 BDS（北斗系统）等，如图 5-24 所示。

图 5-24　卫星导航

卫星导航定位系统有以下几种分类方式：

1）按照控制方式，可以分为自主式（如 GPS）和中心式（如双星定位）。

2）按照定位原理，可以分为 TOA（到达时间）、TDOA（到达时间差）等。

3）按照卫星轨道，可以分为地球低轨道、静止轨道、混合轨道等。其中，低轨道卫星导航定位系统，如 GPS、GLONASS、Galileo 系统；静止轨道卫星导航系统，如北斗一号双星定位系统；混合轨道卫星导航系统，如日本 1996 年提出的由 1 颗地球静止轨道卫星和 3 颗或 8 颗低轨道卫星组成的区域性卫星导航定位系统,以及北斗二号定位导航系统等。

 引导问题

卫星导航能够做到几米的精度,你知道其定位原理是什么吗?

知识点 2　GPS 系统定位原理

GPS 是由美国建立的卫星导航定位系统,利用该系统用户可以在全球范围内实现全天候、连续、实时卫星导航定位和测速,另外利用该系统用户还能够进行高精度的时间传递和高精度的精密定位。GPS 是 20 世纪 70 年代由美国研制的新一代空间卫星导航定位系统,GPS 计划始于 1973 年,已于 1994 年进入完全运行状态。GPS 由 24 颗地球同步卫星组成,均匀地分布在距离地球 20000km 高空的 6 个轨道面上。这些卫星与地面支撑系统组成网络,向全球用户播报其位置(经纬度)、速度、高度和时间信息,能保证地球上任何地方的用户,在任何时候都能利用 GPS 接收机同时收到至少 4 颗卫星的位置信息,应用差分定位原理计算确定自己的位置,精度约为 10m。

因此,GPS 导航系统是以全球 24 颗定位卫星为基础,向全球各地全天候地提供三维位置、三维速度等信息的一种无线电导航定位系统,民用的定位精度可达 10m 内。

1. GPS 的组成

GPS 的整个系统由空间部分、地面控制系统和用户设备三部分组成,如图 5-25 所示。GPS 的空间部分是由 24 颗工作卫星组成;地面控制系统由监控站(Monitor Station)、

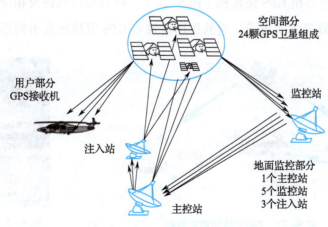

图 5-25　GPS 卫星系统的组成

主控站（Master Monitor Station）、地面天线（Ground Antenna）等组成；用户设备部分即 GPS 接收机。

(1) 空间部分

GPS 的空间部分是由 24 颗 GPS 工作卫星所组成，这些 GPS 工作卫星共同组成了 GPS 卫星星座（图 5-26），其中 21 颗为可用于导航的卫星，3 颗为活动的备用卫星。这 24 颗卫星分别都在发出用于导航定位的信号。GPS 工作卫星在 6 个倾角为 55°的轨道上绕地球运行，卫星的运行周期约为 12 恒星时。

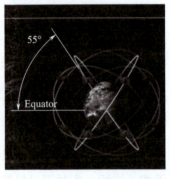

图 5-26　GPS 卫星星座

(2) 地面控制系统

GPS 的地面控制部分由分布在全球的由若干个跟踪站所组成的监控系统所构成，如图 5-27 所示。根据其作用的不同，这些跟踪站又分为主控站、监控站和注入站。主控站有一个，位于美国科罗拉多的法尔孔空军基地，它的作用是根据各监控站对 GPS 的观测数据，计算出卫星的星历和卫星钟的改正参数等，并将这些数据通过注入站注入到卫星中去；同时，它还对卫星进行控制，向卫星发布指令，当工作卫星出现故障时，调度备用卫星，替代失效的工作卫星工作；另外，主控站也具有监控站的功能。监控站有 5 个，除了主控站外，其他 4 个分别位于夏威夷、阿松森群岛、迭哥伽西亚、卡瓦加兰，监控站的作用是接收卫星信号、监测卫星的工作状态；注入站有 3 个，它们分别位于阿松森群岛、迭哥伽西亚、卡瓦加兰，注入站的作用是将主控站计算出的卫星星历和卫星钟的改正数等注入到卫星中去。

(3) 用户设备

GPS 的用户设备由 GPS 接收机（图 5-28）、数据处理软件及相应的用户设备（如计算机、气象仪器等）所组成。它的作用是接收 GPS 卫星所发出的信号，利用这些信

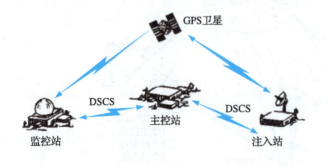

图 5-27　GPS 地面监控系统

图 5-28　GPS 接收机

号进行导航定位等工作。

以上这三个部分共同组成了一个完整的 GPS。

2. GPS 信号

GPS 卫星发射 5 种频率的载波信号，即频率为 157542MHz 的 L1 载波、频率为 12260MHz 的 L2 载波、频率为 1381.05MHz 的 L3 载波、频率为 1379.913MHz 的 L4 载波、频率为 11.45MHz 的 L5 载波，其中又分别调制出以下多种信号。

（1）C/A 码

C/A 码又称为粗捕获码，它被调制在 L1 载波上，是 1MHz 的伪随机噪声码（PBN 码），其码长为 1023bit（周期为 1ms）。由于每颗卫星的 C/A 码都不一样，因此，我们经常用它们的 PRN 码来区分各个卫星。C/A 码是普通用户用以测定测站到卫星间的距离的一种主要的信号。

（2）P 码

P 码又称为精码，它被调制在 L1 和 L2 载波上，是 10MHz 的伪随机噪声码，其周期为 7 天。在实施 AS 时，P 码与 W 码进行模二相加生成保密的 Y 码，此时，一般用户不利用 P 码来进行导航定位。

（3）导航信息

导航信息被调制在 L1 载波上，其信号频率为 50Hz，包含有 GPS 卫星的轨道参数卫星钟改正数和其他一些系统参数。用户一般需要利用此导航信息来计算某一时刻 GPS 卫星在地球轨道上的位置。导航信息也称为广播星历。

3. GPS 的服务类型

GPS 针对不同用户提供两种不同类型的服务：一种是标准定位服务（Standard Positioning service，SPs），另一种是精密定位服务（Precision Positioning servicep，PPs）。这两种不同类型的服务分别由两种不同的子系统提供，标准定位服务由标准定位子系统提供，精密定位服务则由精密定位子系统提供。SPs 主要面向全世界的民用用户，PPs 则主要面向美国及其盟国的军事部门以及民用的特许用户。

4. GPS 定位的误差源

我们在利用 GPS 进行定位时，会受到各种各样因素的影响。影响 CPS 定位精度的因素可分为以下四大类。

（1）与 GPS 卫星有关的因素

1）人为因素。美国政府从其国家利益出发，通过降低广播星历精度、在 GPS 基准信号中加入高频抖动等方法，人为降低普通用户利用 GPS 进行导航定位时的精度。

2）卫星星历误差。在进行 GPS 定位时，计算在某时刻 GPS 卫星位置所需的卫星轨道参数是通过各种类型的星历提供的，但不论采用哪种类型的星历，所计算出的卫星位置都会与其真实位置有所差异，这就是所谓的星历误差。

3）卫星时钟误差。它是 GPS 卫星上所安装的原子钟的钟面时间与 GPS 标准时间之间的误差，如图 5-29 所示。

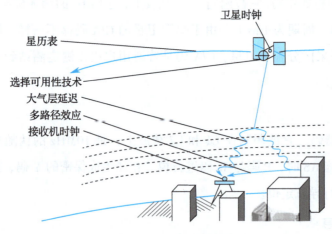

图 5-29　卫星时钟误差

4）卫星信号发射天线相位中心偏差。它是 GPS 卫星上信号发射天线的标称相位中心与其真实相位中心之间的差异。

（2）与传播途径有关的因素

1）电离层延迟。由于地球周围的电离层对电磁波的折射效应，使得 GPS 信号的传播速度发生变化，这种变化称为电离层延迟。电磁波所受电离层折射的影响与电磁波的频率以及电磁波传播途径上电子总含量有关。

2）对流层延迟。由于地球周围的对流层对电磁波的折射效应，使得 GPS 信号的传播速度发生变化，这种变化称为对流层延迟。电磁波所受对流层折射的影响与电磁波传播途径上的温度、湿度和气压有关。电离层和对流层对 GPS 信号的延迟如图 5-30 所示。

3）多路径效应。由于接收机周围环境的影响，使得接收机所接收到的卫星信号中还包含有各种反射和折射信号的影响，这就是所谓的多路径效应，如图 5-31 所示。

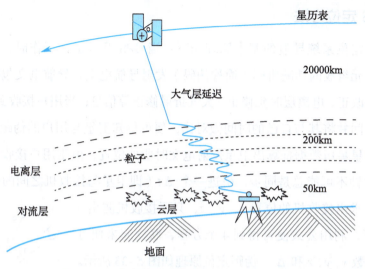

图 5-30　电离层和对流层对 GPS 信号的延迟

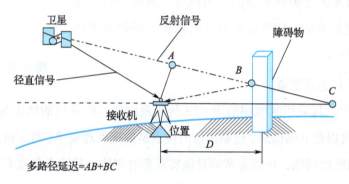

图 5-31　多路径效应

（3）与接收机有关的因素

1）接收机钟差。它是 GPS 接收机所使用的钟的钟面时与 GPS 标准时之间的差异。

2）接收机天线相位中心偏差。它是 GPS 接收机天线的标称相位中心与其真实的相位中心之间的差异。

3）接收机软件和硬件造成的误差。在进行 GPS 定位时，定位结果还会受到诸如处理与控制软件和硬件等的影响。接收终端所处位置的影响如图 5-32 所示。

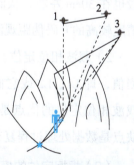

图 5-32　接收终端所处位置的影响

（4）其他因素

1）GPS 控制部分人为或计算机造成的影响。包括由于 GPS 控制部分的问题或用户在进行数据处理时引入的误差等。

2）数据处理软件的影响。包括数据处理软件的算法不完善对定位结果的影响等。

5. GPS 定位方法

GPS 全球定位系统导航的基本原理如下：当 GPS 卫星正常工作时，会不断地用 1 和 0 二进制码元组成的伪随机码（简称伪码）发射导航电文；导航电文包括卫星星历、工作状况时钟改正、电离层时延修正、大气折射修正等信息；当用户接收到导航电文时，提取出卫星时间并将其与自己的时间做对比，便可得知卫星与用户的伪距 R，再利用导航电文中的卫星星历数据推算出卫星发射电文时所处位置，由于用户接收机使用的时钟与卫星星载时钟不可能总是同步，引进一个 Δt（即卫星与接收机之间的时间差）作为未知数；为了求出接收机的位置 x、y、z，只要接收机测出 4 颗卫星的伪距，利用公式便可得到 4 个方程，联立起来便可求出 4 个未知数 x、y、z 和 Δt。伪距定位原理如图 5-33 所示。

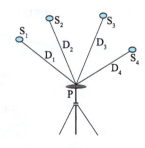

图 5-33　伪距定位原理

GPS 定位的方法是多种多样的，用户可以根据不同的用途采用不同的定位方法。GPS 定位方法可依据不同的分类标准，进行如下划分。

（1）定位采用的观测值

1）伪距定位。其采用的观测值为 GPS 伪距观测值，所采用的伪距观测值既可以是 C/A 码伪距，也可以是 P 码伪距。伪距定位的优点是数据处理简单，对定位条件的要求低，不存在整周模糊度的问题，可以非常容易地实现实时定位；其缺点是观测值精度低，C/A 码伪距观测值的精度一般为 3m，而 P 码伪距观测值的精度一般也在 30cm 左右，从而导致定位成果精度低；另外，若采用精度较高的 P 码伪距观测值，还存在反电子诱骗（AS）的问题。

2）载波相位定位。其采用的观测值为 GPS 的载波相位观测值，即 L1、L2 或它们的某种线性组合，如图 5-34 所示。载波相位定位的优点是观测值的精度高，一般优于 2mm；其缺点是数据处理过程复杂，存在整周模糊度的问题。

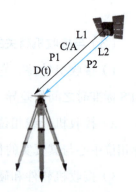

图 5-34　载波相位定位

（2）根据定位的模式

1）绝对定位。这是一种采用一台接收机进行定位的模式，它所确定的是接收机天线的绝对坐标。这种定位模式的特点是作业方式简单，可以单机作业。绝对定位一般用于导航和精度要求不高的应用中。

2）相对定位。相对定位又称为差分定位，这种定位模式采用两台以上的接收机，同时对一组相同的卫星进行观测，以确定接收机天线间的相互位置关系，如图 5-35 所示。

（3）根据获取定位结果的时间

1）实时定位。它是根据接收机观测到的数据，实时地解算出接收机天线所在的位置。

2）非实时定位。非实时定位又称后处理定位，它是通过对接收机接收到的数据进行后处理以进行定位的方法。

（4）根据定位时接收机的运动状态

1）动态定位。所谓动态定位，就是在进行 GPS 定位时，认为接收机的天线在整个观测过程中的位置是变化的。也就是说，在数据处理时，将接收机天线的位置作为一个随时间的改变而改变的量。动态定位又分为 Kinematic 和 Dynamic 两类。

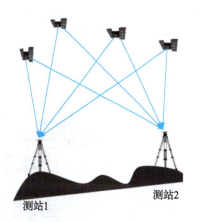

图 5-35　相对定位

2）静态定位。所谓静态定位，就是在进行 GPS 定位时，认为接收机的天线在整个观测过程中的位置是保持不变的。也就是说，在数据处理时，将接收机天线的位置作为一个不随时间的改变而改变的量。在测量中，静态定位一般用于高精度的测量定位，其具体观测模式为多台接收机在不同的测站上进行静止同步观测，时间为几分钟、几小时乃至数十小时不等。

知识点 3　北斗卫星导航系统

中国北斗卫星导航系统（BDS）是中国自行研制的全球卫星导航系统，是继美国全球定位系统（GPS）、俄罗斯格洛纳斯卫星导航系统（GLONASS）之后第三个成熟的卫星导航系统。北斗卫星导航系统和美国 GPS、俄罗斯 GLONASS 以及欧盟 Galileo，是联合国卫星导航委员会已认定的供应商。

北斗卫星导航系统可在全球范围内全天候、全天时为各类用户提供高精度、高可靠定位、导航、授时服务，并具有短报文通信能力，已经初步具备区域导航、定位和授时能力，定位精度为 10m，测速精度为 0.2m/s，授时精度为 10ms。

北斗卫星导航系统由空间段、地面段和用户段三部分组成（图 5-36）。空间段由若干地球静止轨道卫星、倾斜地球同步轨道卫星和中圆地球轨道卫星等组成。地面段包括主控站、时间同步/注入站和监测站等若干地面站，以及星间链路运行管理设施。北斗系统用户段包括北斗兼容其他卫星导航系统的芯片、模块、天线等基础产品，以及终端产品（图 5-37）、应用系统与应用服务等。

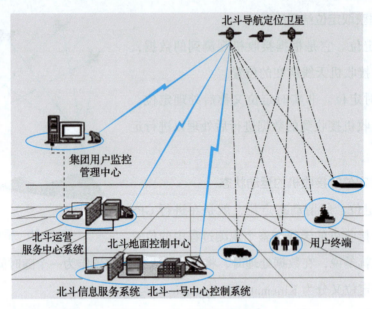

图 5-36　北斗导航系统组成

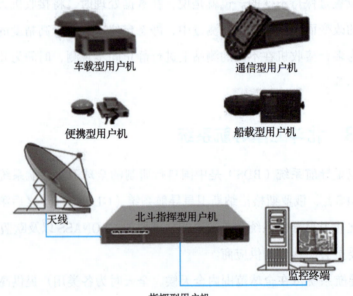

图 5-37　北斗定位系统用户终端

北斗卫星导航系统具有以下功能特点：

1）快速定位，为服务区域内的用户提供全天候、实时定位服务，定位精度与 GPS 相当。

2）短报文通信，一次可传送多达 120 个汉字的信息。

3）精密授时，精度达 10ms。

4）系统容纳的最大用户数为 54000/h。

5）北斗系统空间段采用三种轨道卫星组成的混合星座，与其他卫星导航系统相比高轨卫星更多，抗遮挡能力强，尤其低纬度地区性能优势更为明显。

6）北斗系统提供多个频点的导航信号，能够通过多频信号组合使用等方式提高服务精度。

7）北斗系统创新融合了导航与通信能力，具备定位导航授时、星基增强、地基增强、精密单点定位、短报文通信和国际搜救等多种服务能力。

北斗导航优于 GPS 之处，在于北斗导航同时具有定位和通信功能，不需要依靠其他通信网络的支持，就能够实现自有通信体系全天候、全时空、全覆盖的通信服务。

拓展课堂

1993 年 7 月 24 日，我国一艘名为"银河号"的货轮在中东航线上正常行驶着，殊不知美国已经盯上了这艘货轮。随后美国方面便对外声称"银河号"上运输有违禁化学品，而且这些化学品将会被运送到伊朗制造化学武器，于是美国军方派出 5 架武装直升机和多艘军舰进行密切跟踪和监视，并进一步提出了登船搜查的无理要求。

众所周知，商船在公海上正常航行就犹如在本国领土上航行一样，其他国家根本没有任何权利进行干预。美国想到了一个十分卑劣的办法，那就是直接屏蔽了银河号货轮上的 GPS 导航系统。在茫茫大海上，GPS 导航系统就犹如引路的灯塔，无法使用 GPS 导航系统的银河号寸步难行。在这种完全被动的情况下，我方只能同意让美方代表及其中间人登船搜查。

在银河号事件发生之后，我国深刻意识到研发属于自己的卫星导航系统迫在眉睫。因为陈旧的战争模式已经落伍，我们正在迈向现代化战争时代，而 GPS 导航系统是足以改变未来战争走向的高科技。可想而知，假如在两国交战的时候，美国突然关闭 GPS 导航系统，那么我国的导弹该往哪里发射？战机该如何飞行？因此，即便武器装备再先进，没有真正属于自己的定位系统，那么关键时刻也只能受制于人。

我国科研团队经过不断努力，成功研制出北斗系统，我国终于能够摆脱对 GPS 导航系统的依赖。

学习任务 3　组合导航和差分定位技术

导航系统测量并解算出运载体的瞬时运动状态和位置，提供给驾驶员或自动驾驶仪实现对运载体的正确操纵或控制。随着科学技术的发展，可利用的导航信息资源越来越多，导航系统的种类也越来越多。本学习任务主要讲解组合导航和差分定位技术的基本原理。

知识目标

- 了解组合导航的基本原理。
- 理解差分定位技术的原理。

素养目标

- 通过分析无人机使用差分定位系统时误差的来源，培养学生的创新和开拓精神。

引导问题

除了卫星导航以外我们还会经常用到组合导航，你知道组合导航的原理是什么吗？

知识点 1　组合导航

以航空导航为例，可供装备的机载导航系统有惯性导航系统、GPS、多普勒导航系统、罗兰 C 导航系统等。这些导航系统各有特色，优缺点并存。例如，惯性导航系统（INS）的优点是不需要任何外来信息，也不向外辐射任何信息，可在任何介质和任何环境条件下实现导航，且能输出飞机的位置、速度、方位和姿态等多种导航参数，系统的频带宽，能跟踪运载体的任何机动运动，导航输出数据平稳，短期稳定性好；但惯导系统也具有固有的缺点，其导航精度随时间而发散，即长期稳定性差。GPS 导航精度高，在美国国防部加入 SA 误差后，使用 C/A 码信号的水平和垂直定位精度仍分别可达 100m 和 157m，且不随时间发散，这种高精度和长期稳定性是惯导系统望尘莫及的。但 GPS 也有其致命弱点：其频带窄，当运载体作较高机动运动时，接收机的码环和载波环极易失锁而丢失信号，从而完全丧失导航能力；完全依赖于 GPS 卫星发射的导航信息，受制于他人，且易受人为干扰和电子欺骗。其余导航系统也有各自的优缺点。

各种导航系统单独使用时是很难满足导航性能要求的，提高导航系统整体性能的有效途径是采用组合导航技术，即用两种或两种以上的非相似导航系统对同一导航信息作测量并解算以形成量测量，从这些量测量中计算出各导航系统的误差并校正（图 5-38）。采用组合导航技术的系统称组合导航系统，参与组合的各导航系统称子系统。

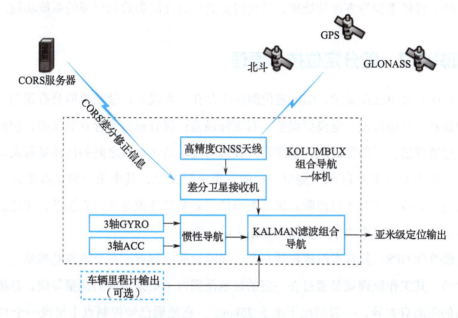

图 5-38　卫星 + 惯性组合导航

（1）组合导航系统功能

1）协合超越功能。组合导航系统能充分利用各子系统的导航信息，形成单个子系统不具备的功能和精度。

2）互补功能。由于组合导航系统综合利用了各子系统的信息，所以各子系统能取长补短，扩大使用范围。

3）余度功能。各子系统感测同一信息源，使测量值冗余，提高整个系统的可靠性。

（2）组合导航系统优点

1）能有效利用各导航子系统的导航信息，提高组合系统定位精度。例如，INS/GPS 组合导航系统能有效利用 INS 短时的精度保持特性，以及 GPS 长时的精度保持特性，其输出信息特性均优于 INS 和 GPS 作为单一系统的导航特性。

2）允许在导航子系统工作模式间进行自动切换，从而进一步提高系统工作可靠性。由于各导航子系统均能输出舰船的运动信息，因此组合导航系统有足够的量测冗余度，当量测信息的某一部分出现故障，系统可以自动切换到另一种组合模式继续工作。

3）可实现对各导航子系统及其元器件误差的校准，从而放宽了对导航子系统技术指标的要求。例如，INS 和 GPS 采用松耦合模式进行组合时，组合输出的位置、速度和姿态将反馈到 INS 和 GPS，对 INS 和 GPS 的相应误差量进行校准。

组合导航系统利用各个单独导航系统传感器的导航信息，进行信息融合、数据滤波、故障诊断、容错重构等方面的处理，从而得到更优的性能参数和增强的系统功能。

知识点 2　差分定位技术原理

我们在上文中已经讲过，GPS 定位测量中存在三类误差：接收机的公有误差，包括卫星钟误差、星历误差、电离层误差、对流程误差；接收机自身存在的误差，包括内部噪声、通道延迟、多路径效应；基准站接收机与流动站接收机之间的传播延迟误差。

这三种类型的误差是 GPS 测量当中的三类主要误差，其中第一类接收机公有误差可以通过差分技术完全予以消除；第二类型的误差是硬件设备的内在误差，无法消除；第三类型的误差直接取决于移动站与基站之间的距离。

所谓差分 GPS，其基本组成包括一个已知的地面控制点、一个地面基准站、一个测区移动站。其工作原理就是通过在一定的区域范围内（根据不同的测量等级，基准站与移动站的距离有差异，一般情况下小于 25km），在地面已知控制点上架设一个 GPS 基准站，GPS 基准站实时的记录 GPS 定位信息，通过与地面已知控制点的实际坐标值做比对处理，以解算得到测区移动站的修正量，以此对移动站的测量值进行修正，得到更精准的测量值（图 5-39）。

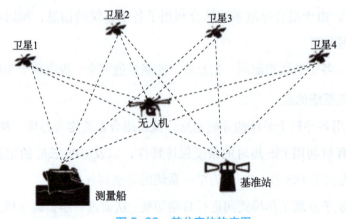

图 5-39　差分定位的应用

按照差分计算的顺序不同可分为后差分与实时差分两种：后差分就是基准站将记录的差分数据存储下来，等整个测量完成之后再根据对应的时间段及时间点对移动站的数据进行差分处理；实时差分指的是基准站通过无线电台，实时地将差分数据传送给移动站，以实现实时数据解算。

另外，差分GPS根据基准站发送的差分信息的不同可分为三种，分别是位置差分技术、距离差分中的伪距差分技术以及距离差分中的载波相位差分技术（Real Time Kinematic，RTK）。

其中，位置差分技术指的是基准站直接将真实值与测量值的差值作为差分修正量，发送给用户接收机，用以做直接的运算修正，可消除第一种类型的误差（也就是卫星钟差、星历误差、电离层误差以及对流程误差等），也就是将坐标的差值作为修正量直接在移动站测量值上加减。其工作原理如图5-40所示。

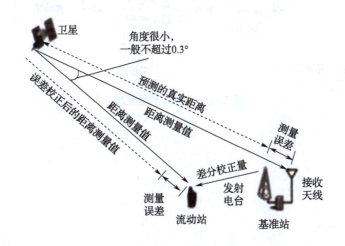

图5-40　差分GPS工作原理

而说到距离差分中的伪距差分技术，首先要理解伪距的概念，所谓伪距就是GPS的实际测量过程中，卫星与接收机之间的实测距离A与真实距离B，由于存在卫星钟差、接收机钟差以及电离层延迟等影响，造成误差，所以讲实际的测距值A称为伪距，GPS接收机的测量也称为伪距测量。因此，对于伪距差分技术，可理解为将伪距测量的修正量作为修正值传递给移动站进行差分处理。

位置差分和伪距差分能够抵消掉第一类误差，但是移动站和基准站之间的距离拉大加大了系统数据的传递延迟这一点是无法消除的。

距离差分中的载波相位差分原理（即RTK技术）利用载波相位差分的方式，其测量原理如图5-41所示。它可以分为以下两种类型：第一种是基准站将载波相位的修正量传递给移动站，移动站根据这个修正量进行差分解算，以求得自己的三维坐标，它是一种移动站坐标修正的方法；第二种是基准站实时地将测量的载波相位观测量、伪距观测量、基准站坐标等信息通过无线电台实时地传递给移动站，移动站将载波相位观测值进行差分处理，求得基准站与移动站之间的基线向量（基线向量就是指两站点之间的坐标差值，Δx，Δy，Δz），再根据基站控制点坐标求得移动站的坐标，得到的移动站是 WGS-84 坐标。

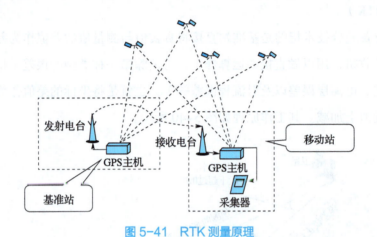

图 5-41　RTK 测量原理

模块六 无人机通信原理

无人机在使用过程中，保持通畅的通信是非常重要的。稳定可靠的通信，是无人机完成任务的基础条件之一。例如，航拍无人机可以通过图像传输，将远处无人机所拍摄的图像传给操纵者或者更远的云端；通过无人机通信，操纵者可以进行修改无人机的目的地指令、更改无人机的任务等操作。本模块首先讲述了无人机通信的特点和分类，再讲解了通信的基本原理和知识，最后再详细介绍了无人机通信的硬件和 MavLink 通信协议。

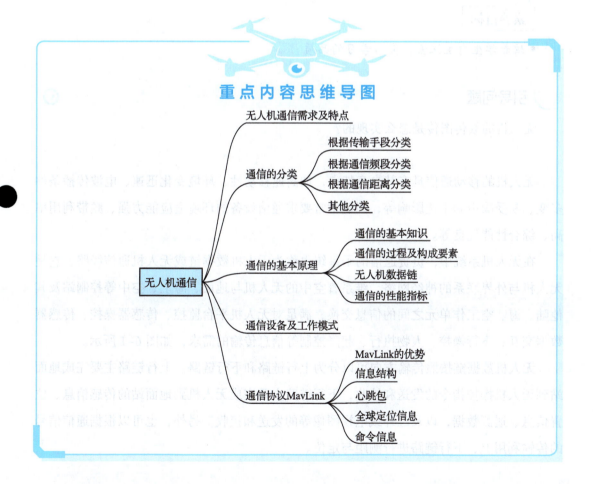

学习任务 1　无人机通信需求及特点

无人机通信，也称无人机通信链路或无人机数据链，简单地说就是在无人机与地面站、无人机之间、无人机与其他系统间进行的通信。其中，至少有一个或者多个通信设备处于运动中，因此无人机通信基本属于移动通信的范畴。另外，当无人机与地面站距离较远，无法完成它们之间正常的通信时，常常需要中继通信系统接收来自无人机或地面站的信息，以实时或定期转发信息给接收方来完成相应的通信任务。

知识目标
- 了解熟悉无人机通信的需求。
- 了解无人机通信的特点。

素养目标
- 培养学生自主探索，努力学习的品质。

引导问题

无人机的数传图传是怎么实现的？

无人机的移动通信具有其自身特点，如高速移动性、环境变化迅速、电波传播条件多变、易受噪声和干扰影响等，因此常常要求通信设备的环境适应能力强、频带利用率高、综合性能优良等。

在无人机系统中，负责通信的子系统也称为无人机数据链或无人机通信线路，它是无人机与外界联系的神经网络，维系着空中的无人机与地面、海上、空中等控制站及其他陆、海、空工作单元之间的信息交换，满足对无人机平台监控、传感器操控、传感器数据交互、飞行操控、人物执行、起降控制等信息传输的需求，如图 6-1 所示。

无人机数据链按照传输方向可以分为上行链路和下行链路。上行链路主要完成地面站到无人机操控指令的发送和接收，下行链路主要完成无人机到地面站的传感信息、位置信息、遥测数据，以及红外或电视图像等的发送和接收。另外，也可以根据通信信号的传输利用上、下行链路进行测距与定位。

图 6-1 无人机通信

为完成无人机的基本任务，其通信子系统应具备以下功能：

1）支持对无人机及其机载设备的远程控制。

2）监视无人机及其设备的状态。

3）进行侦察监测数据的回传。

4）对通信质量的在线评估。

无人机通信子系统对于无人机完成飞行任务和载荷任务是非常重要的，其数据链性能的好坏将直接影响无人机性能的优劣。只有无人机的通信状态良好，才能保证地面站发来的指令信息被无人机实时可靠地接收，以及保证地面站正确接收到无人机发来的各类数据。

一种先进的无人机数据链是一个多模式的智能通信系统，能够自动感知其工作区域的电磁环境特征，并根据环境特征和通信要求，实时动态地调整通信系统的工作参数（如通信协议、工作频率、调制特性和网络结构等），从而达到可靠通信以及节省通信资源的目的。

无人机通信是为了对无人机进行实时控制与管理，以实现无人机与外界人、事、物的信息交互，并完成某种特定的数据传输任务。因此，无人机通信对于无人机系统来说是至关重要的，为了完成无人机通信任务，我们需要了解无人机通信的基本需求，掌握无人机通信的基本特点。

知识点 1　无人机通信需求

无人机在空中执行各种飞行任务和载荷任务时，需要与外界其他系统（如地面站、其他无人机或其他通信系统等）进行通信。为了完成这些任务，无人机在通信方面有着明确、基本的任务需求。

一般来讲，无人机的通信有两个方面的需求，即自身的需求和外在的需求。自身的需求是指无人机在空中执行飞行任务时的通信需求，即控制站需要实时给无人机各种控制指令信息，无人机的各种状态信息也需要及时反馈给控制站，这时无人机和控制站之间的通信就是为了满足自身的飞行需求。有时，多架无人机之间（如编队飞行）也需要进行通信，以协调各无人机之间相对位置、动作等，这也属于无人机自身的通信需求。

外在的需求是无人机在空中执行各种载荷任务时的通信需求。其中一种需求是无人机上搭载了获取外部信息的各种摄录设备、传感器、探测器等，获取的外部信息需要及时地传递给接收方，比如传输到地面控制站、其他无人机、其他地点的通信接收设备、通信卫星等；另一种需求则是无人机搭载了专门的通信收发装置，无人机纯粹作为通信中继平台使用，与其他的无人机、其他的通信系统仅进行数据的交换输送，其间不产生新的信息数据。

根据无人机自身和外在的通信需求，可以预见到我们对无人机数据链或无人机通信链路（图6-2）的进一步的功能或性能方面的要求。以下介绍的这几个方面也基本是通用的通信系统所主要考虑的技术指标。

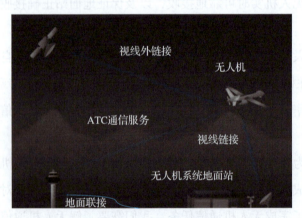

图6-2　无人机通信链路

（1）通信速率

对于无人机通信，其通信的数据量往往较大，对数据在信道中传输的速度（即通信速率）的要求也较高。在上行链路中，较高的通信速率可以保证地面站的控制指令及时地传达到无人机，使无人机快速做出响应，这在军事应用中的效果更为突出；而在下行链路中，较高的通信速率才能保证无人机获取的信息及自身数据及时地传送到地面控制站，控制人员才能实时地了解无人机的状态。对于无人机编队飞行的情况，多架无人机之间需要进行实时通信，通信速率的高低直接影响着各无人机动作响应的速度，因此高通信速率是无人机完成编队飞行表演的关键。

随着无人机技术的发展及市场应用的推广，对无人机通信的实时性要求也越来越高，通信子系统一般通过优化各模块结构、减少各传输环节的时延，来确保其具有更高的通信速率（图6-3）。

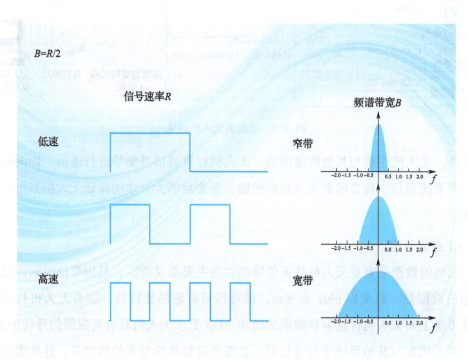

图6-3　通信速率

（2）通信距离

目前，无人机正朝着中高空、长航时的方向发展，现有的视距通信技术和超视距通信技术已不能满足无人机日益增长的长通信距离的要求。无人机通信子系统要提高自身发射与接收设备的性能，一方面应使该通信设备能够发射更高功率的信号，确保有用信号传输距离的有效增加；另一方面应使该通信设备具有更高的接收灵敏度、更强的信号感应和识别能力，以确保能够接收到更远距离、更广区域传输过来的信号（图6-4）。

（3）传输容量

随着无人机的应用范围越来越广，无人机载荷的类型也变得多种多样，传感器采集的数据量也相应增大，单位时间内能够传输的最大信息量（即传输容量）也要增加，因此，机上需要传输的数据类型与数据量也越来越多。这就要求无人机通信子系统能够进一步拓宽频带和提高频率利用率，以大大提高数据信息的传输容量。

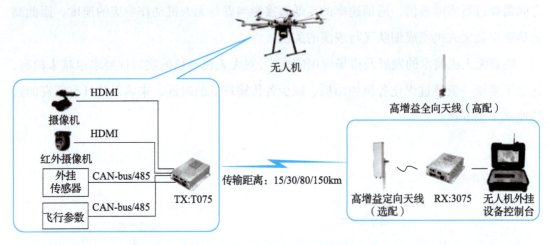

图 6-4　远距离无人机通信

另外，无人机还要与其他的地面站、无人机以及通信系统等进行通信，即同时要与多个外界系统通信，这意味着无人机的传输容量要足够大，才能保证无人机系统完成传输任务。

（4）数据带宽

无人机的数据带宽是无人机数据传输能力的主要衡量指标，是指单位时间内通过链路传输的数据量，通常以 bit/s 来表示，即每秒可传输的比特数。随着无人机技术的发展以及市场上对无人机传输容量需求的增加，往往要求无人机具有更强的信号传输能力。另外，无人机在与其他系统进行通信时，也需经链路传输更多的数据量。这些需求都对无人机通信的数据带宽提出了更高的要求。

（5）环境适应能力

为了完成特定任务，有时无人机的使用环境会非常恶劣，对无人机通信的安全性、可靠性、抗干扰能力等的要求也在进一步提高，要求通信系统应具备更加良好的电磁兼容性和抗欺骗能力、低截获概率、高安全性以及足够的抗干扰能力，以保证无人机通信系统能够在各种恶劣环境及战场条件下稳定、可靠、安全地工作。

随着无人机的应用越来越广泛，对无人机通信系统的硬件（即机载通信设备和地面站通信设备）的性能与工作能力也提出了更高的要求。

1）对机载通信设备的要求。对于机载通信设备而言，由于无人机载荷平台空间狭小，机载设备及任务设备种类繁多，安装拥挤，而且各电子设备频率覆盖范围宽，收、发设备的信号电平相差悬殊，这些问题造成了无人机上复杂的电磁环境，带来了比较严重的电磁兼容问题。由于受到机上重量限制，无人机机体常采用复合材料，也无法大量采用屏蔽、滤波等措施,使得电磁波在机体内外引起大量的反射、散射和绕射等现象,加之机上设备产生的开关瞬态、信号谐波等干扰,导致无人机上的电磁环境更加恶化。另外,由于机载天线的安装位置选择有限,飞行平台的结构无法为各种机载天线提供满意的空间和极化隔离,也无法利用机身遮挡等措施来满足要求,这样对信号的收发质量也造成了不利影响。因此,无人机上恶劣的电磁环境将严重影响机载各电子设备的正常工作,设备间产生的严重电磁干扰,需要对机载电子系统进行良好的电磁兼容设计来最大程度地保证各设备的正常工作和通信传输性能,这对于工业级和军用级的无人机显得尤其重要。

2)对地面站通信设备的要求。对于地面站通信设备来说,与无人机发展相匹配的地面控制站,需要具有包括任务规划、数字地图、卫星数据链、图像处理等在内的,集通信、处理、控制、管理于一体的综合能力。未来地面站的功能需求将更为强大,不仅需要控制同一型号的无人机群,还要求控制不同型号多类型无人机的联合机群;未来的军用地面站系统还应实现与远距离的更高一级的指挥中心联网通信,及时有效地传输数据、接收指令,在网络化的现代作战环境中发挥突出作用。

因此,地面站系统需要具有开放性和兼容性,即不必对现有系统进行重新设计和更换,就可以在地面控制站中通过增加新的功能模块来实现功能扩展,并且相同的硬件和软件模块也可用于不同的地面站。另外,地面站除了完成基本的飞行与任务控制功能外,同时也必须能够灵活地克服各种未知的、自然或人为因素的不利影响,以适应各种复杂的环境,保证全系统整体功能的可靠实现。

知识点 2 无人机通信的特点

除一些特殊的军用高空无人机外,大多数无人机一般在中、低空飞行,因此无人机的通信相比于其他通信系统,有其相应的特点与不同之处。与移动通信系统相比,无人机通信具有快速移动性,即其通信环境是快速变化的,因此对通信的稳定性有较高要求。与卫星通信系统相比,大多无人机通信具有低空性,通信覆盖区域较小,并且信号所处的地理环境多变,要及时处理应对地表上的各种复杂环境状况。

如果利用无人机实现中继通信的功能,其通信平台具有部署方便、移动性强、性能较佳、控制灵活等特点,且通信设备也容易升级换代。相对于移动通信系统,其部署周期要小很多,成本也相应低很多;而相比于卫星通信系统,其通信延迟较小,造价也低。因此无人机的中继通信具有一定的天然优势(图6-5)。

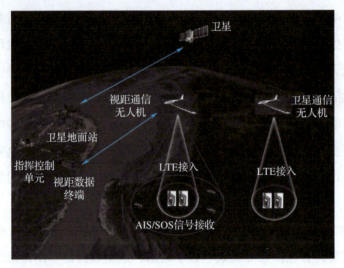

图 6-5　无人机中继通信

（1）无人机通信要求

一般对通信的要求是实时性强、稳定性高，但由于无人机快速飞行的特点，给无人机的通信带来了一些限制和不利影响，主要体现在以下几个方面：

1）根据无人机结构和承担的任务可知，无人机所能承载的通信设备有限，因此需要装载的通信设备也要尽可能地整合功能，要求体积小、功耗低、处理速度快、综合性能好等。

2）在通信过程中，无人机上的通信设备一直在随其运动，它和地面通信设备的距离也一直在变化，无人机需要应对由于其移动所带来的环境变化和信号变化的不利影响，保障通信的实时性和稳定性。

3）由于无人机多采用电池供电，而且传输的距离又远，所以要求通信设备的功耗要低，信号传输距离要远，数据链的接收灵敏度要高、接收性能良好等。

4）在某些复杂的应用环境中，无人机需要实现高速图像数据的传输通信，由于无人机飞行的低空性，就需要考虑多路径、杂波等恶劣信道对传输性能的影响，尽量减少信息传输的误码率。

5）在无人机多机编队飞行和多机联合作战时，无人机需要多点通信，要兼容处理各种信号，采取抗电磁干扰措施，实现指令的有效传输和多机的协同通信。

（2）无人机通信数据链路特征

综合分析无人机通信的特点，可以归纳出一个先进的无人机数据链路应该具有以下五个特征：

1）高信息速率。无人机数据链大多属于窄带传输和远距离传输的通信领域，采用高速率的传输手段才能保障无人机系统的正常运行，完成窄带条件下远距离通信的任务。

2）低功耗、低误码率和高接收灵敏度。无人机数据链路具有低功耗的特点，以支持无人机的长时间飞行；具有较低的误码率，才可以较准确地传输信息；无人机数据链路具有高接收灵敏度，可以接收、识别更远距离的信号，扩大无人机飞行的距离与范围。

3）数据加密功能。无人机数据加密可使数据传输的可靠性提高，以防止数据的泄密与丢失，尤其在军用无人机中往往使用该项技术来防止通信诱骗等。

4）存储、转发功能。当要实时传输的数据量较大时，无人机通信系统可以将一部分机载传感器的信息先存储下来，待完成飞行任务后再发往地面，由相应人员提取出来进行事后分析。无人机在飞行过程中也需要转发地面站发来的控制信号给其他无人机，这在无人机编队飞行中十分常见。

5）跳频、扩频功能。通过通信跳频使载波频率不断跳变，在扩展频谱的同时可以提高通信的抗干扰能力。一般调频组合越多，抗干扰能力就越强，可以更好地发挥干扰环境下的通信效能。利用扩频信息处理技术，可以大大改善数据传输的性能。在传输信息之前，先对所传信号进行频谱的扩展处理，以便利用宽频谱获得较高的接收增益、较强的抗干扰能力和较高的传输速率；同时，在相同频带上利用不同的码型可以传输不同用户的信息，即实现码分多址通信，因此采用扩频通信也提高了频带的复用效率。

目前，无人机数据链也面临着一些挑战或问题。首先，无人机数据链在复杂电磁环境条件下可靠工作的能力还不足；其次，频率使用效率低，由于通信频率通常采用预分配方式，而无人机数据链分配的频带较宽，且目前无人机飞行架次不多，频率使用次数有限，因此长期占用这些频率带宽，会造成频率资源的浪费。

当前，无人机通信正处在高速发展过程中，普通无人机大多采用定制视距数据链的方式，而中高空、长航时无人机则大多会采用视距或超视距的卫星通信数据链。现代数据链技术的发展，推动着无人机通信向着高速、宽带、保密、抗干扰的方向发展，无人机通信实用化的能力将越来越强。随着机载传感器的数据精度、定位的精细程度和执行任务的复杂度的不断上升，对数据链的带宽提出了更高的要求，随着机载高速处理器的突飞猛进，预计未来数年射频数据链的信息传输速率将会翻番，无人机数据链路各方面的性能也将更加优良。

学习任务 2　无人机通信的分类

近三十年，现代通信尤其是数字通信技术取得了飞速发展，在国民经济的各个领域得到了广泛应用，也普及到了千家万户。无人机通信作为现代通信中极具特色的一个重要应用分支，也实现了较大的技术跨越与应用拓展。目前，无人机行业发展越来越迅速，包括军事、工业和消费行业等在内的诸多领域对无人机的需求也不断加大，同时也对无人机的通信技术提出了更高的要求，与无人机通信相关的划分也相应地变得越来越具体详细。

知识目标

- 了解无人机通信的分类方式。
- 熟悉无人机通信的频段。

素养目标

- 培养学生自主探索、努力创新的精神。

引导问题

无人机通信有哪些分类方式？

从人们一般容易理解的角度看，按通信的发送方或接收方的位置是否变化来划分，可分为固定通信与移动通信。如果在通信时发送方或接收方的位置基本没有移动，或仅在很小的有限范围内移动，则这种通信方式称为固定通信。固定通信一般可以通过无线电、电缆、声、光等有线或无线的方式来实现，它的典型应用有普通电话机、IP 电话、无绳电话、传真机、联网计算机、有线广播和有线电视等。如果通信时发送方或接收方中，至少有一方是处于移动状态，则这种通信方式称为移动通信。它是一种沟通移动用户与固定点用户，或者两个移动用户之间的通信方式，由于通常采用无线电、声、光等无线方式进行信息传播来实现通信，也被称为无线移动通信，其典型的应用有移动收发报机、移动通信电台、移动电话、卫星通信、常规广播和深空通信等。一般来说，能够用于移动通信的方式或设备，也可以用于固定通信，反之则不一定可行。

无人机通信作为无人机系统的重要组成部分，在移动通信的范畴内，还可以继续进行划分，其分类方法也是多种多样。根据移动通信的一般概念，我们可以从传输手段、通信频段、通信距离、参量取值、消息物理特征、传输媒介等几个方面，来对无人机的通信系统进行类别划分。

知识点 1　根据传输手段划分

在无人机系统中，无人机与地面控制台之间的通信链路至关重要。无人机系统要进行各种不同信息的传输，包括信号、指令、数据、音频、图片、视频等，会采用不同的传输方式或手段，对应不同的通信体制和频率带宽，以及不一样的通信覆盖范围。

按照目前无人机常用的传输手段划分，无人机移动通信通常可以划分为电台移动通信、蜂窝移动通信、Wi-Fi 通信、卫星中继通信和电缆通信等几种方式。

（1）电台移动通信

在无人机通信中，最常采用的通信手段就是无线（电）电台通信。电台一般由机载部分（机载通信设备）和地面部分（地面通信设备）组成，其中机载和地面部分的结构基本一致，有时地面站电台的功率会大一些。

无线电台也简称"电台"，为发送和接收无线电信号的设备，如图 6-6 所示。机载电台设备和地面电台设备一般都由射频（Radio Frequency，RF）发射机及发射天线、RF 接收机及接收天线、电缆馈线等组成。根据所传输消息的不同，可以分为进行话音传输的对讲电台、用于数据信息传输的数传电台以及用于图片和视频传输的图传电台等。

图 6-6　无人机数传电台

无线电台还可以根据使用频段和业务范围进行分类。按使用频段分类，可分为长波电台、中波电台、短波电台（高频电台）、超短波电台、微波电台等。按业务范围分类，设置在地球表面的或地球大气层以内的载体上的电台，统称为地面电台，与之对应的主要设置在大气层以外的电台称为空间电台。地面电台又可细分为固定业务电台、陆地移动业务电台、航空业务电台、水上业务电台、广播业务电台、气象业务电台、业余电台等。

传统的无线电台属于固频电台，也叫定频电台，即采用通信载频固定不变的定频通信方式，具有抗干扰能力低、抗截获性能差的弱点，在日益尖锐的电子对抗中受到了严峻的挑战。而跳频电台，也叫变频电台，其通信载频是不断跳变的，时低时高，变化不定，克服了固频电台的缺点，代价是所占用的频带比普通无线电台要宽，属于扩频通信的范畴。

无人机电台通信要根据通信距离和通信任务等要求来选择合适的通信频段，也可以采用微波等频段进行通信，过远距离的通信则要借助中继站来实现。一般无人机的电台是双工模式的，即电台的发射机和接收机位于同一设备中，处于不同的工作状态，可以同时工作。

一般来讲，无人机的机载通信设备和地面通信设备是配套工作的。一方面，无人机的传感器采集到的数据和自身状态信息，可以通过机载电台的发射天线发送出去，地面站的地面通信设备通过配套的接收天线来接收，并传送给地面控制中心进行分析处理。另一方面，地面站的控制指令，可以通过地面通信设备的发射天线发送出去，无人机上的配套机载天线会将该指令接收并传送给飞控设备，从而控制无人机的飞行与动作。

最简单的电台移动通信是一架无人机与它的地面控制站之间的通信，地面控制站的电台（图6-7）一般是固定不动的（或在小区域内慢速运动），而无人机电台则随无人机一起飞行运动，其通信距离处于不断的动态变化之中。另外，也有多架无人机与单个地面控制站的通信，同时还保持多架无人机之间的通信，这种通信的应用较为复杂，无人机为了完成特定飞行任务一直处于动态运动中，通过移动电台实现同时与地面控制站及其他无人机的通信，有时会出现个别通路通信不畅甚至中断的情况。有时，为了保持地面站与无人机间有效的通信距离，地面控制站也有可能处于运动状态。

图6-7 无人机地面站与电台

（2）蜂窝移动通信

在无人机通信中，也会经常用到蜂窝移动通信（Cellular Mobile Communication），即现在普遍使用的手机通信或移动电话通信业务。它是采用蜂窝无线组网方式，在终端和网络设备之间通过无线通道连接起来，进而实现各用户在移动过程中可相互通信的目的。

蜂窝移动通信的主要特征是终端的移动性，并具有越区切换和跨本地网自动漫游的功能。蜂窝移动通信业务是指由基站子系统和移动交换子系统等设备组成蜂窝移动通信网，向移动电话等用户提供的话音、数据、图像、视频等传输业务，因此，也可以将其应用到无人机系统的通信中。当地面站和无人机都处于蜂窝移动通信的地面基站信号覆盖范围内时，就可以完成无人机与地面站之间的通信功能（图6-8）。

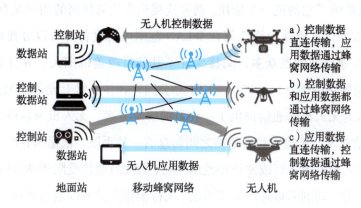

图6-8　基于移动蜂窝网络的无人机通信

在国内，目前主要由三大移动通信运营商，即中国移动、中国联通和中国电信，提供蜂窝移动通信业务的服务。目前，移动通信运营商已推出了多代移动通信技术，当前通用的蜂窝移动通信技术是第三代移动通信技术（3G）和第四代移动通信技术（4G），它们均是较为成熟的移动通信技术。另外，5G通信技术也在快速发展中，目前已开始应用。

随着3G和4G技术走向成熟并广泛应用，以及无人机整体技术的快速发展，无人机研究者将蜂窝移动通信技术应用到了无人机通信中。简单地说，无人机蜂窝移动通信的实现，就是通过在无人机上和地面站内分别置入3G/4G/5G移动终端，通过该终端来实现两者之间的通信。

由于蜂窝通信的地面基站布设区域越来越广，蜂窝移动通信技术在无人机的航空摄影、侦察监视、科学考察和地形勘探等领域已有所应用。例如，中国移动曾展示过基于4G的空中直播无人机，该无人机通过机载4G移动终端，把无人机周围的视频信息传输到地面网络设备和监控设备中，可以直播无人机周边的视频状况。

目前，将蜂窝移动通信用于无人机通信的技术尚不完善，还处于起步阶段，现在仅能够实现无人机的部分通信功能。

（3）Wi-Fi通信

随着Wi-Fi通信技术的成熟和发展，在无人机通信中，也用到了Wi-Fi通信。

Wi-Fi 是 Wireless Fidelity（无线高保真技术）的简称，是无线局域网（Wireless Local Area Network，WLAN）的一种具体应用，属于短距离无线通信范畴，目前 Wi-Fi 通信网点已遍布于室内外人群比较密集的区域。作为对手机移动网络的补充，Wi-Fi 通信已经在手机通信中占据了很大的比例。

Wi-Fi 通常使用 2.4GHz UHF 或 5GHz SHFISM 的射频频段，因此它单站的覆盖范围不是很大，这影响了它的进一步应用。通常连接到无线局域网的用户是有密码保护的，但也可以是开放的，这样就允许任何在 WLAN 范围内的设备都可以方便地连接进行通信。由于 Wi-Fi 通信的网点众多，间接保证了其信号覆盖范围大，并且具有不需要用户布线、传输速度快等优点，已广泛应用于办公网络媒体、掌上设备和无人机等方面。

Wi-Fi 技术为无人机的通信提供了一种新的解决方案。无人机 Wi-Fi 通信是无人机利用 Wi-Fi 通信技术，传输它和地面站之间信息的一种手段。根据 Wi-Fi 通信的特点，Wi-Fi 常用于无人机室内飞行或室外小范围飞行，其飞行范围受限于 Wi-Fi 发射的功率、建筑物的复杂程度、周围的地理环境等因素。飞行操作人员可以通过地面站的计算机等，经 Wi-Fi 网络给无人机发送控制指令，无人机也可以经 Wi-Fi 网络把自身的状态信息及各种传感器获取的信息传送给地面站。

由于 Wi-Fi 局域网的工作频率高，传输距离有限，单站信号的覆盖范围小，所以在单站 Wi-Fi 的条件下，无人机的飞行范围也不大，一般在几百米范围以内。

（4）卫星中继通信

随着无人机技术的发展，新型无人机对通信设备的性能有了更高的需求，在通信距离上已经超出了视距范围，在通信带宽上需要能够传输图像、视频等实时、大容量信息。当无人机与地面控制站之间，或者要实现通信的两个无人机之间的距离足够远，比如超出视距范围，或者经过长距离传输使信号衰减到无法正常接收时，前面介绍的几种通信方式就无法工作了。

采用蜂窝移动通信网有时可以解决这个问题，虽然单站的移动通信站覆盖范围有限，一般只有几千米到几十千米，但由于目前的移动通信网络已基本覆盖了大部分人类活动的区域，所以在这些有移动通信基站信号的地方，就可以实现对无人机的远距离通信。但是在没有移动基站、基站信号覆盖不到或信号质量较差的偏远乡村、山区、沙漠、海洋、高空、无人区等，就无法实现对无人机的通信了。因此，为了保证对无人机的远距离控制及信息传输，一种可行的方法是采用中继通信，一般包括地面中继通信、空中中继通信和卫星中继通信三种。采用地面中继通信的方式，是在无人机与地面控制站之间，设置多个地面通信中继站，采用中继传输的方式完成远距离的通信功能，这种方式一般采用的是电台移动通信的中继方式。空中中继通信则是把通信中继站设置在空中的其他无人机或其他飞行器上，其工作原理与地面中继通信方式相似。而无论是地面中继通信还是空中中继通信，都会受到地理条件、布设成本、布设实时性、区域管辖等方面的限制，在实际应用中可能难以实现或代价较大。

卫星中继通信简称卫星通信，是指地球上（包括地面和低层太空中）的两个或多个无线电通信站间，利用人造地球卫星作为中继站而进行的微波数据通信，它主要用于视距之外的远距离通信（图6-9）。无人机卫星通信就是无人机通过卫星中继完成与地面控制站、其他无人机、其他通信设备之间的通信，凭借这种通信手段，卫星数据链路能够为无人机提供大范围甚至是全球的数据通信链路覆盖。一方面，地面站的控制指令或其他载体的信息可以发送给太空中的通信卫星，然后卫星通信系统再转发给无人机；另一方面，无人机可以把自身的状态信息、传感信息、视频信息等发送给通信卫星，然后卫星通信系统把该信息再转发给地面控制站或其他通信设备。

卫星中继通信的主要特点包括：通信距离远，即在通信卫星波束的覆盖区域内，通信距离最远可达13000km；覆盖范围广，单颗卫星就可以实现对地球表面积从百分之几到百分之几十的信号覆盖；通信质量高，系统可靠性高；易于实现多地址传输，易于实现多种业务功能等。这些优点使得卫星通信可以满足无人机与地面站之间实时、远程、大信息量的传输需求，可实现无人机大范围的移动通信和应急通信等（图6-10）。

图6-9 卫星中继通信

图6-10 飞机-卫星中继通信

但是，采用卫星通信也会受到一定限制，如军用通信卫星的数量较少且易受攻击，而租用民用宽带卫星的成本较高以及可用性不强等。目前，宽带卫星数据链路的主要应用机型为高空长航时战略无人机，该链路能保证数据传输的容量和速率；但对于小型战术型无人机，由于通信设备尺寸、重量的限制以及通信成本的考虑，卫星通信手段目前还不是一个可行性较高的通信方法。

（5）电缆通信

在某些特定的环境条件，无人机可以采用电缆进行通信，即用电缆传输指令、数据、图像、视频等信号。无人机电缆通信是用电缆为无人机和地面站之间传输信息，地面站人员通过电缆将各种控制信号传输给无人机，操纵其飞行和完成工作任务，而无人机则通过电缆将传感器的信息送回到地面站。

电缆通信的特点是传输质量高、保密性好，信号不易受干扰或被截获，并且无人机所需的能源电力也可以同时源源不断地输送到无人机的动力装置中，保证无人机可以长时间在空中工作。但受传输介质性能如电缆长度和重量的限制，飞行器的航程和升限都不能太大，活动区域和观察范围较小，场地需要宽大开阔，且周围没有高大建筑、树木、高塔、架空传输线等对线缆收放不利的障碍物（图6-11）。

目前，国内外对无人机的电缆通信都有所研究，但尚无广泛应用。

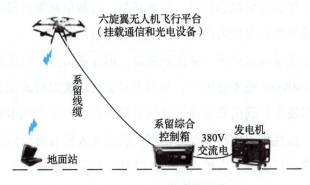

图6-11 无人机电缆通信

知识点2 根据通信频段划分

在无人机系统中，无人机与地面控制站之间的通信链路至关重要，而无人机的通信频率是影响无人机通信性能的关键因素。一般来说，不同频率的信号传播特性不同，受地理环境、大气微粒、气象气候、噪声干扰的影响程度也不同，因此通信频率及其带宽决定了可用的通信传输手段、通信距离、信息传输速率等主要通信性能，也与通信设备的体积、重量、功耗大小、天线尺寸等密切相关，会影响对无人机机型、大小、载荷、功率等方面的选择。

根据无人机的常用传输手段，下面将从短波频段、超短波频段、微波频段、卫星通信频段四个波段出发，对无人机的通信频段及其特性进行具体分析。无线通信的频段划分如图6-12所示。

波段名称	波长范围	频率范围	波段名称
超长波	$10^4 \sim 10^5$m	3kHz~30kHz	超低频（ULF）
长波	$10^3 \sim 10^4$m	30kHz~300kHz	低频（LF）
中波	$10^2 \sim 10^3$m	300kHz~3MHz	中频（MF）
短波	$10 \sim 10^2$m	3MHz~30MHz	高频（HF）
超短波	1~10m	30MHz~300MHz	甚高频（VHF）

图6-12　无线通信的频段划分

（1）短波频段

短波通信可以靠天波和地波两种方式传播，其中天波通信主要依靠电离层的反射特性来实现，因此利用该频段通信，既能进行近距离通信，也可实现非视线的远距离传播。但其通信的带宽受限，不能用于电视图像等大数据量信息的传输。

根据电波传播特性，该频段无人机通信可用的高频波段一般在2~12MHz范围内，通信大多采用移动电台的传输方式，传播距离可达几百千米。短波电台用于无人机通信，主要装在远程探测、地理测绘、军用侦察等中大型无人机上，实现远距离通信联络。一些近程的快递运输、地质勘探、安防巡逻线路检测等中小型无人机，也可以安装功率较小的短波电台，以便于在低空、超低空飞行中通信。

（2）超短波频段

该频段一般位于30~300MHz的范围内，可通过低频部分的衍射进行传播，能够覆盖足够远的距离。然而衍射传播需要的功率级别非常高，以至于在无人机上无法实现，并且天线尺寸也非常大，限制了其在无人机上的安装使用，因此中小型无人机一般较少使用该频段进行通信。

（3）微波频段

微波通信链路信号频率高，可用带宽大，天线的尺寸相对较小，且具有高带宽、高增益、阻抗性良好的特性，比较适用于应用在无人机上。比起短波通信链路，微波链路由于具有更大的可用带宽，允许传输如活动视频画面一类的实时、大容量数据，因此是无人机通信系统的主要应用频段。

微波频段可以应用的波段较多，如常见的Ku段、X波段、C波段和L/S波段。微波通信的缺点是视距传播、信号衰减较大，易受地理、地形等条件的影响，限制了其通信距离的扩大。如果无人机的活动半径达到了100km以上，则通常需要使用通信中继站，如地面中继、无人机中继、其他飞行载体中继、卫星中继等，或者采用其他的频段进行通信。

（4）卫星通信频段

卫星通信频段处于 Ku 波段（12.40~18.00GHz）和 UHF 波段（0.30~1.12GHz），主要用于卫星中继通信，卫星通信链路一般是以人造地球卫星为中继站的微波数据链路，它主要用于视距之外的远距离传播。凭借卫星通信手段，卫星数据链路能够为无人机提供大范围的数据通信链路覆盖。但是，采用卫星通信链路也受到一定限制，目前宽带卫星数据链路的应用还主要限于高空长航时战略型无人机。

知识点 3　根据通信距离划分

按无人机的活动半径分类，无人机大体可分为超近程无人机、近程无人机、短程无人机、中程无人机和远程无人机五大类。将其对应的距离作为对无人机通信划分的标准之一，可以将无人机的通信分为超近程通信、近程通信、短程通信、中程通信和远程通信，如图 6-13 所示。

（1）超近程通信

超近程无人机活动半径一般在 15km 以内，通信距离较近，多采用微波频段进行通信。例如，我国研制的超近程无人机彩虹 802 无人机（图 6-14），体积小，质量轻，可以搭载多种载荷执行多种任务，多采用电动方式，伞降回收，适合于安装功率较小的微波电台。另外，在军事应用中的单兵作战无人机或特种兵侦察小组无人机，活动范围较小，也可以配备微波电台进行通信。

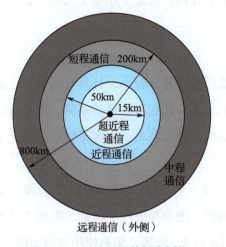

图 6-13　无人机通信距离划分

图 6-14　彩虹 802 无人机

（2）近程通信

近程无人机活动半径在 15~50km 之间，大多采用微波频段进行通信，但某些无人机也有采用无线电指令遥控的方式飞行。近程无人机大多结构简单，尺寸小，质量轻，飞行速度低，携带起来方便，可装置小型光学摄像机、电视摄像机或微光（红外）摄像机等侦察设备。因此，搭载通用的微波电台就可以满足其通信的基本需求。

（3）短程通信

短程无人机的活动半径在 50~200km 之间，多采用微波频段进行通信，但有时也需要借助通信中继站才能完成通信任务，或者在地面基站信号覆盖良好的情况下，采用蜂窝移动通信的方式。短程无人机体型比近程无人机稍大，携带比较方便，一般可搭载摄像机和测距仪等多种侦察设备，可采用无线电遥控、自主飞行或两者结合的控制方式。其回收可以采用降落伞回收、滑跑回收或拦截网回收等方式。当短程无人机的活动范围超过 100km 或周围地理环境比较复杂时，单纯采用微波电台通信会导致信号质量下降、误码率升高的情况，使通信时断时续或无法进行，因此应考虑结合中继通信方式完成通信任务。

（4）中程通信

中程无人机活动半径在 200~800km 之间，多采用卫星通信频段进行卫星中继通信，有时也可采用短波频段进行通信。中程无人机可以多次使用，通常采用自主飞行模式，辅以无线电遥控飞行，发射方式多为空中投放或地面发射两种，可采用降落伞回收、地面回收或大型飞机空中回收等。该类无人机通信距离远，飞行高度高，续航时间长，微波电台已无法满足该距离范围内的通信，而短波电台根据距离和环境变化，可以提供部分通信服务，但主要采用卫星通信频段进行卫星中继通信。

（5）远程通信

远程无人机的活动半径大于 800km，采用卫星通信频段进行卫星中继通信是目前唯一可行的通信手段，如美国的"全球鹰"远程战略型无人机就采用这种方式。BZK-005 远程无人侦察机（图 6-15）是我国生产的一种具有隐身能力的中高空远程无人侦察机，主要用于执行空中侦察、监视和情报搜集等任务，也称为中国版的"全球鹰"。它在大区域执行任务时，也采用卫星中继通信的方式。

图 6-15　BZK-005 远程无人侦察机

知识点 4　按照其他方式划分

1. 按参量取值方式划分

按照传输的信号参量是连续的模拟量还是离散的数字量，无人机通信可以划分为模拟通信和数字通信。

（1）模拟通信

模拟通信是一种利用模拟信号进行信息传输的通信方式，模拟信号是随某种物理信息变化的电信号，无论在时间上或是在幅度上都是连续的，比如音频信号、温度传感信号等，如图6-16a所示。一般来说，非电的信号（如声、光、温度等）输入到对应的变换器（如传声器、光电管、测温仪表等）中，变换器会按照非电信号的某些特征或某些参数的变化输出对应的连续电信号，该信号的振幅、频率、相位等随输入的非电信号参数变化而变化，即为模拟信号的基本形式。

相比数字通信而言，模拟通信的信号直观，占用频带窄，设备简单且容易实现。但是模拟通信也存在以下缺点：

1）保密性差。模拟通信，尤其是微波通信和有线明线通信，很容易被窃听，并且只要接收到模拟信号，就比较容易得到通信的内容。

2）抗干扰能力弱。模拟信号在空间或沿线路的传输过程中，会受到外界和通信系统内部的各种噪声、干扰的影响，叠加上的噪声等和信号混合后一般难以分离，会随着正常信号被传输、放大、变频、调制等，从而使通信质量下降。

3）设备不易大规模集成化。模拟通信的模块难以集成到通信系统中，且集成化程度较低，难以实现小型化、模块化、通用化等要求。

4）不适用于飞速发展的计算机信息处理要求。模拟信号需要进行模/数转换处理才能接入计算机系统，并且模拟通信的很多性能劣于数字通信，不适合通信与信息处理的智能化发展要求。

（2）数字通信

数字通信是一种利用数字信号传输信息的通信方式，数字信号是离散时间信号的数字化表示。在时间上，数字信号以码元宽度为最小计量单位，在该时间段内，其电平值保持不变；在幅值上，可以规定多个不同取值的信号电平，来对应信号或信息的变化，常见的有二电平、三电平和四电平，对应地称为二进制、三进制和四进制数字量，比如最常用的二进制数字信号，就是以高电平和低电平来表示的信号（图6-16b）。

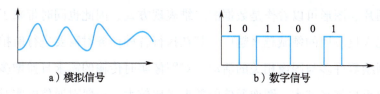

图 6-16　模拟信号和数字信号

数字通信相比于模拟通信，具有以下优点：

1）抗干扰能力强。数字通信中的信息是包含在电平的变化之中的，只要噪声干扰的绝对值不超过某一门限值（与相邻电平的差值有关），接收端便可正确地判别出电平的高低或级别，极大地保证了通信的可靠性。

2）易于远距离传输。因为数字信号的离散特性，使数字通信可以采用再生中继的方式进行，通过在中继端消除在前一段传输中产生的噪声，即让噪声归零，使再生恢复的数字信号和原来未受噪声污染的数字信号一样，这就保证了信号可以持续传递下去，通信的质量便不再受距离的影响，可实现高可靠、远距离的通信。

3）容易实现加密处理，保密性能良好。

4）便于采用大规模集成电路，易于集成且集成度高，使通信设备小型化，实现体积小和重量低的设计要求。

5）相比模拟通信，数字通信更加适用于计算机处理、管理及信息化业务，如处理大批量的数据、图像、视频等，便于实现统一的综合业务数字网。

数字通信的主要缺点是一般需要较大的传输带宽，另外，由于数字通信对时间同步的要求较高，因而增加了通信设备的复杂性。

2. 按消息物理特征划分

无人机在通信过程中传输的消息，主要包括了数据（指令）、图像、视频等类型，因此按照消息的物理特征划分，无人机通信可以分为数据通信、图像通信和视频通信等。

数据通信是传输数据信息的通信，也是通信最基本的功能。传输的信息可以是指令、符号、文字、数据等，一般来源于控制管理指令、符号代码、文字处理资料、语音数据、传感器采集数据等。因此数据通信的特点是数据量比较小，除控制管理指令外，数据传输的实时性一般要求较低，在通信中可以按较低的优先级别进行处理，比如可以插空传输，或者与大数据量数据合并打包进行传输。

图像通信是传输图像信号或图像信息的通信，与数据通信方式不同，它主要传送的是以图像形式表达的图片、图形、文字、图表等信息。图像信息具有直观、形象、易懂的优点，其图片、图形可以看作是数据的二维表现方式，因此也同时带来了信息量大的问题。随着无人机应用的领域越来越广，其在执行各种任务时需要进行航拍、摄影、监视、遥感、测绘等许多与图像相关的活动，对图像实时传输的需求日益增多，因此在通信中所占的比重也越来越大。图像通信的数据量比较大，一般对通信的实时性有比较高的要求，因此在通信中的优先级别属于中等偏上的需求级别。

视频通信是传送视频信号或视频信息的通信，主要将无人机周边的信息以视频的方式实时地传送给地面站。从时间维度上来看，视频信号就是一幅接一幅或一帧接一帧连续变化的图像信号，因此视频通信中需要传输的信息量极大，即使采用图像压缩等技术也难以降低。如果不要求视频的实时传输，那么视频采集系统就需要专门配备较大容量的实时存储设备，否则的话，一般的视频通信系统都会对传输的实时性要求很高，因为一旦传送不及时，就容易造成丢帧、图像不连续等问题，因此视频通信的优先级别在通信中通常是最高的。

3. 按传输媒介划分

信号或信息要进行传输，一般要由传输媒介（Transmission Medium）来实现，也称传输介质或传输媒体。它是信息传输所经由的空间或实体，或通信系统中在发送端和接收端之间的物理通路，一般通过传输媒介或其内部一些物质的变化、移动、波动等达到信息传输的目的，即将信号或信息从媒介通路的一端传送到另一端。同样，无人机的信号或信息在地面站与无人机之间进行传输，也需要借助相应的媒介来完成。

传输媒介可分为两大类，即导向传输媒介和非导向传输媒介。在导向传输媒介中，电磁波被引导沿着固体媒介（铜线或光纤等）进行传播，也称为有线通信；而非导向传输媒介一般指的是自由空间或大气空间，其中电磁波在空间的传输常被称为无线传播，其方向不再集中于一点或一个方向，常常是发散、多向的，并且可能是未知的或不可预测的。传输媒介的特质、性能等会影响数据通信的质量，包括信息速率、信噪比、误码率等。不同的传输媒介具有不同的传输特性，并且有各自适用的应用场合。

按照媒介的概念和无人机通信所使用信号的物理形式不同，可以将无人机通信分为电媒介通信、光媒介通信和声媒介通信。

（1）电媒介通信

在电媒介通信中，用电信号携带所要传递的消息，然后经过各种电媒介信道进行传输，达到通信的目的，它使信息几乎能在任意的通信距离上实现迅速而又准确的传递。按照电媒介通信中的传输媒介不同，又可以将其分为无线（电）通信和有线通信。

无线电通信（Radio Communication）是将需要传送的声音、文字、数据、图像等对应的电信号调制在无线电波上，利用电磁波在空间或地球表面的传输送达收信方，如短波的电离层传播、微波视距传播和卫星中继传播等，都属于无线传输。无线通信不需要架设导线，仅需要通过发射天线和接收天线及对应的发收设备，利用无线电波在空间的传播来传递消息，是当前通信中使用最为广泛的通信方式。

与有线通信相比，无线通信不需要架设传输线路，原理上不受通信距离的限制，机动性好，建立迅速，已广泛应用于无人机通信，成为绝大多数无人机通信系统的选择（图 6-17）。但无线通信传输质量不稳定，信号易受干扰且易被截获，保密性差，也易受地理、大气等自然因素的影响，因此在应用于无人机通信时，应采取措施克服这些不利影响，如选择合适的通信频段、进行中继通信、采用加密的数字通信等手段。

有线通信则是利用导线，如架空明线、同轴电缆、双绞线、光导纤维和波导等，作为传输媒介来传输信息的通信方式。

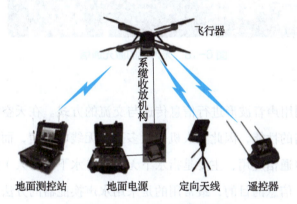

图 6-17　无人机的无线电通信

在无人机通信领域，用有线遥控方式指挥无人机是一种相对简单、成本较低的操纵方式，地面站人员通过电缆或光缆将各种控制信号传输给无人机，操纵其飞行和工作，而无人机则通过电缆将侦测到的信息送回到地面站。它的缺点是受电缆长度、重量的限制，飞行器的机动性差，航程和升限都不能太大，活动区域和观察范围也比较小。因此，有线通信在无人机通信中的应用相对很少，目前国内较出名的是中国科学院无人机应用与管控研究中心开发的系留式无人机，它使用线缆传输电力和数据，即通过有线通信的方式，来实现无人机和地面站之间的数据传输。

（2）光媒介通信

光媒介通信（Optical Communication）包括激光通信和红外通信等，都是以光波为载波的通信方式。由于光也是一种电磁波，所以光通信也可以认为是一种广义的电媒介通信。光媒介通信具有容量大、衰减小、体积小、质量轻、抗干扰性能好和成本低等优点，目前已在无人机上有了应用的案例。

无人机光通信以光波为媒介进行信息传输，利用光的电磁波特性，实现无人机和地面站之间的通信（图6-18）。例如，美国有一款无人机采用了FLIR Systems公司的Star SAFIREHD数据链系统，通过光信号，而不是射频无线电信号，向地面站发送连续的图像信息，这大概是目前已知的、唯一直接利用光通信的无人机系统。

图6-18　无人机的激光通信

（3）声媒介通信

声媒介通信是利用声音波形进行信息传递与交流的方式。在天空中，声通信的性能远远不如无线电通信的性能，因此无人机一般多采用无线电通信，而不采用声通信的传输收发。无人机的声通信应用，主要是指水下无人机（水下机器人）的水声通信，通过声波在水下实现收发信息的目的，最常用的是采用水声换能器的方法。

学习任务3　通信的基本原理

通信的目的就是传递与交换信息，将消息中包含的信息通过相应的媒介，按照某种准则传输至通信设备或系统或具体的受信人。21世纪是信息化的时代，经济高速发展，社会逐渐开放，在这个时代各行各业对信息的需求与日俱增，信息系统之间的信息交换与传输也愈加频繁。在生活中，移动用户之间打电话或发信息、网民上网浏览或下载资料等，都离不开信息的传输与交流。而无人机地面控制站通过无人机侦察获取情报，或对无人机操控等，也离不开通信的手段。

近二三十年，通信应用技术发展迅猛，并且一直走在科技时代的前沿。通信已由原来单纯的信息传递阶段，逐步进入到对信息进行综合处理的阶段，包括对信息的获取、传递、加工和分析等。特别是随着现代通信技术的迅速发展，如卫星通信、光纤通信、数字程控交换技术等的不断进步，以及卫星电视广播网、分组交换网、用户电话网、国际互联网等多种通信网络的建设，通信作为社会发展的基础设施和经济发展的基本要素，已经广泛地应用于移动通信、交通运输、军事作战、科学研究、工农业生产、社会生活等诸多领域，推动了经济、政治、军事和文化等行业的发展，在现代社会中占有不可或缺的地位并且发挥着不可替代的作用，越来越受到世界各国的高度重视并得到大力发展。

知识目标

- 熟悉通信的基本原理和过程。
- 熟悉无人机的数据链。
- 掌握无人机通信性能指标。

素养目标

- 能够根据所学知识分析无人机通信信号弱的原因，提升分析判断和解决问题的能力。

引导问题

通过学习通信的基本原理，大家可以讨论一下，生活中有哪些地方使用到了通信？

知识点 1　通信基本知识

通信是指信息在发信者（信源）与受信者（信宿）之间的传递。从消息的产生，到消息的传输，再到消息的接收，是通信的基本过程。其中最关键的是完成了消息从信息产生者到信息接收者之间的传输。因此，通信的本质就是信源和信宿之间信息的传输和交换，这一过程同时会伴随着一种能量的传递，如声、光、电等能量的输送与变换，能量中携带了消息或信息这种客体或对象。

通信与交流，是自然界各种生物赖以生存、发展、变异的必要手段和必备功能。在古代，人们通过驿站传递、飞鸽传书、烽火报警（图6-19）等，以及符号、语言、眼神、触碰等方式进行面对面、短距离或长距离的信息传递。在现代，人们通过书信、电报、固定电话或移动电话、传真、广播电视、无线电信号、互联网、卫星通信等手段,进行各种信息的交流与传递。同样,在自然界中,大海潮起潮落、太阳东升西落、植物开花结果、孔雀开屏、蛙鸣鸟叫等,也在传递着某种信号。以上所有行为,无论是人与人之间、人与物之间,还是物与物之

图 6-19　古代的烽火报警

间,都是在进行通信。简单来讲,通信就是信息的交换与传递,通信技术就是研究通信过程、提高通信性能的一种应用技术,它的发展提高了人们进行信息交流与传递的效率,为人类的生活与发展带来了越来越多的便利。

在人类社会中,通信的载体种类繁多,可以是语言、声音、行为,也可以是符号、代码、文字、数据、图像、视频等。关于通信,按照人类通信交流的方式与技术的不同,可以把它划分为以下五个发展阶段:

第一阶段,主要是通过语言、烟火等来进行通信,人们一般通过人力、马力、烽火台等通信手段传递信息,初步实现了远距离通信的目的。

第二阶段,人们开始使用文字进行通信,并且邮政通信开始逐步走入人们的生活和生产过程中,使得通信要表达的内容逐步丰富起来。

第三阶段,以发明印刷术为标志,人们把要传达的信息印在纸张、丝绸等介质上,实现了广泛传播信息的可能。

第四阶段,以电报、电话、广播等的发明为起点,人们走进了电气通信的时代,通信的实时性得到大幅度的提高(图 6-20)。

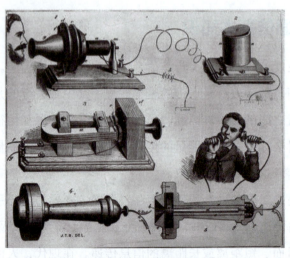

图 6-20　早期电话

第五阶段,进入了信息时代,人们通过互联网、移动通信、卫星通信、光纤通信等现代化手段进行信息交流,使通信的信息容量得到了极大的提高。

从上述人们对通信的需求和发展历程来看,可以得出对通信的基本定义,即通信是一方人或物与另一方人或物之间,通过某种行为或媒介,并且按照某种准则进行信息交流与传递的过程。

知识点 2　通信的过程及构成要素

通信过程的完成,一般需要通过信源、发送设备、信道传递、接收设备、收信者等几个主要环节或部分完成,这几个环节对应的有形或无形部分一起构成了通信系统。根据通信手段和通信方式等的不同,通信过程会有所差异,比如会增加或减少一些环节。相对通用的通信系统的组成与通信过程如图 6-21 所示。

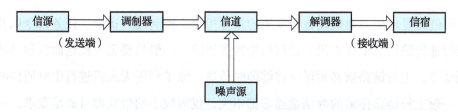

图 6-21　通信系统的组成与通信过程

通信的过程如下:某种类型的自然信息,如声音、温度、符号、图像等,经过信源将其转换成原始的声信号、电信号或光信号;然后发送设备将信源产生的消息信号变换为便于传送的信号形式,发送到信道中进行传递;而接收设备从带有干扰的信号中正确恢复出原始的消息,并传递给接收者;接收者再将消息信号还原为相应的信息。

知识点 3　无人机数据链

无人机通信链路也常被称为无人机数据链,是无人机系统的重要组成部分,负责无人机与外界的信息交互,实现无人机与控制站或其他通信用户之间的实时信息交流,其性能直接影响着无人机飞行性能的优劣和执行任务能力的高低。数据链作为连接无人机平台和地面站及操控人员之间的信息传输桥梁,主要用于对无人机系统的飞行控制管理和任务管理。飞行控制管理包括飞行控制、状态回传等环节,任务通信管理主要包括传感器数据回传、中继通信等特定的工作任务。

对一般应用来讲,无人机通信链路根据数据传输方向的不同,可以分为一条用于地面控制站对无人机及机上设备控制的上行链路,以及一条用于地面站接收无人机下传数据的下行链路,如图 6-22 所示。

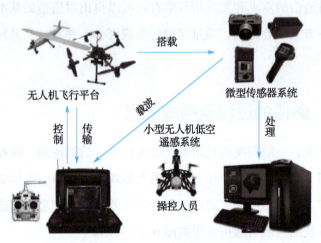

图 6-22　无人机的通信链路

上行链路是地面站通信设备将地面的指挥指令、控制遥控指令、任务指令以及中继信息及时地传输给空中无人机,也被称为指挥链路。一般只要无人机地面控制站请求发送控制命令,上行链路就必须保证能够即时传送。除了利用无人机进行中继通信的任务之外,一般上行链路传输的数据量通常都不大,仅需较小的带宽即可满足要求,一般带宽为 10~200kbit/s 之间。

下行链路是无人机上的通信设备,将导航及测试等任务设备获得的无人机自身定位状态信息(位置、高度、速度、姿态、时间、设备状态遥测信息等)、传感器获取的环境数据、情报信息、中继信息等传递给地面控制站。一般的下行链路是一个通道,即所有的数据都通过这个通道传输,但有时也可划分为两个通道,其中一条用于向地面控制站传递当前的位置姿态速度信息、电机转速以及机上设备状态信息,称为状态信道或遥测信道,该信道传输的数据量不大,一般需要较小的带宽即可,类似于上行指挥链路;另一条信道用于向地面控制站传递传感器采集的信息,通常传输的信息量很大,需要有足够的带宽,带宽范围一般为 300kbit/s 以上,有时可达 10Mbit/s 甚至更高。一般下行链路都是连续传送的,但也有按需开启的工作模式,如临时启动以传送无人机上暂存的一些关键性数据。

知识点 4　无人机通信性能指标

对于任何一个通信系统而言,包括无人机通信系统,都需要用一些参数来衡量系统各方面的性能指标，来表明不同通信系统之间的差异及优劣。通信系统常用的性能指标包括有效性、可靠性、适应性、经济性、标准性和可维护性等，如果单从信息传输的角度来说，则有效性和可靠性是通信系统的主要性能指标。

通信系统的有效性是指传输一定的信息量所需要消耗的信道资源数（如带宽或时间），而可靠性是指接收信息的准确程度。对不同类型的通信系统，这两个指标有着不同的定义与度量方法，以常用的模拟通信系统和数字通信系统来说，这两个指标的要求与定义就有所不同。

1. 有效性

（1）模拟通信的有效性

对于模拟通信系统，有效性通常采用有效传输带宽来衡量，即传输同样的信号，所需的传输带宽越小，频带利用率就越高，有效性就越好。一般来讲，采用不同的调制方式，所需的频带宽度就不同，有效性也就不同。

提高模拟系统的有效性，可以采用如下措施：对多路信号可通过频率分割复用，即频分复用，以复用路数的多少来体现其有效性；或者根据信号的业务性质减少信号带宽，如话音信号的调幅单边带等。

（2）数字通信的有效性

对于数字通信系统，其有效性一般用传输速率来度量。数字信号由不同进制的码元组成，每个码元携带一定的信息量，单位时间内传输的码元数称为码元速率 R_s，单位为码元/秒，又称波特（Baud），因此码元速率也称为波特率。

另外一种更加常用的数字通信有效性的表达方法为信息速率，即以码元对应的信息量为衡量指标，定义单位时间内传输的信息量为信息速率 R_b，单位为比特/秒（bit/s），因此信息速率又称为比特率。

由通信的一般知识可知，一个二进制码元的信息量为 1bit，一个 M 进制码元的信息量为 $\log_2 M$ bit，所以码元速率 R_s（Baud）和信息速率 R_b（bit/s）之间的关系为

$$R_b = R_s \log_2 M \tag{6-1}$$

由式（6-1）可知，二进制信息的码元速率和信息速率数值相等，有时也将其简称为码速率。

一般来说，数字信号的传输带宽 B 取决于码元速率 R_s，再结合码元速率和信息速率之间的关系，可以使用传输带宽 B 和信息速率 R_b，来定义频带利用率，即

$$\eta_b = \frac{R_b}{B}$$

频带利用率的物理意义，就是单位频带所能传输的信息速率，单位为 bit（s·Hz）。

对于提高数字通信系统的有效性，一般采用资源复用的方法，比如对于基带数字信号，可以采用时分复用（TDM）的方式以充分利用信道带宽，其他的复用方式还有空分复用（SDM）、码分复用（CDM）、极化复用（PDM）等，以及相应的"多址"方式。另外，对于数字信号频带传输，也可以采用多元调制的方式来提高有效性。

2. 可靠性

（1）模拟通信的可靠性

对于模拟通信系统的可靠性而言，通常用接收端的信噪比来衡量，它反映了信号经过信道传输后"保真"的程度和抗噪声能力。一般来讲，有效性和可靠性是一对矛盾，往往不能两全其美，总是需要牺牲一方来满足另一方，或者使系统工作于两者中间的某一个平衡点上，即综合两者的需求，使其相对均衡地存在于同一个系统中。在实际系统应用中，常常采用折中的办法来改善可靠性，即以扩大带宽为代价来换取可靠性的提高。

（2）数字通信的可靠性

数字通信系统的可靠性一般用差错概率来衡量，通常用误信率（或误比特率）p_b 或误码率（误符号率、误码元率）p_s 来表示：

$$p_b = \frac{错误比特数}{传输总比特率} \; ; \; p_s = \frac{错误码元数}{传输总码元数}$$

在二进制码中，误信率和误码率是相同的。

数字通信的可靠性就其本质来说，信噪比往往是其主要的影响因素，另一影响因素是所设计的信号本身的抗干扰能力。对一般的数字通信系统而言，其差错率主要取决于接收端输入信号的信噪比大小，比如可以采用无线通信中扩频调制的方式，通过扩频增益来提高信噪比，从而降低差错率，这其实也是通过扩大带宽换取可靠性的一种方法。

> **思 考 题**
>
> 1）熟悉并掌握通信的来源及定义。
>
> 2）请描述通信的基本方式及分类，并分析其特性的差异。
>
> 3）请简述通信的过程及构成要素，说明各部分的主要功能。
>
> 4）指出通信的主要性能指标，以及提高性能的常用方法。
>
> 5）通过互联网，了解通信的发展现状及未来趋势。

模块六 无人机通信原理

学习任务 4　无人机通信设备及工作模式

前文已介绍过,数据链作为连接无人机平台和地面站及操控人员之间的信息传输桥梁,主要用于对无人机系统的飞行控制管理和任务管理。本学习任务将详细讲解无人机通信设备及工作模式。

知识目标

- 了解无人机通信设备的组成。
- 熟悉无人机通信设备的工作模式。

素养目标

- 能够根据所学知识,选择合适的无人机通信设备硬件,提升动手实践能力。

引导问题

我们知道无人机的通信有数传图传,无人机会用到哪些设备来进行通信?无人机又有哪些工作模式呢?

无人机通信链路根据数据传输方向的不同,可以分为一条用于地面控制站对无人机及机上设备控制的上行链路,以及一条用于地面站接收无人机下传数据的下行链路。无人机通信链路系统一般由机载通信设备和地面通信设备组成,一种通用的无人机通信链路的系统组成如图 6-23 所示。

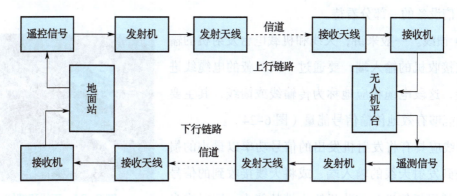

图 6-23　无人机通信链路系统

知识点 1　通信设备

无人机要以通信链路为中介来进行信息传输，完成与地面站、操控人员或其他系统间的信息交互，就需要相关电子设备来进行通信联络。通信距离不同，所需要的通信设备也有所不同，主要有空－地无线电通信设备和卫星通信设备等；采用不同的通信方式，也对应着不同的通信设备。

根据目前的应用程度及未来发展，无人机的通信设备大致包括移动电台、蜂窝移动通信、Wi-Fi 通信、卫星通信和有线通信等类型。

1. 移动电台通信设备

在无人机通信中，移动电台是最常用的通信设备，根据传输信号类型的不同，电台可分为数据传输电台和图像传输电台等，一般数据传输电台应用居多，其次为图像传输电台。下面按机载电台设备和地面电台设备分别进行讲述。

（1）机载电台设备

无人机通信的大多数机载电台设备由机载数据终端（ADT）、馈线和天线等组成。

1）机载数据终端。机载数据终端作为机载电台的主体部分，包括了射频（RF）接收机和发射机、电源以及用于连接发射机和接收机到系统其他部分的调制调解器等。该终端集成于机载设备中，一般安装在靠近天线处。其中最主要的发射机和接收机，统称为收发机，有时将电台的发射机和接收机组合在一个组件内，可以同时发射和接收信号。

在无人机任务管理中，为了实现某些特殊的任务，往往会在无人机上附加一些任务载荷来采集数据、图像或视频等信息，并利用相应的通信设备如数据传输电台和图像传输电台等，将传感器采集到的数据、图像和视频等信息传递给地面站。除了无人机自带的机载电台外，某些无人机上还安装配备了专门的通信类载荷，不过一般可以将其作为机载通信设备的一部分看待。

2）馈线。一般来讲，天线和机载电台发射机的输出端或接收机的输入端，要通过一段屏蔽的电缆线进行连接，这段电缆相应地称为传输线或馈线，其主要功能是能够有效地传输信号能量（图 6-24）。

馈线应具有将发射机发出的信号功率以最小的损耗传送到发射天线的输入端，或将天线接收到的信号以最小的损耗传送到接收机输入端的能力，同时本身

图 6-24　天线和馈线

应尽量不引入或不产生杂散噪声及干扰信号。

3）天线。无人机与外界进行信息交互，无论是将自身的状态信息或传感器获取的情报信息传送给地面站，还是从地面站或其他外界系统获得相应的控制指令或信息，都需要有一个对电路设备中的电信号与空中的电磁波信号之间的能量进行转换的过程，而收发天线是进行这种转换的有效媒介。

天线能够有效地向空间某特定方向辐射一定能量的电磁波，或有效地接收空间某特定方向发来的电磁波。在发射端，发射机产生的已调制的高频振荡电流或导波（能量）经馈线输入给发射天线，发射天线将其转变为无线电波即自由电磁波（能量）向周围空间辐射；在接收端，自由电磁波进入到接收天线（仅能接收很小一部分能量），接收天线将其转变为高频电流或导波（能量）经馈线传送到接收机。

因此，天线作为一个能量转换器，发射或接收空中的电磁波的作用极其重要，是电路与空间的信号连接或转换的器件。可以说，没有天线就不能实现无线电通信。

一般来讲，天线主要由辐射单元（对称振子或阵元贴片）、反射板（底板）、功率分配网络（馈电网络）和封装防护（天线罩）等配件组成。天线的主要性能参数包括工作频率、辐射参数、半功率波束宽度、水平面波束宽度、垂直面波束宽度、天线增益等。

天线的品种繁多，形状各异，以供不同频率、不同用途、不同场合、不同要求的通信系统使用。对于众多品种的天线，分类方法也多种多样，按工作频段可分为短波天线、超短波天线、微波天线等；按辐射信号的方向性可分为全向天线（图6-25）、定向天线等；按外形可分为线状天线、面状天线、阵列天线等。

图6-25 无人机全向天线

在实际应用过程中，要根据无人机通信的不同需求，选择安装不同类型和不同性能的天线，比如在视距内通信的无人机多安装全向天线，需要进行超视距通信的无人机，一般采用自动跟踪抛物面卫星通信天线等。

（2）地面电台设备

无人机要完成与地面站或操控人员之间的信息交互，地面站则需要安装与之配套的电台设备。一般来讲，电台设备由地面站（或海面站、空中站）的数据终端（GDT）、馈线和一副或几副天线组成。地面数据终端包括RF接收机和发射机以及调制解调器等，可以分成几个功能分设备，共同完成对信号信息的基本处理功能；天线装置的种类较多，有时也采用性能更好的专门的天线车收发信号；馈线负责连接天线和数据终端的收发机。另外，地面电台设备还包括地面控制站中的若干处理器和接口电路等。

地面站电台的终端硬件，一般会被集成到控制站系统中，称作地面电台，部分地面终端会有独立的显示控制界面。进行视距内通信时，地面天线可以采用鞭状天线、八木天线和自动跟踪抛物面天线等。当需要进行超视距通信时，一般会采用固定的卫星通信天线。

地面电台设备（图6-26）主要接收无人机发送过来的自身状态信息和传感器信息，并进行相应处理，例如，无人机无线视频发射机发射的信号，通过地面无线图像接收平台接收，可以清晰地将无人机采集到的图像显示在显示屏幕上，也可通过平台对外接口，将视频信号传送至其他显示、存储设备上；同时地面接收平台也可内嵌网络传输模块，将视频信号通过网络传输方式，传至后端的中心站网络平台。

图6-26　地面电台设备

2. 蜂窝移动通信设备

在无人机远距离通信中，有时会采用蜂窝移动通信来进行无人机和地面站之间的信息传输。蜂窝移动通信设备就是我们几乎每天都要使用的手机移动终端，可以进行短信、数据、语音、图像、视频等的传输，目前大多采用的是3G或4G通信技术，现已部分扩展到5G通信（图6-27）。

图6-27　5G模块

无人机蜂窝移动通信设备主要由无人机移动通信终端和地面站移动网络设备组成，需要在无人机上和地面站上分别安装相应的3G或4G通信模块及其数据接口。要利用蜂窝移动系统如3G或4G通信，完成无人机与地面站之间的数据交流，一般需要在地面站设备和无人机机载处理设备上，按照某种通信协议如TCP/IP协议，编写相应的管理程序，来读取无人机的遥测数据和无人机的状态信息，以及向无人机发送相应的控制命令。

3. Wi-Fi通信设备

在无人机小范围执行任务时，如室内飞行或室外小区域的飞行等，可以采用 Wi-Fi 通信进行无人机和地面站之间的信息传输。Wi-Fi 通信是由无线网卡和路由接入点（Access Point，AP）组成的无线网络，目前已广泛应用于手机、计算机等大众应用电子设备中，与蜂窝移动通信一样，可以进行消息、数据、语音、图像、视频等的传输，而传输速率一般会高于移动通信。

无人机的 Wi-Fi 通信设备主要由机载部分和地面部分组成，其中机载部分是指在无人机上安装的 Wi-Fi 无线传输模块（图 6-28），地面部分主要是指包括地面 Wi-Fi 路由 AP 的无线局域网系统。AP 一般称为网络桥接器或接入点，它是连接无线局域网络与有线局域网络之间的桥梁，任何一架装有 Wi-Fi 无线传输模块（相当于无线网卡）的

图 6-28　小型 Wi-Fi 模块

无人机，均可通过 AP 把遥测数据和自身状态信息分享给有线局域网甚至广域网，也可以接收该有线局域网发给无人机的控制命令。Wi-Fi 的通信原理相当于一个内置无线发射器的集线器（HUB）或者路由器，而无人机上的 Wi-Fi 无线传输模块则是负责接收由 AP 所发射的控制信号的用户设备。这样，就可以实现地面站（如 PC）与无人机之间的通信了。

在实际应用中，通常会在 PC 端和无人机飞行控制器端编写相应的程序，完成无人机把遥测数据和自身状态数据通过 Wi-Fi 无线传输模块发送出去的任务，而 PC 通过地面 Wi-Fi 网络读取 PC 串口数据，接收无人机发来的信息，从而得到操作人员所需要的无人机数据，实现无人机对地面站的下行链路通信，同样也可以完成地面站到无人机的上行链路的指令传输。

使用 Wi-Fi 通信，需要在无人机和地面站上分别安装相应的 Wi-Fi 无线传输模块，如 AR.Drone2.0，并将无人机机载控制系统和 PC（或手机）都连到同一个或不同的 Wi-Fi 无线局域网，在 PC（或手机）上下载相应的 App 软件或程序，这样就可以监控和控制无人机，实现两者之间的通信了。

4. 卫星通信设备

在无人机远距离即超视距通信中，无人机的电台通信方式或蜂窝移动通信往往不能

实现超大范围内通信信号的有效覆盖,导致无人机与地面站或其他通信设备间的通信质量下降甚至失败,一种可行的解决方法就是借助卫星通信设备进行中继通信。

一般来讲,用卫星作为无人机通信的中继站,其通信设备将由三部分组成,即空中部分(无人机)、天中部分(通信卫星)和地面部分(地面控制站),无人机与地面站之间的通信链路也相应地称为机-星-地链路。基于该链路的通信过程如图6-29所示。

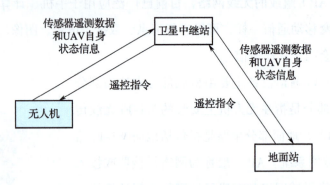

图6-29 基于卫星中继的无人机通信链路

如图6-30所示,无人机和地面站的通信设备主要有卫星通信收发机和收发天线等,通信卫星上的设备主要有星载天线、卫星发射机和接收机、双工器等。其中,无人机上的卫星通信天线是卫星中继链路的关键设备,即在无人机的飞行过程中,该天线需要利用导航定位信息和单脉冲自跟踪技术自动将天线最大信号方向对准通信卫星,并调整好天线的极化角度,建立无人机与卫星之间的有效空间传输链路,实现双向数据传输。

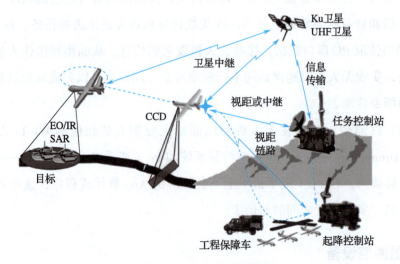

图6-30 无人机卫星通信

1)在发射端(无人机或地面站):数据经过基带处理后调制到模拟信号的载波,再经过变频器将载波调整至所使用的卫星频段(C 波段、Ku 波段或 Ka 波段)上,经过功率放大器后,由对准卫星方向的天线发射出去。

2)在空间端(卫星中继站):发射端发出的载波经过自由空间的损耗,以及其他信号的干扰后到达卫星,被卫星转发器接收,经过变频、放大后再发回到地面。

3)在接收端(无人机或地面站):接收天线收到卫星转发的信号后,先经过低噪声放大,再下变频到调制解调器(Modem)工作的频段,经过解调、解差分、解扰等相关处理后,恢复出原始的数据。

无人机系统的卫星中继数据链属于非对称、点到点的信息传输链路,一般上行遥控指令传输速率较低,强调高的可靠性、抗干扰性和保密性;下行侦察遥测信息的数据量较大,需要优化信道设计,尽量提高信息的传输速率。

采用同步通信卫星作为空中无人机的中继通信平台,需要在无人机上安装机载卫星通信收发机及通信天线,充分利用卫星波束的有效覆盖范围,实现对无人机的超视距测控和信息传输。例如"捕食者"和"全球鹰"无人机系统,均采用 Ku 波段卫星中继数据链,还配置了 UHF 波段的卫星数据链作为备份链路,可以实时传输无人机的遥控遥测数据和低速侦察信息,达到了比较好的应用效果。

5. 有线通信设备

由于无人机具有移动性且通信环境复杂多变,有线通信在无人机上应用较少,仅在某些特殊的应用场合才使用有线通信来传输无人机与地面站之间的信息。这种方式被称为系留式无人机通信。

有线通信是指利用金属导线、光纤等有形媒质传送信息的方式,一般具有受干扰较小、可靠性高、保密性强的特点,但受电缆长度及重量的限制,使用起来不方便、不灵活。无人机利用有线通信时,主要采取电缆或光纤,分别连接无人机和地面站配置的通信模块即可,按该模块的通信协议开展工作,但其通信速率和通信距离等受到线缆长度的限制。

知识点 2 工作模式

根据前文对无人机通信功能及任务的描述与分析,把无人机通信的基本工作模式划分为任务管理通信模式和飞控管理通信模式。

1. 任务管理通信模式

无人机系统的任务管理通信是指在无人机承担的特定工作任务中，机上任务载荷采集或获得的一些数据或信息，需要准确、及时地传回到地面站的传输过程，或者需要通过无人机中继站传输给其他无人机、其他通信设备的数据通信过程。

任务载荷是指安装在无人机上用于完成特定任务的设备或产品，如摄像机、探测仪、传感器、武器装备等。目前，无人机承担的工作任务，大部分是要通过无人机搭载的任务载荷来完成的。一般根据无人机的特定任务需求，选择符合要求的任务载荷，且选择类型及大小合适、飞行性能相当的无人机。从无人机选择的角度来说，其可以携带的任务载荷的种类、功能、性能等，在很大程度上决定了无人机的应用价值。

无人机所承担的工作任务，一般是通过地面站的任务设备管理软件对任务载荷设备的工作状态进行监测与管理，并且对任务的实施情况进行实时监控。根据通信链路畅通的情况，监管的工作可以通过任务设备状态自检测的方法进行，也可以通过地面操作人员人工监测的方法进行，目前更多采用两者相结合的方式进行。在实际执行任务时，如果遥控链路受到干扰，或者要求以遥控静默（即地面站不允许与无人机进行无线通信）的方式工作，这时就要求无人机能够通过程控或自主控制的方式进行任务设备的管理。

根据任务管理通信中信源、信宿的不同及通信的方向不同，可以把任务管理通信模式分为数据回传模式和中继通信模式两种。

（1）数据回传模式

数据回传模式是指任务载荷设备如探测雷达和摄像机等，将在任务现场采集到的数据、图像、视频等信息，实时传回到地面站的通信方式（图 6-31）。在接收信息的过程中，地面站的操作控制人员会根据收到的实时数据信息，及时调整工作方式，修改工作任务，增删工作内容等，这些动态调整会通过任务指令的方式，实时发送并传输装载到无人机的任务管理程序中。

根据任务载荷要实时下传的信息量的大小，即信息传输率的不同，又可以将数据回传模式细分为小批量数据传输、图像传输、视频传输三个层次，由于它们的信息传输率差异较大，对通信

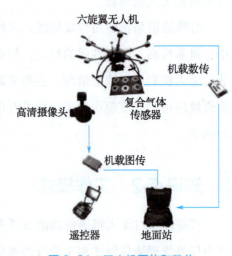

图 6-31　无人机图传和数传

设备提出了不同的要求。而地面站上传的任务指令，一般数据量不大，上行链路的带宽一般在 10~200kbit/s 之间即可，处于小批量数据传输的量级，对上传通信设备的要求不高。

1）小批量数据传输。该方式主要传输无人机自身的状态信息和某些传感器采集到的低速率或低动态信息，具体传输的内容通常包括无人机的姿态、速度、电机转速、其他机上设备的状态等遥测信息，以及一些小数据量的传感器采集到的信息，如导航设备的跟踪定位信息、气压温度传感器的环境信息等。该种传输方式需要的带宽较小，类似于上行链路的需求，无人机通信系统常用的数传电台一般就可以满足。

而一般比较常见通用的无人机上，都会有相应的数传模块，负责把无人机的自身状态和某些传感器信息传到地面站，在实际应用中也可以优先考虑。

2）图像传输。该方式传输的内容主要是无人机上图像采集传感器，如普通摄像机、红外摄像机等采集到的图像信息，一般会按时间定期拍摄，或根据到达的位置点进行多角度拍摄。因此，图像传输的数据量较大，要求的带宽更宽，一般为 300kbit/s 以上，有时高达 10Mbit/s 甚至更高。这时无人机上需要配备图传电台等中高级别的通信设备进行数据传输，可满足无人机大多数的任务需求，应用范围较广，如进行航拍和侦察监视等。

3）视频传输。该方式传输的内容主要是无人机上的视频传感器、数码摄像机等采集到的大数据量的视频信息。一般来讲，视频传输要求的带宽最大，根据不同的任务需求和不同的载荷性能，有时会高达 100Mbit/s，如高清视频摄像机对应的大数据量信息。目前，无人机上主要还是采用图传电台进行视频的传输，如果遇到带宽或传输率不够的情况，可以考虑通过多个电台并行传输的方式，利用合理的传输管理策略，达到实时传输高速率视频影像信息的要求。

无人机的视频传输（图 6-32）可应用于森林防护、空中巡逻、交通监管等监控领域，突出优点是数据传输的实时高效；也可用于无人机的数码相机摄影通信，主要用于城镇、开发区、厂矿、农业等小范围的测绘，优点是飞行高度低、测绘精度高，且受天气的影响小，易于实现高质量和高效的数据传输。

图 6-32 无人机视频传输

（2）中继通信模式

中继通信模式是指把无人机作为通信的中继站，完成对其他系统的远程通信这一特定任务的通信方式。中继通信的信息来源（即信源）可以是地面站、无人机，也可以是其他的信源设备。其上的信息采集设备或信息存储设备中的数据，需要实时或非实时传输，但是由于通信距离、地理环境、电磁干扰等的影响，无法直接到达接收方（即信宿），需要通过位于空中的无人机进行中转通信。先把这些数据传递到无人机上的通信接收设备，再由它的通信发射设备传递到目标信宿，即相应的地面站、无人机或其他接收设备，这里的无人机本质是起到了中继传递的作用。

在该通信模式中，根据通信距离、地理环境及通信设备性能的优劣，可能需要一架无人机完成通信任务，也可能需要多架无人机通过连续中继的方式完成任务（图6-33）。关于所需的信息传输速率、带宽需求，则主要由信源方（即发送方）的信息量大小、实时性或数据采集速率来决定，需要根据具体情况具体分析，一般在留有一定余量的条件下，确定合适的带宽和传输速率等性能指标，以及需要的中继无人机的数量及布局。

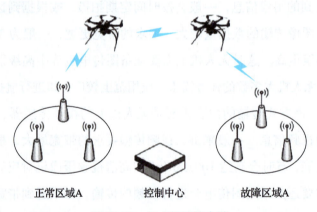

图 6-33　无人机通信中继

2. 飞控管理通信模式

无人机的飞控管理通信，主要是针对无人机在整个飞行过程中与地面站之间所需要的控制与管理信息的通信交互。根据无人机所要完成的任务性质、目标位置或任务区域等，通过进行飞行控制的规划与管理，明确无人机的飞行控制的通信任务及工作内容，实现对飞行航线的规划、载入和实时调整，进行航线航点的切换控制，以及出航、巡航和返航等的管理控制。

其中，任务航线规划是指对无人机的飞行路径进行设计，一般通过地面控制站中的航线规划软件来实现，规划好的航线可通过数据链路上传，传输到无人机机载的控制与管理计算机中，也可以根据飞行过程中实时重新规划的结果，对航线进行及时调整修改，如图6-34所示。

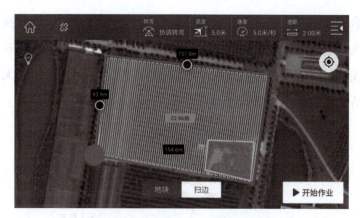

图 6-34 植保无人机的航线规划

航点（航线）切换控制是指在无人机的导航子系统提供的导航定位参数的引导下，使无人机从一个航点（航线）到达另一个航点（航线）的过程。出航、巡航和返航的控制是指对无人机的起飞、平飞与降落的控制，用以保证无人机在这三个阶段均能安全可靠地飞行操作。航点的切换及出航、巡航和返航的控制，一般需要根据导航子系统的引导，通过控制与管理软件自主地进行。

在进行以上飞控管理过程中，需要进行遥控指令处理和遥测参数收集，对无人机的电机、电气、测控等机载设备的状态与故障开展监测与处理，进行定位解算，并且实时进行飞行性能的评估与管理等。其中，需要上传的信息包括遥控指令等，下传的信息包括无人机传感器的遥测参数、定位信息和无人机各组件自身的状态信息等。

在飞控管理通信模式中，无人机操作控制人员会根据飞行任务的安排，通过地面站的路径规划软件设计规划飞行航线，之后经由地面通信电台发射机，将飞行路径等信息发送给机载通信电台接收机，加装到无人机的机载飞行管理计算机中，无人机将会按照机载飞行管理的程序执行飞行任务。同时，机载通信电台发射机要将无人机导航设备获得的位置与姿态等信息，实时地传送给地面通信接收机进行处理和显示，还可以将无人机的状态与传感器的信息传送到地面站。接下来，地面站会比较规划飞行航线与实际飞行航线的匹配程度，以对无人机的飞行做出实时调整与控制，最终实现对无人机的飞行控制与管理。

因此，在该通信模式中，无人机通常需要与地面站始终保持双向通信，即要求无人机与地面站的通信电台或通信设备是双工的。如果配备的是半双工通信电台或设备，则需要分时工作，即当无人机把自身的状态信息和遥测数据通过下行链路发送给地面站时，无人机上的通信设备是工作在发射模式的，天线也作为发射天线，而地面站的通信设备是工作在接收模式的，天线作为接收天线使用；当地面站把控制人员设定的控制指令等信息上行发送给无人机时，则以上相关的通信设备的角色将进行收发对换。

如果无人机做编队飞行或多机协同工作时，可以用一个地面站实现对所有无人机的控制和监测，或者可以通过无人机之间的中继通信向地面站传输每一架无人机的状态信息或接收地面站的控制指令（图6-35）。

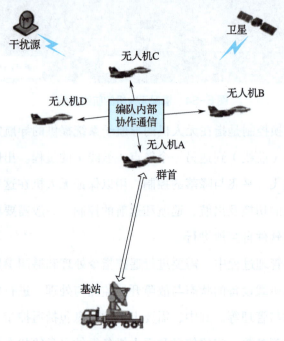

图6-35　无人机编队通信

前一种情况是在无人机与地面站的通信过程中，当每一架无人机都传输自身状态和遥测数据到地面站时，发射机和接收机为多对一的通信模式，此时必须处理好地面站同时接收多个信号的问题。

后一种情况的通信比较复杂，应根据每一架无人机的实时位置信息，采用中继通信的策略设计好中继通路；在保证每一架无人机都可以与地面站通信的前提下，还要尽量保持各无人机通信任务的载荷均衡，以达到良好的整体传输性能。

学习任务5　通信协议 MavLink

通信协议是通信双方为完成通信或服务所必须遵循的规则和约定。通信协议中规定了数据单元使用的格式，数据单元包含必要的信息与含义、连接方式、信息发送与接收的时序等，以确保网络中的数据能够成功传送到指定的地方。通信协议就是数据链系统在通信的过程中，有关数据信息的传输时序、传输条件、传输流程及传输控制方式等方面的规约，主要处理各种应用系统的格式化消息，解决如何通过信息网络可靠且有效地建立链路等问题，从而达到数据交换的目的。通信协议主要包括网络协议、频率协议、链路协议、接口标准和操作规程等内容。要实现无人机与控制台的通信以及无人机与其他载体的通信，无人机系统要有相应的通信协议，常用的通信协议有MavLink协议和TCP/IP协议等。

在无人机、无人船等设备中，由于其控制为切入式设备而地面站为高级计算机（常使用Windows或Linux系统），因此两者之间存在着不同系统的问题，不同系统之间如何进行通信并保证互相理解对方发来的信息就成为一个问题。打一个比方，一个中国人和一个日本人进行交流，中国人说汉语，日本人说日语，显然无法沟通，这个时候如果将英语作为通用语言，中国人和日本人都学习英语后，两者就可以进行有效沟通了。这个英语就好比通信协议，它指定了信息内容表达的方式。而MavLink就是指定了无人设备和地面站之间信息内容如何封包、如何解读。

知识目标

- 了解MavLink的基本知识。
- 熟悉MavLink的信息结构。

素养目标

- 积极跟踪了解科技发展前沿知识，培养学生开拓创新的能力。

引导问题

前面学习了无人机通信硬件方面的知识，我们知道要软硬件搭配才能实现功能，那么你了解无人机常用的软件和协议吗？

知识点1　MavLink简介

MavLink英文名称为Micro air vehicle Link，即微型空中飞行器链路通信协议，它最早由苏黎世联邦理工学院于2009年发布，是在串口通信基础上的一种更高层的开源通信协议。MavLink是无人飞行器与地面站（Ground Control Station，GCS）之间通信，以及无人飞行器之间通信最常用的协议。它已经在PX4、APM、PIXHAWK和Parrot

AR.Drone 飞控平台上进行了大量测试。MavLink 是为小型飞行器和地面站（或者其他飞行器）通信时常常用到的那些数据制定的一种发送和接收的规则，并且加入了校验（checksum）功能。该协议以消息库的形式定义了参数传输的规则，可以支持固定翼无人飞行器、旋翼无人飞行器、无人车辆等多种类型的无人设备。

知识点 2　MavLink 的优势

MavLink 协议是在 CAN 总线和 SAEAS-4 标准的基础上设计形成的，它可以工作在 2.4GHz、900MHz、433MHz 波段上，并兼容传统无线发射设备，能够全双工工作。该协议比较简单，可完全满足一般微型无人机的通信需求。当前国内无人机厂商使用的无人机通信协议，很多都是基于 MavLink 协议进行改进的。MavLink 协议的建立和深入应用，为无人机通信的发展做出了巨大贡献，突破了无人机与其他通信设备之间数据互通存在的障碍，使设备之间的通信更便捷、简练，保障了通信的可靠性、高效性和信息的安全性。它支持不同类型的传输层和介质，可以通过 Wi-Fi、以太网或串口遥测低频宽通道，以低于 1GHz 频率运作，即 433MHz、868MHz 或 915MHz。次千兆赫频率允许我们达到大的通信范围，可远程控制无人系统，其最大数据速率可达 250kbit/s，最大范围通常为 500m，但高度依赖于环境和噪声水平以及天线设置。

MavLink 设定了心跳包机制，可用于检测无人设备与地面站之间连通性的检测。众所周知，UDP 是一种数据报协议，不需要客户端和服务器之间的连接，也没有机制可以确保其可靠地传递消息，但是可以为实时性和丢失提供轻量级的替代方案容忍的消息流。该机制使得使用 UDP 通信方式成为可能。

知识点 3　MavLink 的信息结构

MavLink 的数据长度是固定的，为 17bytes（字节），包括了字头（HEADER）、数据载荷（PAYLOAD）、校验位（CHECKSUM），即 17 bytes=6 bytes HEADER+9 bytes PAYLOAD+2 bytes CHECKSUM。MavLink 数据结构如图 6-36 所示。

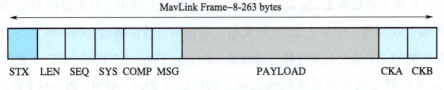

图 6-36　MavLink 数据结构

MavLink 的每个消息帧都是这样的结构，除了 PAYLOAD 对应的格子外，其他的格子都代表了一个字节的数据。而 PAYLOAD 对应的格子里面的数据长度是不固定的。各个字节的数据内容见表 6-1。

表 6-1　MavLink 帧数据内容

	字节索引	内容	值	解释
STX	0	包起始标志	v1.0：0xFE	包的起始标志，在 v1.0 中以“FE”作为起始标志（FE=254）
LEN	1	有效载荷长度	0~255	有效载荷数据的字节长度（N）
SEQ	2	包的序列号	0~255	每发送完一个消息，内容加 1。用以检测丢包情况
SYS	3	系统 ID 编号	1~255	发送本条消息包的系统 / 飞行器的编号，用于消息接收端在同一网络中识别不同的 MAV 系统
COMP	4	部件 ID 编号	0~255	发送本条消息包的部件的编号，用于消息接收端在同一系统中区分不同的组件，如 IMU 和飞控
MSG	5	消息包 ID 编号	0~255	有效载荷中消息包的编号。该 id 定义了有效载荷内放的是什么类型的消息，以便消息接收端正确地解码消息包
PAYLOAD	6~N+6	有效载荷数据	0~255 字节	要用的数据放在有效载荷里，内容取决于 message id
CKA	N+7	校验和低字节		16 位校验码：ITU X.25/SAE AS-4 哈希校验（CRC-16-CCITT），不包括数据包起始位，从第一个字节到有效载荷{字节 1..（N+6)}进行 crc16 计算（还要额外加上一个 MAVLINK_CRC_EXTRA 字节），得到一个 16 位校验码
CKB	N+8	校验和高字节		

这里面最重要的是信息包编号和有效载荷数据，信息包编号告诉设备本信息包是什么信息，有效载荷数据是信息的具体内容，如滚转角速度、俯仰角速度、偏航角速度、油门信息的编号为 59（图 6-37）。

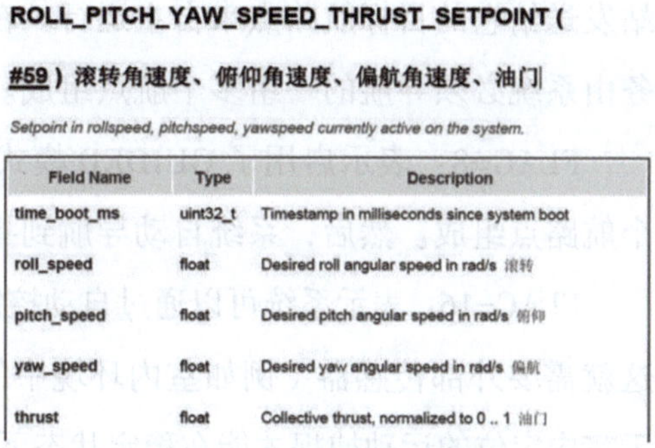
ROLL_PITCH_YAW_SPEED_THRUST_SETPOINT (

#59）滚转角速度、俯仰角速度、偏航角速度、油门

Setpoint in rollspeed, pitchspeed, yawspeed currently active on the system.

Field Name	Type	Description
time_boot_ms	uint32_t	Timestamp in milliseconds since system boot
roll_speed	float	Desired roll angular speed in rad/s 滚转
pitch_speed	float	Desired pitch angular speed in rad/s 俯仰
yaw_speed	float	Desired yaw angular speed in rad/s 偏航
thrust	float	Collective thrust, normalized to 0 .. 1 油门

图 6-37　有效载荷数据信息

知识点 4　心跳包

心跳包就是在客户端和服务器间定时通知对方自己状态的一个自己定义的命令字，按照一定的时间间隔发送，类似于心跳，所以称其为心跳包（HEARTBEAT MESSAGE）。

心跳包是 MavLink 中最重要的消息，它表示无人系统存在且处于活动状态。无人系统定期（通常每秒）将心跳包消息发送到地面站，以通知 GCS 它处于活动状态。心跳包是必备消息，除报头外，消息有效负载还包含有关无人系统的基本信息（图 6-38）。

type	autopilot	base_mode	custom_mode	system_status	mavlink_version
8 bits	8 bits	8 bits	32 bits	8 bits	8 bits

图 6-38　心跳包结构

1）type：它表示微型飞行器的类型。根据最新规范，在 MAV_TYPE 中定义了 33 种预定义类型，包括四旋翼（MAV_TYPE_QUADROTOR=2）、直升机（MAV_TYPE_HELICOPTER=4）、固定翼（MAV_TYPE_FIXED_WING=1），以及其他几种。

2）autopilot：自动驾驶的类型。MAV_AUTOPILOT 枚举结构中定义了几种类型，例如，MAV_AUTOPILOT_GENERIC=0 表示通用自动驾驶仪，MAV_AUTOPILOT_ARDUPILOTMEGA=3 表示 ArduPilot 自动驾驶仪，MAV_AUTOPILOT_PX4=12 用于 PX4 自动驾驶仪。

3）base_mode：指示不同的操作模式。正确理解心跳消息并从中提取有用信息对理解 base_mode 至关重要。它以 8 位编码，共有 8 个预定义的标记，具体如下：

FLAG=1：保留供将来使用。

FLAG=2：表示已启用测试模式。此模式用于临时测试，而不用于常规工具。

FLAG=4：表示启用了自主模式（AUTO）。这意味着无人系统通过导航到从地面站发送给它的目标航路点来自主运行。在自动模式下，任务会加载到自动驾驶仪上。任务由系统必须导航的一组多个航点组成。

FLAG=8：表示启用了 GUIDED 模式。在 GUIDED 模式下，任务由发送到系统的单个航路点组成。然后，系统自动导航到指定位置。

FLAG=16：表示系统可以通过自动控制来稳定其姿态（方向和高度）以及可能的位置。这就需要外部传感器（例如室内环境中的 GPS）、高度传感器（气压计、LIDAR）或用于室内定位的运动捕捉才能在稳定状态下悬停。系统需要外部控制输入才能使其移动。

FLAG=32：表示回路仿真器中的硬件已激活，即当内部自动驾驶仪完全运行时，所有电机和电机执行器均被锁定。

FLAG=64：表示已启用手动模式，这要求驾驶员使用远程控制输入手动控制系统。在手动控制中，自动驾驶仪不会进行自动控制。

FLAG=128：系统处于待命状态，这意味着电机已启用/正在运行，并且可以启动飞行。

4) custom_mode：自定义模式，也是必不可少的。它指示除基本模式外还解释的自动驾驶仪特定标记。在心跳消息解析中使用它来确定自动驾驶仪系统的飞行模式。自定义模式有一些预定义的值，其中 0 表示手动飞行模式，4 表示引导模式，10 表示自动模式，11 表示 RTL 模式，9 表示 LAND 模式，2 表示 ALT_HOLD，5 表示 LOITER。

5) system_status：一个系统状态的标志。根据最新规范，已定义以下数据：

system_status=0：指未初始化系统或未知状态的系统。

system_status=1：表示系统正在引导。

system_status=2：表示系统正在执行校准。实际上，传感器校准是一个非常重要的阶段，以确保诸如惯性测量单元（IMU）和通行证这样的飞行传感器保持一致并按预期运行。

system_status=3：这意味着系统处于待机模式，可以随时启动。

system_status=4：表示电机已接合，系统处于活动状态并且可能在空中。

system_status=5：表示潜在的错误，并且系统处于严重状态，尽管它仍然可以导航。例如，在临时干扰或电池电量不足时，可能会发生这种情况。

system_status=6：这意味着紧急情况，其中无人驾驶系统失去了对某些零件的控制权，并处于困境中；系统可能已经崩溃。

system_status=7：表示系统已开始关闭电源过程，现在正在关闭。

system_status=8：表示系统正在终止并结束其飞行。

6) mavlink_version：表示 MavLink 版本。用户不可编辑，由协议设置。

知识点 5　全球定位信息

全球定位信息（GLOBAL POSITION MESSAGE）的数据结构如图 6-39 所示。全球定位消息的 ID 等于 33，代表全球定位传感器提供的已过滤 GPS 坐标。此消息执行与全球位置相关的无人系统的重要信息，即 GPS 纬度（lat）、GPS 经度（lon）以及 GPS 绝对高度（alt）。这三个值被编码为 4byte（32bit）。必须将纬度（lat）和经度（lon）的值除以 10^7，以获得真正的浮动 GPS 值；GPS 高度以 mm 表示。

time_boot_ms	lat	lon	alt	relative_alt	vx	vy	vz	heading
32 bits	32 bits	32 bits	32 bits	32 bits	16 bits	16 bits	16 bits	16 bits

图 6-39　全球定位信息的数据结构

该消息还包含一个相对高度场（relative_alt），它表示相对于无人机系统的起飞地面点的高度。它不同于绝对高度。例如，由于无人机在地面上，福州的绝对高度为 7.58m，对应于 0m 的相对高度。如果无人机在距地面 10m 的相对高度处起飞，则其绝对高度为 17.58m。此外，该消息还执行有关无人机系统沿 3 轴，即（x, y, z）的线速度的信息，可从 GPS 传感器中收集该信息，也可以从其他传感器如惯性测量单元（IMU）中读取。

知识点 6　命令信息

命令信息（COMMAND MESSAGES）的数据结构如图 6-40 所示。MavLink 中有许多命令消息，它们可以请求无人系统执行某些操作。

target system unit8_t	target component unit8_t	command unit16_t	confirmation unit8_t	param1 float	param2 float	param3 float	param4 float	param5 float	param6 float	param7 float

图 6-40　命令信息的数据结构

（1）COMMAND_LONG

COMMAND_LONG 是一个多功能命令，允许根据消息的命令类型及其参数发送不同类型的命令。COMMAND_LONG 消息 ID 等于 76，并用 11 个字段定义。target_system 字段和 target_component 字段指定将执行命令的系统及其底层件。

1）command：指要执行的命令的类型。它在 MAV_CMD 命令枚举中定义。另外，对于每个命令，可以设置与该命令相关的一组参数，例如，带有 21 的命令 ID 是指 LAND 命令，而没有参数；其他一些命令具有参数，例如起飞命令（ID=22），该参数必须在 param7 中指定起飞高度。MAV_CMD 命令枚举中定义了大约 60 种命令类型。

2）confirmation：指示消息是第一次发送的，值为 0，其他值表示消息的确认。

3）param1-7：7 个参数取决于命令的类型。例如，对于 LAND 命令，所有 7 个参数均无用；在起飞命令中，第 7 个参数代表起飞所需的高度。

（2）任务项命令（THE MISSION ITEM COMMAND）

任务项目命令的消息 ID 等于 39，允许将航路点发送到无人系统，以便它在 GUIDED 模式下自动导航到该特定路点。每个任务项目命令消息都有一个序列号，该序列号指定从 0 开始的任务编号，该序列号指定了起始位置。它还具有三个字段 (x, y, z)，用于指定路标的坐标。但是，它必须是相对于参考系指定的坐标。因此，该消息具有一个称为框架的字段，该字段指定了航路点的参考坐标框架。该参数很重要，因为该参数对解释坐标 (x, y, z) 的含义至关重要。例如，如果我们相对于全局框架 MAV_FRAME_GLOBAL 将航路点坐标设置为（24.68773，46.72185，10），这意味着将转到 GPS 位置（24.68773，46.72185）的航路点，并且绝对高度为 10m 海拔。例如，在福州，绝对高度为 7.58m，因此这可能是因为目标高度低于地面高度，可能导致无人机坠落，撞到地面。但是，通常情况下，我们要指定相对于地面的位置（例如，离地面 10m），为此，我们需要将参考框架指定为全局框架，但相对海拔应为 MAV_FRAME_GLOBAL_RELATIVE_ALT。

模块七 无人机地面站工作原理

地面站就是无人机系统在地面上的基站。通过地面站我们可以清楚地了解在天空中飞行的无人机，可以随时监控无人机当前的飞行路线和状况并进行无人机的调度。无人机地面站的主要功能是监控无人机的飞行过程以及任务执行情况，它是一个实时采集并分析遥测数据、不定时发送控制指令、显示飞行状态等功能结合于一体的综合地面站监控系统。本模块简单讲述了无人机地面站的一些基本信息，包括定义、功能模块和国内外的地面站；还介绍了地面站软件的功能和发展趋势；最后还讲解了地面站软件界面和一些重要功能。

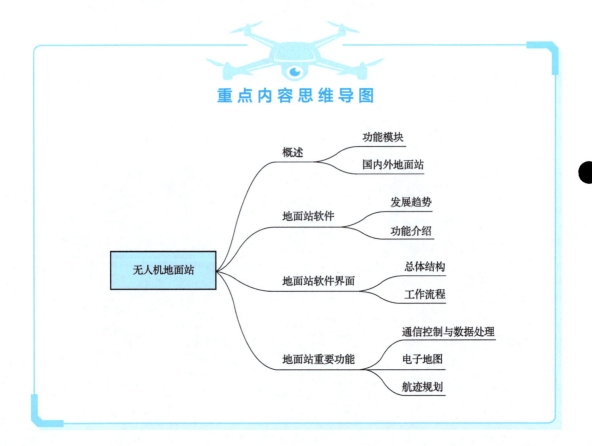

重点内容思维导图

学习任务 1 地面站概述

地面站是地面上的基站,即指挥无人驾驶飞行器的基站。地面站可分为单点地面站或多点地面站,所有地面站一直相互连接,可以随时监控无人机当前的飞行路线和状况并进行无人机的调度。

知识目标

- 熟悉地面站的功能作用。

素养目标

- 培养学生的好奇心。
- 培养学生的自主创新意识。

引导问题

我们要用地面站来控制无人机,无人机地面站是由哪些部分组成的呢?

知识点 1 地面站的定义

大多数无人驾驶飞行器都是单点地面站,地面站设备一般由遥控器、计算机、视频显示器、电源系统、无线电台等组成(图 7-1)。计算机装有控制无人机的软件。无人机的飞行路线通过路线规划工具进行规划,并设置飞行高度、飞行速度和飞行位置。

包括无人机在内的各种无人器,它们都离不开地面站的指挥和控制,地面站是无人器系统的核心和灵魂。

图 7-1 无人机地面站

在多无人器协同任务中,地面站对无人机系统起着举足轻重的作用,同时,随着无人机的不断更新,对地面站的技术要求也越来越高。

无人机地面站涉及图像处理、无线传输、远程控制以及任务规划等多种技术,主要功能是监控无人机的飞行过程以及任务执行情况,它是一个实时采集并分析遥测数据、不定时发送控制指令、显示飞行状态等功能结合于一体的综合地面站监控系统。

知识点 2　地面站的功能模块

　　无人机执行任务的能力除了取决于空中飞行平台的飞行性能之外，更大程度上依赖于地面站系统的控制。无人机地面站是整个无人机系统中的指挥控制中心和信息获取中心，用于获取实时的飞行数据以及实现对无人机的控制。无人机地面站能够接收由通信链路传来的无人机飞行数据，并对其进行解析，将无人机的实时经纬度信息、飞行姿态数据，以及实时的状态信息展示给操作人员，同时能上传航点信息对无人机的飞行航迹进行控制并改变任务载荷的状态。无人机地面站在无人机的安全飞行、跟踪导航、飞行任务规划等方面发挥着极其重要的作用。

　　由于现如今无人机的型号繁多、用途各异，各型无人机都有配套使用的地面站软硬件系统，以便于实现无人机的飞行控制及飞行信息显示。一般来说，地面站系统硬件部分构成包括地面站计算机、通信发送接收设备以及操控设备等，配合基于硬件系统开发的软件平台，从而实现无人机信息的获取及对无人机的完整控制的功能。一个功能完备的无人机地面站软件系统通常都包括以下的功能模块：

　　1）数据处理模块。无人机上的机载传感器将收集到的数据信息经过通信链路将按一定格式的数据帧发送至地面站，由地面站上的串口接收模块接收下传的飞行数据进行解析处理，同时也能向空中飞行平台上传控制指令；对下传的飞行数据进行存储，并且能够通过数据回放功能实现对历史飞行任务的再现复盘，便于日后进行分析。

　　2）飞行状态监视平台。其主要功能是将解析后的飞行数据实时展示在操作人员的面前，让操作人员随时掌握飞行状态，以便进行有效操控。这些信息包括飞行数据信息、任务载荷信息、地理位置信息及飞行姿态的三维展示等。

　　3）电子地图定位模块。该模块结合解析出来的地理位置信息，在电子地图上实时展示定位经纬度信息、飞行航迹，并能获取相关地理坐标经纬度信息，同时能够实现地图放大、缩小、目标居中等功能。

　　4）航迹规划模块。通过对地理地图信息及已知威胁区域进行建模仿真，借助航迹规划算法得到最优航迹的航点信息，并且能够实现航点信息的上传，从而控制飞行航迹，保障飞行安全，成功完成飞行任务。

　　一个典型的无人机地面站的功能模块结构如图 7-2 所示。

模块七 无人机地面站工作原理

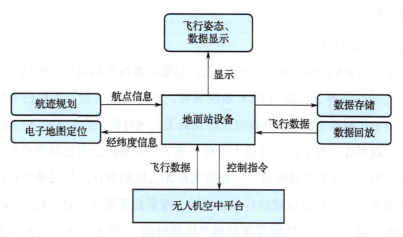

图 7-2 典型无人机地面站的功能模块结构

知识点 3 国内外地面站介绍

（1）UgCS 软件

它是由 Dronepoint 公司开发设计的商业级无人机地面站通信控制软件，其软件界面如图 7-3 所示。UgCS 地面站软件的任务规划可以实现身临其境的 3D 环境任务规划，能够规划自定义的禁飞区，借助 Google Earth 能够根据所有任务航点的海拔确定更加细致的飞行计划。同时它也支持多种飞行控制模式，通过创建飞行计划并上传至无人机，能够实现自动飞行功能。并且它支持 Click&Go 飞行模式，适用于快速到达目标位置的飞行方案。

图 7-3 UgCS 地面站软件界面

UgCS 软件的模块化设计允许软件的不同功能可以在不同的设备上运行，支持一个地面站检测现场有多个操作员实现操作，支持一站多机，支持多种自动驾驶仪，能够实现对来自多个制造商的多个无人机的控制。借助 UgCS 数据管理软件可以实现无人机的遥测数据的回放。

（2）Visionair 软件

它是由欧洲的 UAV Navigation 公司开发的标准地面控制站软件，能够与大多数无人机导航自动驾驶仪兼容，也能与 RTK 系统兼容，可极大地增加无人机的导航精度。该软件平台适用于控制固定翼、直升机以及多旋翼无人飞行器，其主要的飞行模式有自动、手动、保持、返回等。对于高性能的无人机，该软件能够借助先进的雷达高度计实现将高度保持在水面 7m 的低空掠海模式；能够实现无人机的全自主起飞及着陆，兼容多种自定义数字地图。当在指定空域执行作物喷洒、搜索救援等任务时，Visionair 能够自动生成最多 100 个航点。一台地面控制站最多能够控制 16 架无人机，并能实现 3 架无人机的编队飞行。Visionair 软件界面如图 7-4 所示。

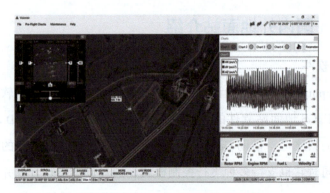

图 7-4　Visionair 地面站软件界面

（3）AheadX Space 软件

国内在无人机地面控制站平台方面比较有代表性的是 AheadX Space 地面控制软件。该软件是由北京致导科技自主研发的新一代地面站软件系统，支持 SAGI、LEO 等多种飞控产品。AheadX Space 地面站控制软件具备强大的航线编辑功能，在地图上最大支持 10 条航线的直接规划，也可手动增加各个航点信息；支持 Google 在线、离线地图，使用了纠偏算法将地图匹配精度提升至 1m 以内；自动记录遥控、遥测数据及操作日志，并支持数据回放，方便分析；起飞前检查向导功能可以帮助用户避免大多数常见的失误，同时生成 PDF 起飞检查报告以供用户存档。其界面如图 7-5 所示。

（4）QGC 软件

由天行科技研发的 QGC 导航控制软件也比较有代表性，其软件界面如图 7-6 所示。这款地面站软件支持多型无人机自动驾驶仪，包括 PX4 Pro、Autopilot 或者任何使用 MavLink 协议进行通信的飞行设备。除了基本的地面站功能外，该软件还支持任务模拟，以便对飞行任务规划进行进一步调整；自带航拍功能回传其捕捉画面，能够实时显示无人机飞行过程中的环境信息；同时，设计有对关键飞行信息监测报警系统，图形操作界面简单，操作简便高效，能够保障无人机的飞行安全。其缺点是显示内容不够丰富，与其他地面站软件相比专业性稍差。

图 7-5　AheadX Space 地面站软件界面

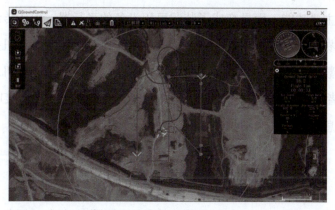

图 7-6　QGC 地面站软件界面

学习任务 2　地面站软件

无人机地面控制站的工作方式是软件平台主要将数传电台所接收的飞机上传输来的信号进行处理，转换成虚拟仪表以及电子地图可识别的信息，使得地面操作人员对无人机的飞行状态、飞行航迹等一系列飞行信息有一个直观的监测；同时，地面操作人员对无人机飞行状态以及飞行航迹的操作和规划信息，可以通过地面控制站传输到数传电台进而发射给无人机。

> **知识目标**
> - 了解地面站的功能模块。
> - 了解地面站软件的界面和功能。

> **素养目标**
> - 通过使用地面站进行航迹规划等操作，培养学生的好奇心及章法意识。

> **引导问题**
> 无人机操作人员可以用地面站做哪些事情呢？

知识点 1　地面站软件介绍

无人机地面控制站软件平台是随着科技的发展逐渐被提出的。现代化的无人机已经不再是以作战为主要功能，而是变成了装载民用设备的飞行器。由于传统的军用地面控制站成本高、不易开发等特点的存在，为了能够更好地监测控制无人机并且实时了解无人机的各项飞行数据，人们开发了无人机地面控制站软件平台。无人机地面控制站软件平台是以 PC 或者其他常见机型作为硬件机构，通过 R232 等接口来接收来自无线数传电台所收到的信息，并通过虚拟仪器来显示。

知识点 2　地面站软件的发展趋势

伴随无人机技术发展，一个主要的趋势就是由军用化逐渐向民用化发展。与军用无人机相比，民用无人机不追求高空、高速、高机动、隐身的设计指标，其开发设计的重点主要体现在对无人机飞行姿态、飞行信息的实时展示，以及无人机在地图上的精确定位和自动的航迹规划等实用功能上。因此，无人机地面站平台有以下的发展趋势：

1）简洁的操作界面以及友好、高效的交互方式。人机操作界面的良好设计意味着操作的简单化、易用性的提高以及操作效率的提高。

2）统一标准化、通用性。各个领域应对不同的行业需求，对无人机有不同的飞行任务要求，促使无人机分化出繁杂众多的型号，因此，开发出通用的地面站软件平台就十分必要。开发在不同硬件系统平台上都能通用的地面站软件平台，既可以节省繁杂的设计研发时间和精力，避免重复研究，又能够促进无人机系统软硬件平台的标准化。

3）安全、高效、有抗干扰能力的数据通信链路。为应对日益复杂的电磁环境，安全、有抗干扰能力的数据链路是无人机飞行姿态调整、飞行任务完成的重要保障。

4）一站多机的设计。该设计支持使用一个地面站控制部署无人机群执行集群任务，不仅节省人力成本，还能提升操作效率。

5）较低的成本。除了开发技术的难度较高以外，较高的开发成本也成为阻碍无人机技术发展及应用的一个重要因素。这其中除了硬件成本外，还包括软件平台的开发、维护、扩展、测试及更新所需要的成本。

知识点 3　地面站软件的功能

地面站软件的功能主要包括以下几个方面。

（1）飞行状态的监测与控制

地面控制站能够显示无人机飞行控制系统所传回的机载传感器数据、姿态数据、位置信息、各操纵通道状态、控制参数及动力设备状态，用于地面操纵人员对飞行状态进行观察（图7-7、图7-8）。操纵人员能够通过地面控制站对无人机进行操控，能够对飞行控制参数进行调整。无人机地面控制站能够对无人机所有的位置以及状态信息进行实时显示，同时控制着无人机的飞行航迹并对飞行航迹进行有效规划。它在无人机的安全飞行、有效完成任务以及跟踪和导航中起着重要作用。

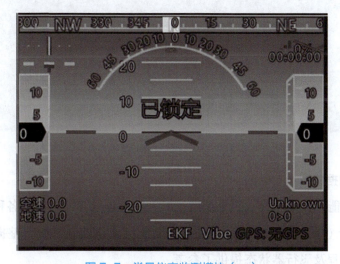

图7-7　常见仪表监测模块（一）

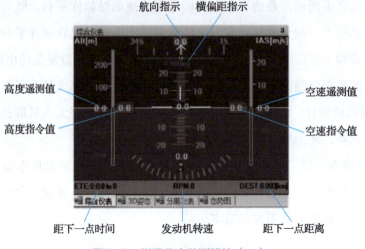

图 7-8 常见仪表监测模块（二）

（2）地图导航与任务规划

无人机执行的任务大多是在超视距条件下进行的，无论是手动操控还是按照任务指令自主飞行，都需要准确直观地了解无人机当前的地理位置，用于判断其飞行轨迹是否正确。任务规划需要对任务区域地图进行研究，对相应飞行航线进行标定。设置准确的航点信息是实现无人机任务规划的前提条件，因此在地图导航的基础之上，地面控制站还应具有航点编辑功能（图7-9）。

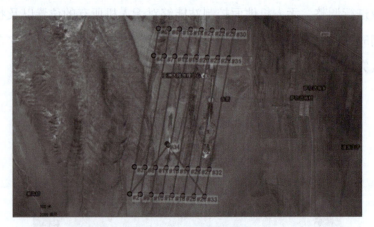

图 7-9 地图控制与航线

（3）飞行数据的记录与回放

地面控制站能够在监控无人机系统的同时，实时记录飞行过程中各种状态数据，并可进行回放分析（图7-10）。对飞行数据的分析为飞行控制系统调整提供依据，也为评价整个飞行过程及飞行器状态提供了参考。

图 7-10　MissionPlanner 软件数据回放功能

（4）模拟飞行

通常地面软件系统带有模拟飞行功能，一方面可以用于任务的模拟执行，一方面可以供使用者进行飞行及地面监控的训练。

常见的模拟飞行辅助软件例如 FlightGear，它是一款由各国志愿者共同开发和维护的开源飞行模拟软件（图 7-11）。FlightGear 从最初仅具有简单的飞行器空气动力学模型，逐渐引入了自然特性（阳光、月光和星光等）、天气特性（云、雾和风等）、平显、仪表板、电子导航系统、自动飞行控制系统、机场与跑道以及网络互联操作等众多特性。除了拥有较为精细的三维视景模型外，FlightGear 内部支持多种飞行力学模型解算器，可以较为精确地模拟飞行器在真实环境中的飞行状态。与其他商业飞行模拟软件不同，FlightGear 提供了数据输入输出接口，用户可以将实际的飞行数据或者自建飞行力学模型的解算值输入 FlightGear，利用它将飞行数据用更为直观的视景方式呈现。如今，FlightGear 已成为了最著名的跨平台飞行模拟软件之一，它具有跨平台、多场景、多机型、可开发性和可扩展性等众多特点。

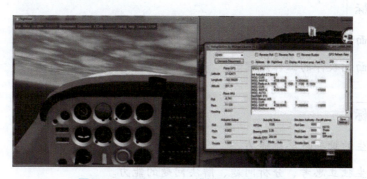

图 7-11　FlightGear 模拟飞行辅助软件

JOUAV FlightSim 飞行仿真软件系统是成都纵横自动化技术有限公司专为飞控与导航系统开发、仿真与地面测试而研发的专业飞行仿真软件（图 7-12）。它以 XML 语言描述飞行器几何、惯量以及气动数据，采用 C++ 语言实现，支持全数字、硬件在回路以及半实物等多种形式的仿真。该软件能够为飞控系统提供方案设计合理性验证、分系统数字仿真、真实部件在环测试、全系统半物理实事仿真、性能测试和系统评价，为大学以及科研机构提供不可或缺的科研环境、设计验证环境和教学环境。

图 7-12　JOUAV FlightSim 飞行仿真软件

学习任务 3　地面站软件的界面

各个软件的地面站都有各自的特点与差异，本学习任务以南昌航空大学研发的某地面站软件作为示例，讲解地面站的通用功能。

知识目标

- 了解地面站软件的总体结构。
- 熟悉地面站软件的工作流程。

素养目标

- 培养学生的批判性思维能力。
- 培养学生独立思考、分析问题、解决问题的能力。

> **引导问题**
>
> 大家用过地面站软件吗？名称是什么？

知识点 1　地面站软件总体结构

南昌航空大学研发的某地面站软件主要分为通信控制与数据处理模块、虚拟仪表及数据显示模块、电子地图模块、航迹规划模块以及数据管理模块五个模块进行设计。地面站软件平台功能结构如图 7-13 所示。

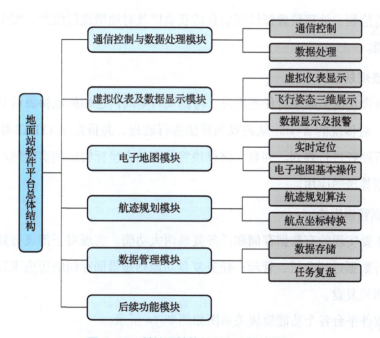

图 7-13　某地面站软件平台功能结构图

下面对这五个功能模块进行说明。

（1）通信控制与数据处理模块

该模块主要分为两个部分。第一个部分是通信控制，实现的具体功能有控制串口通信的启停、设置串口号、传输波特率、校验位等参数；第二个部分是数据处理，其实现的主要功能包括：将串口接收到的数据帧按照拟定的通信格式进行解析处理，最后送到虚拟仪表及数据显示模块进行显示；将操作人员下达的控制指令上传至空中飞行平台，保障无人机与地面站之间能够稳定、高效的通信。

（2）虚拟仪表及数据显示模块

该模块主要包括三个部分：飞行数据文本显示及报警、虚拟仪表显示、飞行姿态三维展示。飞行数据文本显示及报警部分通过数字、文本的形式将解析出来的原始数据直观、准确、实时地展现在操作人员面前，同时能对机载电源电压、油料余量、飞行高度等数据进行安全报警；虚拟仪表显示部分通过对某些不能直观表示飞行状态的数据进行再处理，通过模拟传统仪表的工作方式对飞行姿态进行展示；飞行姿态三维展示模块依据已解析的姿态角信息，将飞行器三维模型控件在三维空间中按照对应的坐标轴进行角度旋转，从而实时、直观、形象地展示无人机的飞行姿态。

（3）电子地图模块

在该模块中，需要实现电子地图的加载、地图图层设置、无人机位置信息的实时定位、飞行轨迹绘制、地理位置经纬度信息的获取以及对地图进行放大、缩小、平移、目标居中等功能。

（4）航迹规划模块

航迹规划模块由实际飞行任务出发，考虑飞行空间内已知的威胁源信息、不利因素等限制条件，对传统的 A-star 航迹规划算法进行改进，并借助 MATLAB 编程软件实现仿真，对航行路径进行规划。并且，该模块将仿真航点坐标转换到实际地理航点坐标，实现航迹规划算法的应用。

（5）数据管理模块

此模块主要实现的有数据存储和任务复盘两大功能。实现对下传飞行数据的存储，以便于对飞行数据进行分析、管理；任务复盘功能则是借助存储的历史飞行数据，对飞行任务进行回放复盘。

地面站软件平台各个功能模块关系图如图 7-14 所示。

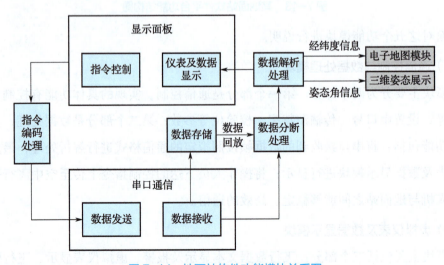

图 7-14　地面站软件功能模块关系图

知识点 2　地面站软件工作流程

该软件平台的设计主要是基于 LabVIEW 开发的，其中电子地图及虚拟仪表等相关功能模块涉及调用 ActiveX 插件进行联合功能开发，在应用其相关功能时，需要提前加载。因此，结合各个模块之间的功能、关系之后，可以拟定整个地面站软件工作流程图如图 7-15 所示。

知识点 3　界面设计

该地面软件平台的界面设计是基于 LabVIEW 开发环境的交互式用户接口（前面板）设计实现的，LabVIEW 提供的界面开发设计工具包括拨杆、旋钮、示波器、开关、图表等，与真实的仪器、仪表类似，用户可高效快捷地从软件界面上获取数据，并能通过鼠标和键盘对前面板上的控件进行操作，再将操作数据流向底层程序，从而实现软件模块的相关功能。

设计实现的软件界面如图 7-16 所示。

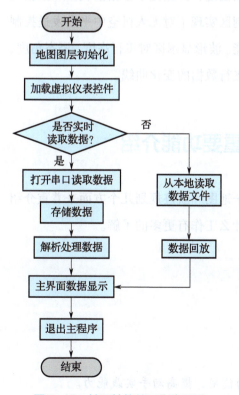

图 7-15　地面站软件工作流程图

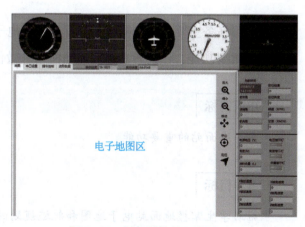

图 7-16　地面站软件示意图

整个软件平台的主界面分为三个区域,分别是数据显示区、虚拟仪表区及功能操作选项卡区。各个显示操作区域分别实现的功能如下:

1)数据显示区。该区域主要是通过以数字文本的方式对无人机相关的数据信息进行直观的表述,其中包含的主要飞行信息有时间、定位经纬度、高度、转速、速度、俯仰角、滚转角、航向角、机载电源电压、油量等数据,以及关键飞行数据的报警提示。

2)虚拟仪表区。该区域则是借助 ActiveX 虚拟仪表插件以及飞行姿态三维显示模块对一些不能直观表示飞行状态的数据进行再处理,以仪表的形式展示空速、飞行姿态、航向、转速等信息,便于操作人员获取无人机飞行信息。

3)功能操作选项卡区。该区域主要是软件界面的操作区域,通过建立选项卡控件在有限的界面空间内实现四大功能区,极大地提升了软件界面的简洁性以及操作的便捷性、高效性。这四大功能操作区包括电子地图区、串口设置区、指令控制区、波形显示区。电子地图操作区主要实现的功能是加载电子地图图层,显示无人机实时定位经纬度位置信息以及实现地图放大、缩小、目标居中等操作。串口设置区实现的功能有对串口通信接口的启停控制,以及串口号、波特率等参数设定,并建立了数据接收区和数据发送区对从串口接收到飞行数据进行展示。指令控制区实现了对无人机空中平台发送控制指令并实现历史数据的存储及飞行任务复盘的功能。波形显示区对飞行高度、姿态角度、飞行速度等飞行数据进行监测,并实时展示相关飞行数据的变化曲线。

学习任务 4 地面站重要功能介绍

本学习任务主要从通信控制、数据处理、电子地图和航迹规划几个方面来着重介绍地面站的重要功能,让读者对于能用地面站来做什么工作有更多的了解。

知识目标

- 熟悉地面站的重要功能。

素养目标

- 帮助学生掌握地面站电子地图和航迹规划的使用,提高动手实践能力。

> **引导问题**
>
> 除了前面讲到的几个功能,地面站还有哪些重要的功能呢?

知识点 1　通信控制与数据处理

通信控制与数据处理功能模块在整个无人机地面站中扮演着"信使"和"翻译官"的角色,是无人机与地面站之间能够进行数据传输的桥梁,对保障无人机的飞行安全以及飞行任务的完成有着至关重要的作用。无人机地面站通过无线链路对无人机下传的飞行数据进行不间断的接收,然后通过定义的串口通信协议对飞行数据进行解析处理,进而实时显示在操作人员的面前,使操作人员及时掌握无人机的飞行姿态及重要的飞行数据;同时也能对无人机上传控制指令信息,对无人机的飞行姿态、空速、高度、飞行轨迹、负载设备状态以及飞行模式进行控制。

通过无线电台传输过来的数据帧,经过串口通信模块接收,按照通信格式定义截取对应字节数据,并经过十六进制至十进制转换,产生代表不同飞行信息的数据。有些数据能够通过数字、文本等形式直观地展示在显示器上,有利于操作人员对飞行数据的获取;而有些数据需要通过仪表的再处理,才能够更加便于操作人员对飞行状态的了解。例如,飞机的滚转角、航向角、俯仰角、角加速度等数据通过数字文本的直接展示,并不能使操作人员对飞行器当前的飞行姿态有直观的了解;而对这些数据进行再处理后,通过虚拟仪表对飞行姿态进行显示,就更加直观方便,更便于操作。

在航空实验及飞行模拟时,为了能达到同样的效果,通常采用模拟仪表或者虚拟仪表的方案来展示飞行数据。虚拟仪表借助图形动画的形式将数据模拟显示在屏幕上,相比传统航空仪表,它具有成本低、设计方便的优势,同时满足了仿真实验的需求。美国GMS(Global Maji Software)公司研制的航空仪表控件可以加载常用的虚拟航空仪表,包括飞行姿态仪、侧滑指示器、空速表、高度表、航向指示器(罗盘)、垂直速率表等十多种传统航空仪表,并能实现自定义配置,借助 ActiveX 技术能与主流平台下的多种传统开发语言联合编程,实现虚拟航空仪表数据的显示。

飞机上的仪表数量多达数十种,其中最重要的六块仪表是空速表、飞行姿态仪、高度表、侧滑指示器、航向指示器、垂直速率表。空速表能显示飞机相对于空气的运动速度,是飞行器航程推算的重要依据。飞行姿态仪(artificial horizon indicator)是利用三自由度陀螺仪的特性做成的陀螺仪表,用来测量飞机的姿态角,飞行员凭借姿态仪的指示,才能保持飞机的正确姿态。飞机的姿态角是指俯仰角和滚转角。飞行姿态展示对于反映飞机的运动状态以及保障飞行安全都有重要的意义。几种常见的虚拟仪表界面如图 7-17 所示。

图 7-17 常见的虚拟仪表界面

知识点 2 电子地图

电子地图功能模块作为无人机地面站的地理信息平台，能够实时快速地在电子地图上定位无人机的位置信息、查看周围环境信息并结合航迹搜索算法对航迹进行规划。模块功能的高效稳定运行对整个地面站系统而言尤为重要。电子地图模块需要实现以下功能：

1）电子地图的加载。电子地图与传统的纸质地图不同，它借助计算机技术与地理信息系统（GIS）技术，用数字化的形式对地理信息进行描述和存储。其包含的地理信息数据量更大，在不同的地图比例尺下，能够获取不同的更加丰富的地理信息。同时电子地图可以根据信息需求加载包含不同信息的地图图层，通过叠加图层，使操作人员获取地理信息更方便。

2）电子地图基本的功能。基于 LabVIEW 对电子地图模块进行二次开发，实现对电子地图的操作，如通过对地图缩放比例尺进行调节，实现放大、缩小的功能，借助地图工具实现对地图的平移、坐标居中以及实时获取鼠标选点的经纬度信息等功能。

3）对无人机的地理位置进行实时定位。获取下传数据中的无人机经纬度信息，实现对无人机地理位置的实时显示，并在地图中标记。

4）简单的航迹规划功能。可以通过手动输入目标地理位置的经纬度坐标信息，实现上传航点信息的功能，从而对无人机的飞行轨迹进行控制。

5）航迹回放功能。通过对历史任务飞行数据的加载，获取经纬度数据，实现对历史任务地理信息的再现。

知识点 3　航迹规划

在实际飞行任务的应用中，人工规划航迹方法的局限性太高，只适用于简单的从 A 点直飞到 B 点的飞行任务。从复杂的飞行环境、飞行器自身性能的约束、地形障碍限制、禁飞区域和敌方威胁等各种复杂制约因素以及无人机飞行任务的需求来看，只依靠手动选点对飞行航迹进行控制以实现航迹规划是没有很大实际意义的。因此，更加智能化、自动化的航迹规划方法的应用是十分必要的。

无人飞行器的航迹规划是实现飞行器自主飞行、无人机技术应用的关键技术及研究重点之一。无人机的航迹规划是在电子地图以及定位系统的支撑下，综合复杂的飞行环境、无人飞行器自身性能的约束、飞行任务的需求、威胁障碍以及飞行安全性等复杂条件要求下，利用航迹规划算法，在起始点与目标点之间搜索并生成一条满足约束条件的可飞行的路径，以保证飞行任务的圆满完成以及飞行器自身的飞行安全。规划算法是实现航迹规划的核心，规划算法的优劣在一定程度上会影响规划的质量和速度，甚至会影响无人机的飞行安全。

为了解决无人机航迹规划的相关问题，国内外有许多的研究工作者提出了多种航迹规划算法，按照规划决策划分一般分为两种：传统经典算法、现代智能算法。其中，传统经典算法有数学规划法、最优控制法、梯度法、牛顿法、动态规划法等方法。虽然各种传统经典算法所应用的原理不一，但都存在共同的缺点：计算量大、规划时间长、容易陷入局部最优解等。目前应用在航迹规划中的主要算法更多是现代智能算法，包括启发式寻优算法、遗传算法、蚁群智能算法、人工神经网络算法、机器学习算法等。

模块八 航空气象

航空气象包括航空气象学和航空气象勤务两个方面。航空气象学是为航空服务的一门应用气象学科，它针对航空中所提出的关于气象方面的要求进行研究；航空气象勤务则是将航空气象学的研究成果有效地运用于航空气象保障中。航空气象的主要任务是研究气象要素和天气现象对航空技术装备和飞行活动的影响，组织以预报为主的有效气象保障，保证飞行安全和顺利完成飞行任务。航空气象还包括航空气候统计和区划，以及航空气象资料的整理编制、存储和检索等内容。航空与气象的关系非常密切，不仅许多航空事故与气象有关，而且气象直接影响飞行。本模块主要从大气的成分和结构，以及影响无人机飞行性能的基本气象要素这两个方面来讲述对无人机有影响的航空气象知识。

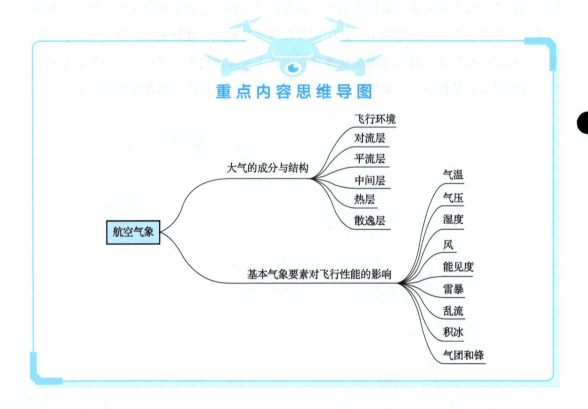

重点内容思维导图

航空气象
- 大气的成分与结构
  - 飞行环境
  - 对流层
  - 平流层
  - 中间层
  - 热层
  - 散逸层
- 基本气象要素对飞行性能的影响
  - 气温
  - 气压
  - 湿度
  - 风
  - 能见度
  - 雷暴
  - 乱流
  - 积冰
  - 气团和锋

学习任务 1　大气成分与结构

无人机在大气层内飞行，了解大气的成分与分层结构，有助于理解无人机的飞行环境。

知识目标

- 了解大气的成分与结构，以及飞行器所在的大气环境。

素养目标

- 培养学生的好奇心。
- 培养学生的爱国主义情怀、职业理想与信念。

引导问题

前文中提到大气层的各个高度有不同的情况，那么你是否知道从地面往上是怎么分层的吗？

知识点 1　大气飞行环境

大气飞行环境主要指飞行器在大气层内飞行时所处的环境条件。包围地球的空气层（即大气）是航空器的唯一飞行活动环境，也是弹道导弹和航天器的重要飞行环境，如图 8-1 所示。

图 8-1　大气环境飞行

大气层无明显的上限，它的各种特性在垂直方向上的差异非常明显，例如空气密度随高度增加而很快趋于稀薄。以大气中温度随高度的分布为主要依据，可将大气层划分为对流层、平流层、中间层、热层和散逸层（外大气层）等5个层次（图8-2）。航空器的大气飞行环境是对流层和平流层。大气层对飞行有很大影响，恶劣的天气条件会危及飞行安全，大气属性（温度、压力、湿度、风向、风速等）对飞机飞行性能和飞行航迹也会产生不同程度的影响。

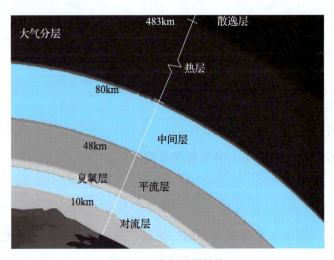

图8-2 大气分层结构

引导问题

我们人类生活在对流层里，对流层有哪些特点？

知识点2 对流层

对流层是地球大气中最低的一层。对流层中气温随高度增加而降低，空气的对流运动极为明显，空气温度和湿度的水平分布也很不均匀（图8-3）。对流层的厚度随纬度和季节变化，一般低纬度地区平均为16~18km；中纬度地区平均为10~12km；高纬度地区平均为8~9km。就季节而言，中国绝大部分地区一般都是夏季对流层厚，冬季

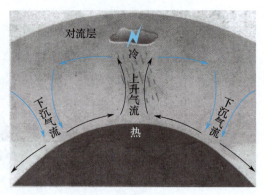

图8-3 对流层

对流层薄。对流层集中了全部大气约四分之三的质量和几乎全部的水汽，是天气变化最复杂的层次，也是对飞行影响最重要的层次。飞行中所遇到的各种重要天气现象几乎都出现在这一层中，如雷暴、浓雾、低云幕、雨、雪、大气湍流、风切变等。在对流层内，按气流和天气现象分布的特点，又可分为下层、中层和上层3个层次。

（1）对流层下层

对流层下层又称摩擦层，它的范围自地面到1~2km高度，但在各地的实际高度又与地表性质、季节等因素有关。一般说来，其高度在崎岖地表上高于平原地表上，夏季高于冬季（北半球），昼间高于夜间。在下层中，气流受地面摩擦作用很大，风速通常随高度增加而增大。在复杂的地形和恶劣天气条件下，常存在剧烈的气流扰动，威胁着飞行安全。突发的下冲气流和强烈的低空风切变常会引起飞机失事。另外，充沛的水汽和尘埃往往导致浓雾和其他恶化能见度的现象，对飞机的起飞和着陆构成严重的障碍。为了确保飞行安全，每个机场都规定有各类飞机的起降气象条件。另外，对流层下层中气温的日变化极为明显，昼夜温差可达10~40℃。

（2）对流层中层

它的底界即摩擦层顶，上界高度约为6km，这一层受地表的影响远小于摩擦层。大气中云和降水现象大都发生在这一层内。在这一层的上部，气压通常只及地面的一半，在那里飞行时需要使用氧气。一般轻型运输机、直升机等常在这一层中飞行。

（3）对流层上层

它的范围从6km高度伸展到对流层的顶部。这一层的气温常年都在0℃以下，水汽含量很少，各种云都由冰晶或过冷却水滴组成。在中纬度和副热带地区，这一层中常有风速等于或大于30m/s的强风带，即所谓的高空急流。飞机在急流附近飞行时往往会遇到强烈颠簸，使乘员不适，甚至破坏飞机结构和威胁飞行安全。

（4）对流层顶

在对流层和平流层之间，还有一个厚度为数百米到1~2km的过渡层，称为对流层顶。对流层顶对垂直气流有很大的阻挡作用。上升的水汽、尘粒等多聚集其下，那里的能见度往往较差。

引导问题

大客机一般都会在平流层里飞，你知道这是为什么吗？

知识点 3 平流层

平流层位于对流层顶之上,顶界伸展到约 50~55km(图 8-4)。在平流层内,随着高度的增加气温最初保持不变或微有上升,到 25~30km 以上气温升高较快,到了平流层顶气温约升至 270~290K。平流层的这种气温分布特征同它受地面影响小并且存在大量臭氧(臭氧能直接吸收太阳辐射)有关。这一层过去常被称为同温层,实际上指的是平流层的下部。在平流层中,空气的垂直运动远比对流层弱,水汽和尘粒含量也较少,因而气流比较平缓,能见度较佳。对于飞行来说,平流层中气流平稳、空气阻力小是有利的一面;但因空气稀薄,飞行器的稳定性和操纵性恶化,这又是不利的一面。高性能的现代歼击机和侦察机都能在平流层中飞行。随着飞机飞行上限的日益增高和火箭、导弹技术的发展,对平流层的研究日趋重要。

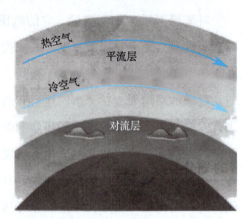

图 8-4 平流层

知识点 4 中间层

中间层位于从平流层顶大约 50~55km 伸展到 80~85km 高度。这一层的特点是气温随高度增加而下降,空气有相当强烈的垂直运动。在这一层的顶部气温可低至 160~190K。

知识点 5 热层

热层的范围是从中间层顶伸展到约 800km 高度。这一层的空气密度很小,声波也难以传播。热层的一个特征是气温随高度增加而上升,另一个重要特征是空气处于高度电离状态。热层又在电离层范围内,在电离层中各高度上空气电离的程度是不均匀的,存在着电离强度相对较强的几个层次,如 D、E、F 层。电离层的变化会影响飞行器的无线电通信。

知识点 6 散逸层

散逸层又称逃逸层、外大气层,是地球大气的最外层,位于热层之上。本层的空气极其稀薄，同时又远离地面，受地球的引力作用较小，因而大气分子不断地向星际空间逃逸。航天器脱离这一层后便进入太空飞行。

学习任务 2　基本气象要素对飞行性能的影响

气象要素表示一定地点和特定时刻天气状况的大气变量或现象，如温、压、湿、风、降水等。世界各地的气象台站所观测记载的主要气象要素有气温、气压、风、云、降水、能见度和空气湿度等。在这些主要的气象要素中，有的表示大气的性质，如气压、气温和湿度；有的表示空气的运动状况，如风向、风速；有的本身就是大气中发生的一些现象，如云、雾、雨、雪、雷电等。其中，气温、气压和空气湿度为最基本的三大气象要素。这些气象要素对于无人机的飞行有着重要影响，本学习任务主要讲解这些气象要素对无人机飞行的影响。

知识目标

- 了解各种气象现象对无人机飞行性能的影响因素及程度。

素养目标

- 培养学生的好奇心。
- 培养学生认真负责的态度。

引导问题

大家讨论一下，你们觉得这些气象要素对无人机的飞行有哪些影响？

知识点 1　气温

在气象学上把表示空气冷热程度的物理量称为空气温度，简称气温。气温通常用三种温标来度量，即摄氏温标（℃）、华氏温标（℉）和热力学温标（K）。国际上标准气温度量单位是摄氏度（℃）。摄氏温标将标准状况下纯水的冰点定为 0℃，沸点定为 100℃，其间分为 100 等分，每一等分为 1℃。华氏温标是将纯水的冰点定为 32℉，沸点定为 212℉，其间分为 180 等分，每一等分为 1℉，可见 1℃ 与 1℉ 是不相等的。将摄氏度换算为华氏度的关系式如下：

$$°F = \frac{9}{5}°C + 32 \qquad (8-1)$$

实际观测到的气温是在观测场中离地面1.5m高的气象站专用百叶箱中的温度表上测得的，由于温度表保持了良好的通风性并避免了阳光直接照射，因而具有较好的代表性。

空气温度记录可以表征一个地方的热状况特征，无论在理论研究上，还是在国防、经济建设的应用上都是不可缺少的。气温是地面气象观测中的所要测定的常规要素。某地气温除了由于太阳辐射的变化而引起的周期性变化之外，还有因大气的运动而引起的非周期性变化。实际气温的变化，就是这两个方面共同作用的结果。如果前者的作用大，则气温显出周期性变化；相反，如果后者的作用大，则气温显出非周期性变化。例如，最高气温是一日内气温的最高值，一般出现在14时—15时；最低气温是一日内气温的最低值，一般出现在日出前（图8-5）。当受到大规模的冷暖空气活动的影响时，14时—15时的气温也有可能是一天中最低的。不过，从总的趋势和大多数情况来看，气温日变化和年变化的周期性还是主要的。

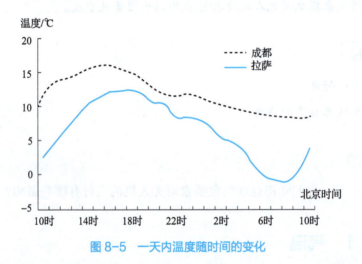

图8-5 一天内温度随时间的变化

气温高低会影响飞机滑跑距离。气温高时，空气密度小，一方面使发动机的推力或螺旋桨拉力减小，飞机增速慢；另一方面，使飞机的升力减小，要求飞机离地速度增大，所以飞机起飞的滑跑距离要长一些。反之，气温低时，空气密度大，飞机增速快，飞机升力增大，因此起飞的滑跑距离就短一些。同理，飞机着陆时的滑跑距离也受气温影响，气温高时，空气密度小，阻力小，飞机减速慢，滑跑距离增加；当气温低时，滑跑距离则缩短。

气温对飞机平飞的最大速度也有影响。气温低时，空气密度大，飞机发动机的推力增大，空气的阻力也增加，但阻力增加数值不及推力增大数值，综合结果还是使平飞最大速度增加；而飞机在超声速和低速飞行时，气温升高，平飞最大速度则会减小。

气温高低影响飞机空速表和高度表的示数。飞机上使用的空速表和高度表是根据空气标准密度和标准气压设计的。在纬度45°处的海平面上，气压为766mmHg（1mmHg=133.322Pa），气温为15℃时，所对应的密度为1.225g/m³，此密度称为空气标准密度，此气温称为标准气温。当实际空气密度与标准密度不一致，或者实际气温与标准气温不一致时，就会影响到空速表和高度表示数的精确程度。

温度的变化常常引起各种天气变化，进而影响到飞行活动。温度的变化和由于地表性质不同而引起的温度分布不均匀，最容易形成小规模的地方性风，这种小规模的地方性风常常引起低空风的突然变化，产生旋涡，这种旋涡将造成飞机颠簸甚至失速。夜间温度降低，底层常常出现逆温，这是形成雾和烟幕的有利条件，雾和烟幕会使飞机能见度变坏。温度随高度的分布是决定大气稳定度和形成云、雷雨的重要条件。云和雷雨以及大气不稳定而出现的晴空对流，是影响飞行甚至危及飞行安全的天气现象。

知识点2 气压

气压是大气压强的简称，是作用在单位面积上的大气压力，即等于单位面积上向上延伸到大气上界的垂直空气柱的重量。气压大小与高度、温度等条件有关，一般随高度增大而减小。在水平方向上，大气压的差异引起空气的流动。表示气压的单位，习惯上常用水银柱高度，例如，一个标准大气压（atm）等于760mm高的水银柱的重量，如图8-6所示。它相当于1cm²面积上承受1.0336kg重的大气压力。国际上规定用帕斯卡（Pa）作为气压单位，与此对应的气压单位有千帕（kPa）和百帕（hPa），其他气压常用的度量单位还有巴（bar）、毫米汞柱（mmHg）、英寸汞柱（inHg）等。换算关系是：$1bar=10^5Pa$；$1atm=101325Pa=1013hPa$。

大气压力的降低对飞机的性能有显著的影响。在较高的海拔，伴随着降低的大气压力（图8-7），起飞和着陆距离会增加，爬升率也会减小。当一架飞机起飞时，升力必须通过机翼周围的空气流动才能产生。如果空气稀薄，就需要更大的速度来获得足够的起飞升力，因此，地面滑跑距离就会更长。例如，一架飞机在海平面需要300m的滑跑距离，在海拔1500m以上高度的机场将需要差不多两倍的滑跑距离。

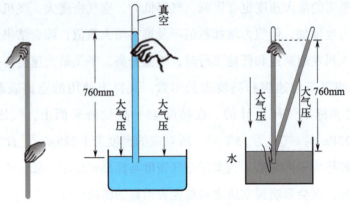

图 8-6　气压与汞柱

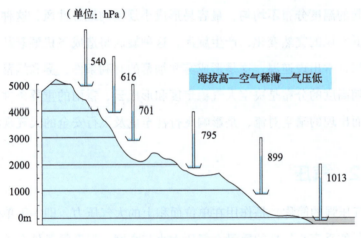

图 8-7　气压与海拔的关系

知识点 3　湿度

湿度是表示大气干燥程度的物理量。在一定的温度下在一定体积的空气里含有的水汽越少,则空气越干燥；水汽越多,则空气越潮湿。空气的干湿程度叫作"湿度"。在这个意义下,常用绝对湿度、相对湿度、比湿、混合比、饱和差以及露点等物理量来表示。人体感觉舒适的湿度是相对湿度低于70%。

湿空气在一定的温度环境下凝结或者凝华就会形成露、霜、雾、云等影响飞行安全的天气现象（图8-8）。飞机外表面的冰、霜、雪等污染物会使飞机的外形发生变化,增加飞机重量,使飞机的外表面粗糙,增加阻力,减少升力,严重时会引起飞机失速和瞬间反常上仰,从而使操作效能降低以及在起飞离地过程中出现非指令仰角变化和滚转,使飞行姿态难以控制,处置不当将严重危及飞行安全。

图 8-8 大气中的湿度

雾是从地表开始 15m 内的云。它通常发生在接近地面的空气温度冷却到空气的露点时，此时空气中的水蒸气凝结，变成雾这种可见的形式。雾是按照它形成的方式来分类的，且依赖于当前温度和空气中水蒸气的多少。

云是可见的指示物，而且通常也是将来天气的预示。对于云的形成，必须有足够的水蒸气和凝结核以及空气可以冷却的一个方法。当空气冷却，到达它的饱和点，不可见的水蒸气变为可见的状态。机场上空高度较低的云会使飞行员看不清跑道，直接影响飞机的起降。其中，危害最大的云是对流云，飞机一旦进入，易遭到电击，使仪表失灵、油箱爆炸，或者造成强烈颠簸、结冰，使操作失灵，从而导致飞行事故。

空气密度的大小直接影响飞机气动性能（机翼产生的升力）和动力性能（飞机发动机的推力）好坏。空气密度减小，机翼产生的升力减少，发动机推力降低，相比于标准大气，产生克服同等重力的升力需要更长的起飞、着陆滑跑距离，飞机的最大平飞速度、最大爬升率和起飞载重量减少，消耗同样的燃料飞行的距离越近；反之，则飞机性能变好。

实际大气中通常含有水汽，由于水的分子量（18）比空气平均分子量（约为 29）要小很多，因此水汽含量不同的空气，其密度也不一样。水汽含量越大，空气密度越小。暖湿空气的密度要比干冷空气的密度小得多。

知识点 4　风

空气的水平运动称为风，包括方向和大小，即风向和风速。

风向是指风吹来的方向，如北风是指空气自北向南方向流动。地面风一般用 8 个方位或 16 个方位表示，高空风向常用方位度数表示，即以 0°（或 360°）表示正北，90° 表示正东，180° 表示正南，270° 表示正西；在 16 方位中，每相邻方位间的角差为 22.5°。

风速单位常用 m/s、kn（节）和 km/h 表示，其换算关系为：1m/s=3.6km/h，1kn=1.852km/h，1km/h=0.28m/s，1kn=1n mile/h（海里/小时）。

（1）风切变

风切变是一种大气现象，即风矢量（风向、风速）在空中水平和（或）垂直距离上的变化。垂直风切变的存在会对桥梁、高层建筑、航空飞行等造成破坏，发生在低空的风切变是飞机起飞和着陆阶段的一个重要危险因素，被人们称为"无形杀手"，如图 8-9 所示。

为了确保飞行安全，国际航空、航天界和气象界都积极开展低空风切变的研究。风切变常分为以下几种：

1）水平风的水平切变（又称水平风切变）：风向和（或）风速在水平距离上的变化。

2）水平风的垂直切变（又称垂直风切变）：风向和（或）风速在垂直距离上的变化。

3）垂直风的切变：垂直风（即升降气流）在水平或航迹方向上的变化。下冲气流是垂直风的切变的一种形式，呈现为一股强烈的下降气流。范围小而强度很大的下冲气流被称为微下冲气流。

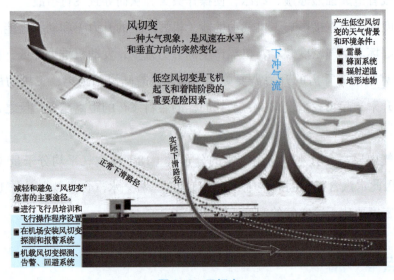

图 8-9　风切变

（2）产生风切变的天气

能够产生有一定影响的低空风切变的天气最主要有以下三类：

1）强对流天气。通常指雷暴、积雨云等天气，在这种天气条件影响下的一定空间范围内，均可产生较强的风切变。尤其是在雷暴云体中的强烈下降气流区和积雨云的前缘阵风锋区更为严重（图8-10）。其中微下冲气流是对飞行危害最大的一种，它是以垂直风为主要特征的综合风切变区。

2）锋面天气。无论是冷锋、暖锋或静止锋均可产生低空风切变，不过其强度和区域范围不尽相同。这种天气的风切变多以水平风的水平和垂直切变为主（但锋面雷暴天气除外）。一般来说其危害程度不如强对流天气下的风切变。

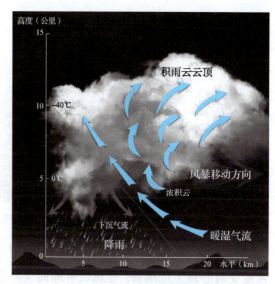

图8-10　雷暴云的形成

3）辐射逆温型的低空急流天气。秋冬季晴空的夜间，由于强烈的地面辐射降温而形成低空逆温层的存在，该逆温层上面有动量堆集，风速较大形成急流，而逆温层下面风速较小，近地面往往是静风，故有逆温风切变产生。该类风切变强度通常更小些，但它容易被人忽视，一旦遭遇若处置不当也会发生危险。

（3）其他风切变相关问题

地理、环境因素也会引起风切变。这里的地理、环境因素主要是指山地地形、水陆界面、高大建筑物、成片树林与其他自然的和人为的因素。这些因素引起的风切变现象，其风切变状况与当时的盛行风状况（方向和大小）有关，也与山地地形的大小、复杂程度、迎风背风位置，水面的大小和机场离水面的距离，以及建筑物的大小、外形等有关。一般山地高差大、水域面积大、建筑物高大，不仅容易产生风切变，而且其强度也较大。

对飞机起飞和着陆安全威胁最大的是低空风切变，即发生在着陆进场或起飞爬升阶段的风切变。它不仅能使飞机航迹偏离，而且可能使飞机失去飞行稳定性。如果判断失误和处置不当，则常会产生严重后果。

低空风切变的危害性是由风切变的本身特性造成的，其中以微下击暴流危害性最大，它是以垂直风切变为主要特征的综合风切变区。这种风切变气流常从高空急速下冲，像向下倾泻气流的巨型水龙头，如图8-11所示。当飞机进入该区域时，先遇强逆风，后遇猛烈的下沉气流，随后又是强顺风，飞机就像狂风中的树叶被抛上抛下而失去控制，因此，极易发生严重的飞行事故。

图 8-11 雷暴引起的微下击暴流

为了应对风切变，飞行员需要认真了解天气预报，对风切变可能出现的位置、高度、强度要有心理上的准备；注意收听地面气象报告和别的飞机在起飞、进近过程中的报告；了解风切变的存在及其性质，对自己所驾驶的飞机能否通过风切变区进行风险评估，做出正确的决断。通常应采取避开、等待、备降等措施，不要有意识地做穿越严重风切变或强下降气流区域的尝试，特别是在山区、低高度时，要与雷暴的强下击气流区保持距离。雷暴的外流气流可超越雷暴之前 20~30km，不要侥幸抢飞这一区域。

知识点 5　能见度

能见度是机场最低运行标准的重要指标之一。能见度过低会使飞行员无法看清跑道，从而影响安全着陆（图 8-12）；由于大雾影响，能见度低而造成飞机无法起飞、旅客大量滞留的现象更是屡见不鲜。

图 8-12　飞机在低能见度环境下飞行

能见度是指视力正常的人在当时天气条件下，能从天空背景中看到和辨认出目标物（黑色、大小适度）轮廓的最大水平距离；或在夜间能看到和确定出一定强度灯光的发光点的最大水平距离，单位以 m 或 km 表示。能见度是了解大气的稳定度和垂直结构的指标，也是影响交通运输安全的一个极为重要的因素。

能见度的大小，主要由两个因素决定：一是目标物与衬托它的背景之间的亮度差异，差异越大（小），能见距离越大（小），但这种亮度差异通常变化不大；二是大气透明度，观测者与目标物之间的气层能减弱前述的亮度差异，大气透明度越差（好），能见距离越小（大）。因此，能见度的变化主要取决于大气透明度的好坏，而雾、烟、沙尘、大雪、毛毛雨等天气现象可使大气浑浊，透明度变小。

按照航空的需要，能见度可分为两类：一类是地面能见度，反映近地面水平方向能见距离的情况。实际工作中，观测点上不同方向的能见度常常是不同的，一般气象台站所报告的是能见度的代表值"主导能见度"；航行活动中主要掌握跑道上的能见度和某方位的最小能见度。另一类是空中能见度，又称为"飞行能见度"。能见度是决定机场开放或关闭的条件之一，也是决定航空器起飞、着陆时按目视飞行规则或按仪表飞行规则操作的依据之一。低能见度给目视飞行造成困难，是影响安全起飞和着陆的一种气象条件。

知识点 6　雷暴

由对流旺盛的积雨云引起的，伴有电闪雷鸣的局地风暴，称为雷暴（图 8-13）。雷暴是由强烈的积雨云产生的，形成强烈的积雨云需要三个条件：深厚而明显的不稳定大气层、充沛的水汽以及足够的气流冲击力。雷暴产生之前，当地一般被暖湿空气所盘踞，所以常会感到闷热；雷暴发生时，积雨云中下落水滴蒸发吸热，冷空气代替了原来的暖湿空气，冷空气加速下沉冲击地面，所以温度骤然降低。夏季，一次强的雷暴过程长可使气温下降 10 ℃以上；随着雷暴远离当地，降水结束，气温又慢慢开始回升。

图 8-13　雷暴

一般雷暴单体的水平尺度为 5~10km，生命期大约为 1h。一般雷暴的生命期根据垂直运动的状况可以分为积云、成熟和消散三个阶段。雷暴处于积云阶段时，地面气压持续下降，因为积雨云中上升气温使高层辐散大于低层辐合，云中水汽凝结释放的潜热使空气增温、气柱膨胀。积云内部都是上升气流，并随高度的增加而增加。因为大量水汽在云中凝结并释放潜热，所以云中温度高于同高度上四周空气的温度，该阶段雷暴单体中充满上升气流。到成熟阶段，由于下降冷空气的出现，气压便突然上升，且在积雨云的正下方达到最大，几乎是和气温的下降同时出现，云中除上升气流外，局部出现有系统的下降气流和降水，产生并发展出强烈的湍流、积冰、闪电、阵雨和大风，下雨预示着雷暴进入了成熟阶段。随着雷暴的远离，气压又开始恢复正常。云中充满了下沉气流，温度也低于周围空气，雷暴进入了消散阶段。

据科学家统计，在全球范围内差不多每秒钟就有近 100 次雷电闪烁落地，每小时约有 1800 场雷雨。雷声隆隆，电光闪闪，它们往往与狂风呼啸、暴雨滂沱交相呼应，显示出大自然无比强大的威力，构成了一幅蔚为壮观的画面。但是，雷暴是一种极其危险的天气现象，尽管现代科学技术已经创造了相当成熟的避雷装置和雷击防护措施，然而全球每年仍然由雷暴造成大量的灾祸，如影响飞机、舰船和电气机车等的航行（行驶），酿成空难、海难和车祸等交通事故；击毁建筑、输电和通信线路等设施，造成各种事故；直接击伤、击毙人畜；此外，还可能引起次生火灾等。在这些灾祸中，航行于雷暴天气里的飞机、船舶遭到雷电袭击是最容易发生的。

雷暴能产生对飞行危害很大的电闪雷击和冰雹袭击、风切变和湍流（图 8-14），使飞机颠簸、性能降低；强降雨会使飞机气动性能变差、发动机熄火。虽然现在飞机性能、机载设备、地面导航设施都越来越先进，但这只是为尽早发现雷暴、顺利避开雷暴提供了更有利的条件，截至目前，要完全消除雷暴对飞行的影响仍是不可能的。

图 8-14　在雷暴天气中受损的飞机

知识点 7　乱流

乱流是指气层内空气块的不规则运动，又名湍流或紊流（图 8-15）。乱流分热力乱流和动力乱流两种。热力乱流是由于局部地面受热不均匀而形成的不规则小型气流和小型涡旋。动力乱流可由地面粗糙度、上下层空气的风速差等原因引起。实际大气中的乱流常由热力、动力两种乱流共同构成，但在地面障碍物多而高、风速大、风速随高度变化大时，以动力原因为主；在风速小、地面受热不均匀时，以热力原因为主。大气中乱流运动的强弱与空气温度、大气垂直稳定度、风随高度的变化率有关。在乱流的运动中，每个乱流微团的路径不是整齐的、平行的，而是极其复杂的、各不相同的弯曲路径；乱流微团的速度分布，也不是稳定的，而是变动、起伏的。

图 8-15　乱流

大气中乱流的形成，除了因大气热力层结不稳定外，还与风速切变有密切关系。由前一原因引起的乱流称为热力乱流。由于地面温度和气温的差异，使得空气密度随高度的变化引起的乱流被称为动力乱流。风速切变使空气团受到旋转力矩的作用，而形成大小不等的许多涡旋。在地面粗糙度大，地面障碍物和山地高而多的区域，当风速及其垂直切变较大时，大气中以动力乱流为主。近地气层中的乱流的运动强弱与天气条件、气温、大气热力层结不稳定，以及风速随高度的变化率等有密切关系。

从形成原因来看，乱流可分为以下几种：

1）对流型乱流：又称热力乱流。其成因主要是空气流经不同温度的地区时，容易因温度差异而导致空气流动出现"热升冷降"的现象，造成飞机飞行时上下摇晃。对流型乱流较易发生在离地面较近的高度，因此当飞机即将降落机场时，应特别留心此类乱流的发生。

2）机械型乱流：又称地形乱流。当空气流过高楼大厦时，因受建筑物阻隔，流向与流速都会受影响，进而变成乱流，这原理就如同水流碰到河床石头时易形成涡漩一样。所以各国都会规定机场周遭建筑物的限制高度，以降低机械型乱流的发生概率，确保航行安全。

3）山岳波：当气流或风以接近垂直的方向吹过山势较高又较长的山脉时，背风面易形成所谓的"山岳波",从而造成上下振动现象,形成乱流。

4)风切乱流:由于单位距离风速、风向的改变而导致的乱流。这种乱流的形成需要一定的天气背景和环境条件。雷暴、积雨云、龙卷风等天气有较强的对流,能形成强烈的垂直风切;强下击暴流到达地面后向四周扩散的阵风,能形成强烈的水平风切;锋面两侧气象要素差异大,也容易产生较强的风切。

5)机尾乱流:除大气变化所形成的乱流现象外,大型飞机翼尖也会因空气流动而形成所谓的机尾乱流(图8-16)。因此,在高空飞行时,体型袖珍的小型飞机必须要与大型飞机保持距离,才能避免陷入机尾乱流中。

图8-16　机尾乱流

❓ 引导问题

我们有时候会看到工作人员在机场上对飞机机翼上的结冰进行清理,你知道为什么要清理机翼上的结冰吗?

▶ 知识点8　积冰

飞机积冰是指飞机机体表面某些部位聚集冰层的现象,如图8-17所示。它主要由云中过冷水滴或降水中的过冷雨碰到飞机机体后结冰形成的,也可由水汽直接在机体表面凝华而成。飞机在云中飞行时间过长易导致积冰;在寒冷冬季,地面露天停放的飞机也会形成积冰。

图8-17　飞机积冰

积冰强度可划分为以下四个等级:

1)微量积冰(Trace):这种程度的积冰率稍大于升华,除非出现的时间很长,一般情况下微量积冰被认为是不会造成危害的。

2)轻度积冰(Light):如果这种程度的积冰出现时间超过1h会给飞机带来一些问题,但如果间断地使用除冰/防冰设备就不会给飞行安全造成危害。

3)中度积冰(Moderate):即使短时间遇到这种程度的积冰也会有潜在的危险性,遇到这种情况必须使用防冰设备,同时也可以考虑改变飞行高度或航向。

4）严重积冰（Severe）：在这种积冰率下，防水设备已不能减少或控制积冰，必须立即改变航向。

积冰对飞行的影响与积冰的部位有关，以下分别进行介绍。

（1）升力面积冰

当机翼和尾翼积冰时，能使飞机的空气动力特性和飞机特性显著变坏，由于积冰，流线型部位的形状发生变化，翼型失真（变形），导致摩擦阻力和压差阻力都增大。积冰使翼型变形，破坏空气绕过翼面的平滑流动，使升力明显减少，失速加快，失速速度增大，临界迎角减小；同时会使飞机的重量增加，阻力增加，耗油率增加。根据有关方面的飞行试验，机翼、尾翼积冰时，其阻力增加占飞机因积冰引起总阻力增加的 70%~80%，若在大迎角下飞行时更突出。如果积冰层较厚，还会使飞机的重心位置改变，从而影响飞机的安定性，使升力中心位移，操纵品质变差。当机翼前缘有 1.3cm 的积冰时，飞机升力就会减小 50%，阻力增加 50%。由此可见，积冰对飞行安全的影响非常严重。

（2）发动机积冰

在飞机其他部位没有结冰时，喷气式发动机进气道有时会有积冰，这是因为机翼和尾翼前部的动力增温比喷气式发动机进气口处要大得多（图 8-18）。飞行实践证明，当外界气温低于 5℃时，喷气式发动机进气口部分可能发生结冰。

进气道结冰将导致内表面气动特性的恶化，使进气速度场分布不均匀以及气流发生局部分离，引起压气机叶片的振动，使冰屑脱离，进入压气机，而造成压气机的机械损伤，从而导致发动机的推力降低；严重时，会造成发动机损坏或熄火。

（3）空速管和静压孔积冰

空速管和静压孔积冰（图 8-19），会使空速表、气压高度表、迎角指示器、马赫数指示器、升降速度表等一些重要驾驶仪表指示度失真，甚至完全失效，导致自动系统会提供错误信息，使飞行员失去判断飞行状态的依据。

图 8-18　发动机积冰

图 8-19　空速管积冰

（4）天线积冰

天线积冰可能会使无线电通信失效，导致中断联络。严重积冰能使天线同机体相接，发生短路，造成无线电设备失灵。

（5）风挡积冰

风挡积冰会大大降低其透明度，使目视条件大大恶化，严重影响飞行员视线（图8-20）。特别是在起飞、着陆阶段，由于影响目视，风挡积冰会使起飞着陆发生困难，导致判断着陆高度不标准，进而影响着陆安全，严重时会出现危险。

图8-20 飞机风挡积冰

（6）操纵面积冰

如果操纵面的主要区域积有冰、霜、雪，会导致操纵面冻结在固定位置或运动受阻（图8-21）。

图8-21 操纵面积冰

（7）起落架装置结冰

起落架装置上的结冰，会在收轮时损坏起落架装置或设备；聚集在起落架上的冰雪可能在起飞时脱落，导致飞机损坏（图 8-22）。

（8）飞机在地面积冰

飞机在地面停放和滑行时，也可能积冰（图 8-23）。地面积冰时，冰的聚集是不对称的，首先在迎风的一面开始冻结，使飞机表面上冰层的厚度不一样，对安全性和正常性有很不利的影响。根据有关飞行试验，在机翼上只有 2~3mm 厚的一层霜，会使失速速度增加约 35%，起飞滑跑距离增加一倍。当积冰的飞机起飞时，气流会从机翼上过早和明显地分离，所以积冰的飞机离地升力系数比正常飞机小 15%~20%，相当危险。

图 8-22　起落架积冰

图 8-23　地面结冰

知识点 9　气团和锋

气团是水平方向上温度、湿度分布比较均匀，而垂直方向上温度、湿度改变也近乎相同的大范围气团，其水平面积为数百万平方千米到数千万平方千米，厚度几千米到十几千米。在一个气团与另一个气团接近处，由于两者物理属性不一致，所以两者间有一个过渡带（界面），这个过渡带称为锋面，锋面在地面的交线称为锋线，这就是平时气象所称的"锋"，如图 8-24 所示。

气团的分类方法主要有三种：第一种是按气团的热力性质不同划分，可以分为冷气

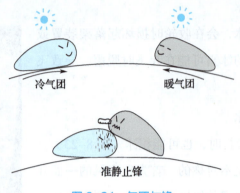

图 8-24 气团与锋

团和暖气团；第二种是按气团的湿度特征的差异划分，可以分为干气团和湿气团；第三种是按气团的发源地划分，常分为北冰洋气团、极地气团、热带气团和赤道气团。

大气处于不断的运动中，当气团在广阔的源地上取得与源地大致相同的物理属性后，离开源地移至与源地性质不同的下垫面时，二者之间又发生了热量与水分的交换，则气团的物理属性又逐渐发生变化，这个过程称为气团的变性。

对于不同的气团来说，其变性的快慢是不同的。一般说来，冷气团移到暖的地区变性快，而暖的气团移到冷的地区变性慢。这是因为，当冷气团离开源地后，气团底层要变暖、增温，逐渐趋于不稳定，对流易发展，能很快地把底层的热量和水汽向上输送，所以气团变性快；相反，当暖气团离开源地后，由于气团低层不断变冷，气团逐渐趋于稳定，对流不易发展，所以气团变性较慢。

锋的宽度同气团宽度相比显得很狭窄，因而常把锋区看成一个几何面，称为锋面。锋面与地面的交线称为锋线，锋面和锋线统称为锋。凡伸到对流层中上层者，称为对流层锋；仅限于对流层低层（1.5km以下）者，称为近地面锋。冷、暖气团间的过渡带，因锋两侧的温度、湿度、稳定度以及风、云、气压等气象要素有明显的差异，故可以把锋看成是大气中气象要素的不连续面。由于锋两侧的气团在性质上有很大的差异，所以锋的附近空气运动活跃，在锋中有强烈的升降运动，气流极不稳定，常造成剧烈的天气变化。因此，锋是重要的天气系统之一。锋面的长度与气团的水平距离大致相当，由几百千米到几千千米，宽度比气团小得多，只有几十千米，最宽的也不过几百千米，垂直高度与气团相当，从几千米到十几千米。锋面也有冷暖、移动、静止之分。

（1）暖锋

暖锋是指锋面在移动过程中，暖空气推动锋面向冷气团一侧移动的锋。暖锋过境后，暖气团就占据了原来冷气团的位置。暖锋多在我国东北地区和长江中下游活动，大多与冷锋连接在一起。暖锋过境时，温暖湿润，气温上升，气压下降，天气多转云雨天气。暖锋与冷锋相对，但比冷锋移动慢，可能导致出现连续性降水或雾，如图 8-25 所示。

（2）冷锋

冷气团主动向暖气团移动形成的锋称为冷锋。冷锋是我国最常见的一种气象锋，它可以活动于全国各地。但由于冷锋和高空槽的配置、移动快慢等不同，冷锋附近云和降水的分布也有明显的差别，有的主要出现在锋后，有的则主要出现在锋前，如图 8-26 所示。

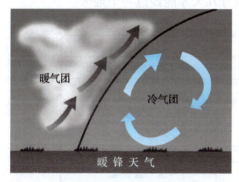

图 8-25　暖锋示意图

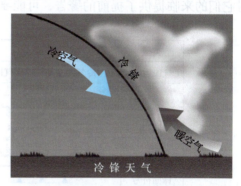

图 8-26　冷锋示意图

根据移行速度，冷锋可分为缓行冷锋和急行冷锋两种。快速移动的冷锋受实际锋面后远处的强烈压力系统推动。地面和冷锋之间的摩擦力会阻碍冷锋运动，因此产生一个陡峭的锋面。这种结果就产生了一个非常狭窄的天气带，集中在锋面的前沿。如果被冷锋压倒的暖空气是相对稳定的，那么在锋面前方的一段距离内可能出现乌云密布的天空和下雨。如果暖空气不稳定，可能形成分散的雷暴和阵雨，沿锋面或锋面之前可能形成连续的雷暴雨带或者一条飑线。由于狂暴的雷暴是强烈且快速移动的，飑线对于飞行员来说是严重的危险。在快速移动的冷锋之后，天空通常很快放晴，冷锋留下了狂暴的阵风和更冷的温度。

不是所有的冷锋天气都相同，向逼近的冷锋飞行，飞行员会遇到不同的气象状况。云层从高空分散逐渐向低空分散变化，大气压力不断下降，能见度降低，天气变化呈现多样性。因此飞行员需要利用基于锋面状况的知识，做出合理判断，尽可能远离锋面，安全飞行。

（3）冷锋和暖锋对比

冷锋和暖锋在特性上是非常不同的，相同的是每一锋面都有危险。它们在速度、结构、大气现象和预报方面都是变化多端的。冷锋，以 20~35mile/h（1 mile ≈ 1.61km）的速度移动，相对于暖锋移动得更快，暖锋则以 10~25mile/h（1 mile≈1.61km）的速度移动。冷锋也促使形成陡峭的锋面坡度。激烈的天气活动和冷锋有关，天气通常沿锋面边界出现，而不是在前方。然而，飑线可以在夏季形成，可能远到在严重冷锋的前面 200mile 处。暖锋产生低云幕高度、差的能见度和下雨，而冷锋产生突发的暴风雨、阵风、紊流，有时还有冰雹或者龙卷风，如图 8-27 所示。

冷锋会快速来临而很少有征兆，甚至是没有警告的，它们可以在几个小时内引起天气完全变化，过后天气很快放晴，无限能见度的干燥天气取代原先的暖空气。另外，暖锋对它们的来临提供了提前的警告，可能要过好几天才能经过一个地区。

类型	冷锋	暖锋
气团运动	冷气团主动移向暖气团	暖气团主动移向冷气团
锋面图示	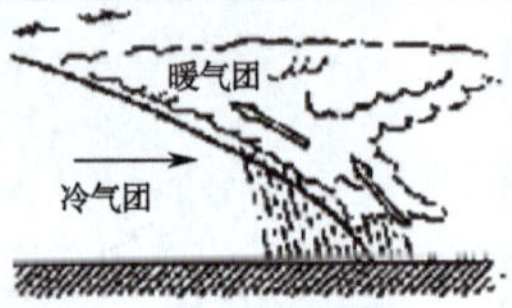 暖气团／冷气团	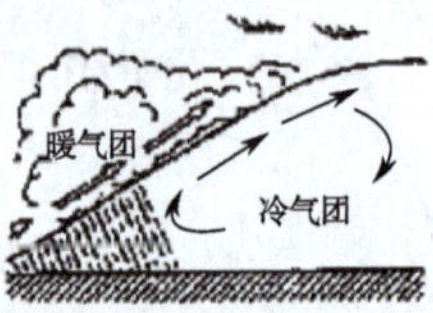 暖气团／冷气团
锋面符号	 ▲▲▲	●●●
过境时天气	阴天、刮风、下雨、降温	多为连续性降水
过境后天气	温度湿度下降，气压升高，天气转晴	气温湿度上升，气压下降，天气转晴
降水时间	时间短，强度大	时间长，强度小
降水位置	主要在锋后	锋前

图 8-27 冷锋、暖锋对比图

冷锋过境的次数以冬季最为频繁，冷锋一般向南到东南方向移动。冷锋影响前，一般吹东南风或南到西南风，气压降低，湿度增大；冷锋影响时，风向转偏北，气压逐渐升高，湿度减小，气温下降，一般会出现降水；冷锋过后，冷空气逐渐占据原来暖空气控制区域的地区，气温下降，气压上升，天气多转晴好。

风在锋面两侧有明显的逆向转变，即由锋后到锋前，风向呈逆时针方向变化，形成锋面气旋。在我国，锋面气旋春季最多，秋季较少。它是一个发展深厚的低气压系统，其中心气压低，四周气压高。空气从外围向中心流动，呈逆时针方向旋转，所以处于气旋前部（即东部）的地方，吹东南风；气旋后部（西部），吹西北风。气旋内部盛行辐合上升气流，能造成大片降雨区。因此，当连续吹东南风时，往往预示天气将要变坏。天气谚语说的"东南风，雨祖宗；西北风，一场空"还有"东风雨，西风晴"，都是有一定实际意义的。

（4）静止锋

当来自北方的冷气团和来自南方的暖气团两者势均力敌、强度相当时，它们的交锋区很少移动，这就是静止锋（图8-28）。常常是冷气团稍强时，向南移动一些，忽而暖气团加强，又向北推一些，使锋面呈现南北摆动的状况，故而静止锋也称为准静止锋。春季、初夏（梅雨）和秋季的连阴雨天气就是受静止锋影响而造成的。

图8-28　静止锋

拓展课堂

电影《中国机长》根据川航3U8633航班紧急迫降事件改编，讲述了机组执行航班任务时，在万米高空突遇驾驶舱风挡玻璃爆裂脱落、座舱释压的极端罕见险情并化险为夷安全降落的故事。

2018年5月14日清晨，从重庆直飞拉萨的川航3U8633航班在行至海拔9800m的巡航高度时，驾驶舱右侧的风挡玻璃突然爆破，驾驶舱的压力突然释放，气流冲击和噪声致使舱内人员耳朵完全听不见任何声音，同时速度达到250m/s的直面风撞击在驾驶员身上，副驾驶的半个身子被吸出舱外，幸亏当时系了安全带，否则整个人都会被卷走！

飞机的仪表板也被狂风掀翻，信息不能正常读取，无线电也中断了，就像电影里那样，空管根本呼叫不到3U8633航班，飞机自动设备已经失灵，唯一能依靠的只有目视水平仪，机长刘传健发出了7700的紧急代码，准备实施备降。

按照规定，机舱释压的情况下为了保证乘客的安全，飞机必须马上下降到7300m左右（当时川航3U8633航班的飞行高度是9800m），但航线上到处都是海拔6000m的山峰，必须留有600m的安全高度，而且直接下降的话飞机等于垂直俯冲，会给机上人员造成伤害，所以刘传健顶着极端恶劣条件坚持在7000m以上的高度持续飞行，直到飞机飞至盆地上空才开始下降，难以想象飞行员的身心煎熬。

刘传健曾经是一名驾驶过轰炸机的空军飞行员，在部队接受过专业的飞行训练，而且他曾在1995年作为教员给飞行学员们培训过爆破科目，所以在风挡玻璃破碎的危急时刻，心理素质十分过硬，迅速做出判断，且这条航线也是他飞过上百次的，经验十分丰富，最终成功安全迫降成都双流机场，完成了基本不可能实现的负荷航班迫降，上百名乘客安然无恙！

参 考 文 献

［1］符长青，曹兵，李睿堃，等. 无人机系统设计［M］. 北京：清华大学出版社，2018.
［2］张琪，梁婷，王景焕，等. 无人机仿真技术［M］. 北京：航空工业出版社，2020.
［3］陈裕芹. 无人机概论［M］. 北京：航空工业出版社，2020.
［4］黄智刚，郑帅勇. 无人机通信与导航［M］. 北京：北京航空航天大学出版社，2020.
［5］董朝阳，张文强. 无人机飞行与控制［M］. 北京：北京航空航天大学出版社，2020.
［6］黄睿杰. 无人机行业应用技术［M］. 北京：航空工业出版社，2020.
［7］冯建雨，侯圣勇，等. 空气动力学与飞行原理［M］. 北京：航空工业出版社，2020.
［8］倪瑛，李楠，等. 无人机导航定位技术［M］. 北京：航空工业出版社，2020.
［9］何先定. 无人机操控技术与任务设备［M］. 北京：航空工业出版社，2020.
［10］于坤林. 无人机维修技术［M］. 北京：航空工业出版社，2020.
［11］贾玉红. 无人机系统概论［M］. 北京：北京航空航天大学出版社，2020.
［12］孙毅. 无人机驾驶员航空知识手册［M］. 北京：中国民航出版社，2014.
［13］刘振华. 无人机导航定位技术［M］. 西安：西北工业大学出版社，2018.
［14］昂海松，周建江，黄国平，等. 无人机系统关键技术［M］. 北京：航空工业出版社，2020.
［15］石磊，夏季风. 无人机地面站与任务规划［M］. 西安：西北工业大学出版社，2021.
［16］贾恒旦. 无人机技术概论［M］. 北京：机械工业出版社，2018.
［17］王耀坤，郭伟丰，高静. 无人机系统概论［M］. 北京：航空工业出版社，2021.
［18］法尔斯特伦，格里森. 无人机系统导论（第4版）［M］. 郭正，王鹏，陈清阳，等译. 北京：国防工业出版社，2015.

智能交通地理信息系统
任务工单

班　级：＿＿＿＿＿＿＿＿＿＿＿＿

姓　名：＿＿＿＿＿＿＿＿＿＿＿＿

学　号：＿＿＿＿＿＿＿＿＿＿＿＿

机械工业出版社

目　　录

任务工单 1　导入市区物流信息点图层 …………………………………………………… 1
任务工单 2　制作市区物流信息点图层 …………………………………………………… 6
任务工单 3　筛选主干站点 POI 点 ……………………………………………………… 11
任务工单 4　导出与导入 POI 信息 ……………………………………………………… 17
任务工单 5　绘制不同区域城市等级道路 ………………………………………………… 22
任务工单 6　绘制道路扩路和路口化简 …………………………………………………… 28
任务工单 7　绘制电子地图的掉头口 ……………………………………………………… 34
任务工单 8　绘制公交站覆盖区域 ………………………………………………………… 40
任务工单 9　绘制内河通航水域红线 ……………………………………………………… 47
任务工单 10　确认公交站点的位置 ……………………………………………………… 54
任务工单 11　绘制公交线路 ……………………………………………………………… 60
任务工单 12　选定物流和货物集散地地址 ……………………………………………… 72
任务工单 13　比较不同位置的便利性 …………………………………………………… 81

任务工单 1　导入市区物流信息点图层

学　　院		专　　业		姓　　名	
学　　号		小　　组		组长姓名	
指导教师		日　　期		成　　绩	

任务目标

完成 QGIS 项目的创建，并导入湖南省长沙市天心区顺丰快递网点图层信息。

接受工作任务

　　本次任务要求完成长沙市天心区顺丰快递网点数据的导入。长沙市位于湖南省东北部，全市分为 6 个区，其中天心区位于市区南部，为省政府所在地，同时也为近年来城市扩展的主要区域。为了更好地实现对快递网点的无死角服务，顺丰快递计划对现有网点进行统计与整理，现要求将已有的顺丰快递营业点数据导入底图，要求将所建工程以 QIS-Courier-TianXin 为名保存。

　　任务开始前，请同学们思考如下问题：

1. 如何建立新的工程？
2. 如何导入数据底图？
3. 如何导入已完成的数据？

信息收集	**成绩：**

1. 创建 QGIS 工程的步骤是什么？

_____

_____

2. 如何指定位置保存 QGIS 工程与要素图层？

_____

_____

3. 教师提供在线地图地址后，采用哪种方式建立 XYZ Tiles 连接（直接建立或导入 XML 文件）更方便？

_____

_____

4. 提供的快递营业点信息数据后，如何导入工程？

_____

_____

任务准备	**成绩：**

1. 检查计算机是否装有 QGIS 软件，是否已经完成工作界面的汉化：是□；否□。
2. 检查计算机是否能连接外网：是□；否□。
3. 是否接收教师发布的底图 URL 地址和网点数据文件：是□；否□。

制订计划		成绩：

1）根据新建工程及导入数据的要求，补充导入天心区顺丰快递网点图层信息作业计划。

操作流程		
序　号	作业项目	操作要点
1	新建 QGIS 工程	
2	添加在线底图 URL	
3	载入图层数据	先把完整的数据文件复制到工程文件同层的文件夹下
4		底图图层在下，数据图层在上
5	保存工程	关闭软件前需再次保存工程

计划审核	审核意见：
	年　　月　　日　　签字：

2）根据制订的作业计划，完成小组分工。

操作人		记录员	
监护人		展示员	

3）补充作业注意事项。
① 作业文件夹尽量不要设置在_____。
② 操作过程及时保存工程文件。
③ _____。

计划实施		成绩：

　　1）创建文件夹，并完成工程创建。

作业内容：

作业结果：

成果截图打印：

1. 导入市区物流信息点图层
（任务工单 1）

小提示：
① 习惯要将建立的工程保存在一个指定文件夹下，不建议将文件保存在桌面。
② 按题目要求严格设定目录名称和工程名称。
③ 当工程保存好后，可以在"浏览"工具栏上直接查看工程文件。

2）完成高德矢量地图的底图导入。

作业内容：
_____

作业结果：
_____

成果截图打印：

小提示：
① 要导入底图，首先要有确定的 URL 地址，并且要求计算机能连接网络。
② QGIS 目前已经集成了"OpenStreetMap"在线地图，如下图所示。OpenStreetMap 包含的图层主要有高速公路、铁路、水系、水域、边界、建筑物等。但是 OpenStreetMap 缺少定期的数据更新，且数据更新为网友的自发操作，数据的精度不可靠，故一般作为练习数据使用，不用于生产作业。
③ 本书所用的底图 URL 都为高德矢量地图。

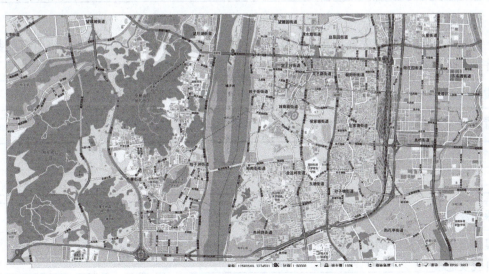

1∶50000 的 OpenStreetMap 长沙地图

3）导入天心区顺丰快递营业点信息数据，并保存绘制结果。

作业内容：_____

作业结果：_____

成果截图打印：

小提示：
在导入信息点前，先在工程所保存的文件夹下建立一个文件夹 DATA，将所有的数据文件复制或保存在文件夹中，方便管理。

质量检查	成绩：
请指导教师检查本组作业结果，并针对问题提出改进措施及建议。	
综合评价	
建议	

评价反馈	成绩：
根据自己在课堂中的实际表现进行自我反思和自我评价。	
自我反思：_____	
自我评价：_____	

任务评价表

评价项目	评价标准	配分	得分
理论知识学习	理解相关知识点	10	
信息收集	完成信息收集	10	
任务准备	完成任务准备	5	
制订计划	计划制订合理	10	
计划实施	能够创建文件夹，并完成工程创建	15	
计划实施	能够完成高德矢量地图的底图导入	15	
计划实施	能够导入天心区顺丰快递营业点信息数据，并保存绘制结果	15	
质量检查	任务完成，操作规范	10	
评价反馈	能对自身客观评价和发现问题	10	
总得分			
教师评语			

复习思考题

1）数据底图如果打开较慢或者无法打开，分析原因是什么？

2）SHP信息数据一般包括那几种类型的文件？

任务工单 2 制作市区物流信息点图层

学　院		专　业		姓　名	
学　号		小　组		组长姓名	
指导教师		日　期		成　绩	

任务目标

完成 QGIS 项目的创建，并完成湖南省长沙市岳麓区顺丰快递网点图层制作。

接受工作任务

本次任务要求在上一个任务基础上，完成长沙市岳麓区顺丰快递网点数据的导入。长沙市岳麓区位于城市西部，为市政府所在地，同时也为近年来城市扩展的主要区域。为了更好地实现对快递网点的无死角服务，顺丰快递计划对现有网点进行统计与整理，现要求将统计的岳麓区已有的顺丰快递营业点数据制作成 SHP 数据，要求在 D 盘建立名为 QIS-Courier 的文件夹，将所建工程、图层都以 QIS Courier YueLu 为名保存。

任务开始前，请同学们思考如下问题：
1. 如何建立新的工程？
2. 如何导入数据底图？
3. 如何新建图层数据？
4. 如何添加要素点，并录入属性信息？

信息收集	成绩：

1. 营业网点在地图中应保存为点要素，如何确定要素类型为点要素？

2. 如何把图层文件保存在指定的位置？

3. 如果发现添加的要素点位置不正确，如何移动或删除要素点？

任务准备	成绩：

1. 检查计算机是否装有 QGIS 软件，是否已经完成工作界面的汉化：是□；否□。
2. 检查计算机是否能连接外网：是□；否□。
3. 是否接收教师发布的底图 URL 地址和网点数据文件：是□；否□。

制订计划	成绩：

1）根据新建工程及导入数据的要求，补充岳麓区顺丰快递网点图层制作作业计划。

操作流程		
序号	作业项目	操作要点
1	创建工程文件	
2	导入在线底图	
3	新建图层	

计划审核	审核意见：
	年　　月　　日　　签字：

2）根据制订的作业计划，完成小组分工。

操作人		记录员	
监护人		展示员	

3）补充作业注意事项。
① 新建图层的保存与项目工程的保存是不同的概念，不能混淆。
② 数据添加完成后需要＿＿＿＿＿才能进行其他操作。

计划实施	成绩：

1）创建文件夹，并完成工程创建。

作业内容：_____

作业结果：_____

成果截图打印：

2. 制作市区物流信息点图层
（任务工单2）

小提示：

① 习惯要将建立的工程保存在一个文件夹下，不建议将文件保存在桌面。

② 按题目要求严格设定目录名称和工程名称。

③ 当工程保存好后，可以在"浏览"工具栏上直接查看工程文件。

2）完成高德矢量地图的底图导入。

作业内容：

作业结果：

成果截图打印：

小提示：

① 要导入底图，首先要有确定的 URL 地址，并且要求计算机能连接网络。

② 本书所用的底图 URL 都为高德矢量。

3）新建图层文件。

作业内容：

作业结果：

成果截图打印：

小提示：

① 必须在建立图层的时候就将保存位置和设置要素类型设置好，否则可能无法找到最终图层文件位置。

② 所有的图层都必须保存在工程文件夹下的 DATA 子文件夹下，以方便管理。

4）依据提供的快递点名称，结合网页在线地图查询快递点定位，在图层上添加要素点，并录入信息点属性数据，要求包括的属性：名称、位置、联系电话、所在区域。

作业内容：

作业结果：

成果截图打印：

小提示：
① 对要素点信息的录入可以考虑在添加要素的时候完成，也可以在编辑状态下对属性表修改完成。
② 如果发现有部分字段无法录入信息，可以检查要素属性表的字段类型，整数、小数、日期类型都不可兼容文本类型。
③ 属性表的字段不能修改类型，如果发现类型错误，只能删除字段重新建立。
④ 在建立要素时最好完成所有属性字段的添加，如果有字段类型错误或遗漏字段，可以通过添加字段和删除字段完成。
⑤ 如果发现任何数据都无法录入，一般是没有进入编辑状态。

质量检查	成绩：
请指导教师检查本组作业结果，并针对问题提出改进措施及建议。	
综合评价	
建议	

评价反馈	成绩：
根据自己在课堂中的实际表现进行自我反思和自我评价。 自我反思： 自我评价：	

任务评价表

评价项目	评价标准	配分	得分
理论知识学习	理解相关知识点	10	
信息收集	完成信息收集	10	
任务准备	完成任务准备	5	
制订计划	计划制订合理	10	
计划实施	能够创建文件夹，并完成工程创建	10	
计划实施	能够完成高德矢量地图的底图导入	10	
计划实施	能够新建图层文件	10	
计划实施	能够在图层上添加要素点，并录入信息点属性数据	15	
质量检查	任务完成，操作规范	10	
评价反馈	能对自身客观评价和发现问题	10	
总得分			
教师评语			

复习思考题

1）数据底图如果打开较慢或者无法打开，分析原因是什么？
2）信息数据一般包括几个文件？

任务工单 3　筛选主干站点 POI 点

学　　院		专　　业		姓　　名	
学　　号		小　　组		组长姓名	
指导教师		日　　期		成　　绩	

任务目标

实现对长沙市不同区域的快递营业点的不同层次符号化显示。

接受工作任务

本次任务要求在上一个任务基础上，完成对长沙天心区、岳麓区的顺丰快递营业点的要素符号化设置，要求将岳麓区与天心区的所有要素信息合并到一个新的图层，图层名称为 express，保存位置为 D 盘 QIS-Courier/DATA 文件夹。

任务开始前，请同学们思考如下问题：

1. 如何进行图层要素的合并？
2. 如何修改要素显示符号？
3. 如何在属性表添加新的要素？
4. 如何对要素的符号化显示进行分层设置？

信息收集	成绩：

1. 如何将两个图层合并生成为一个新的图层？

2. 如何调整属性显示的相对位置？

3. 如何把同一要素的不同字段的属性内容同时显示在界面上？

4. 要素属性表添加或修改字段的步骤是什么？

5. 要素符号化的分类显示如何设置颜色渐变？

任务准备	成绩：

1. 检查计算机是否装有 QGIS 软件，是否已经完成工作界面的汉化：是□；否□。
2. 检查计算机是否能连接外网：是□；否□。
3. 是否保存有上一个任务实验的数据：是□；否□。

制订计划	成绩：

1）根据新建工程及导入数据的要求，补充对长沙市不同区域的快递营业点的不同层次符号化显示作业计划。

操作流程		
序号	作业项目	操作要点
1	创建工程文件、导入在线地图	指定保存位置和工程名称
2	导入点要素数据，并对数据图层合并	合并时需要指定图层保存位置
3	调整图层要素显示方式	
计划审核	审核意见：	
		年　月　日　签字：

2）根据制订的作业计划，完成小组分工。

操作人		记录员	
监护人		展示员	

3）补充作业注意事项。
① 部分图层不显示可以通过取消图层名前的☑来实现。
② 调整要素名称显示位置可以通过_____实现。
③ 字段类型设置错误只能_____。

计划实施	成绩：

1）新建工程，将完成的天心区和岳麓区的顺丰快递信息图层数据合并，生成新图层express，并保存在指定文件夹中。

作业内容：	
作业结果：	
成果截图打印：	**3. 筛选主干站点 POI 点**（任务工单 3）

小提示：

① 生成了新图层 express 后，为了方便观察图层，要取消底图外的其他图层显示，或删除原有图层，如下图所示。

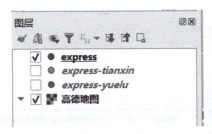

取消其他图层显示

② 如果在生成图层时没有指定保存的位置，图层文件将保存在最后一次默认的保存地址，或是保存在系统默认的保存位置。

2）修改图层 express，完成要素符号化显示，将所有要素设置为实心黑色三角形，大小改为 5mm。

作业内容：

作业结果：

成果截图打印：

小提示：

① 默认状态下，对话框"图层属性"—"符号化"中图标样式的类型为"Topology"，可以在下拉菜单中选择"全部符号"，增加显示图标的类型，如下图所示。

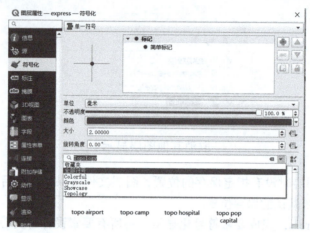

修改显示图标的类型

② 任意图标都可以修改颜色和大小。

③ 所有对要素显示的修改都在"符号化"子菜单下。

3）将所有营业点的名称显示在要素点下方，显示内容为"××区"+"营业点名称"。

作业内容：

作业结果：

成果截图打印：

小提示：

按"离点偏移量"设置标注位置时，注意相位方向与偏离值的关系，建议考虑正上和正下方相位，设置纵向偏离时负值为向上偏移，正值为向下偏移。

4）修改图层属性表，添加字段"type"，类型为"文本"，长度为"10"，根据节点名称填写属性内容为"速运"或"非速运"。

作业内容：

作业结果：

成果截图打印：

小提示：
① 如果发现有部分字段无法录入信息，可以检查要素属性表的字段类型，整数、小数、日期类型都不可兼容文本类型。
② 如果发现字段属性类型错误，无法支持对字段的修改，只能删除字段后重新建立新字段。
③ 完成修改后的属性表要保存，并退出编辑模式。

5）要求要素分层显示，所有的"速运营业部"为第一级，图像为三角形，大小为5；其他为第二级，图像为三角形，大小为3，颜色采用红色渐变。

作业内容：

作业结果：

成果截图打印：

小提示：
完成显示设置后，要及时保存工程，否则会丢失对要素的显示。

质量检查		成绩：	
请指导教师检查本组作业结果，并针对问题提出改进措施及建议。			
综合评价			
建议			

评价反馈		成绩：	
根据自己在课堂中的实际表现进行自我反思和自我评价。 自我反思：_____ 自我评价：_____			

任务评价表

评价项目	评价标准	配分	得分
理论知识学习	理解相关知识点	10	
信息收集	完成信息收集	10	
任务准备	完成任务准备	5	
制订计划	计划制订合理	10	
计划实施	能够新建工程，将信息图层数据合并，生成新图层，并保存在指定文件夹中	9	
	能够完成要素符号化显示	9	
	能够将所有营业点的名称显示在要素点下方	9	
	能够修改图层属性表	9	
	能够按要求进行要素分层显示	9	
质量检查	任务完成，操作规范	10	
评价反馈	能对自身客观评价和发现问题	10	
总得分			
教师评语			

复习思考题

1）合并图层后发现保存位置没有图层文件是什么原因？
2）是否可以使用"字段生成器"快速生成字段内容？

任务工单 4　导出与导入 POI 信息

学　院		专　业		姓　名	
学　号		小　组		组长姓名	
指导教师		日　期		成　绩	

任务目标

实现对长沙市不同区域的快递营业点信息及位置的导出与导入。

接受工作任务

为了方便对长沙市快递网点的信息数据进行统计和修改，要求能实现 QGIS 图层数据导入，本次任务要求实现对天心区、岳麓区快递营业点要素信息的导出与导入操作：导出快递营业点图层要素的参数及位置，并合并成一个新的 CSV 数据文件，再将文件导入 QGIS，生成新的图层。

任务开始前，请同学们思考如下问题：
1. 如何进行要素的属性导出？
2. 如何进行要素的坐标导出？
3. 如何在新项目中导入完整的数据？

信息收集	成绩：

1. 如何将图层所有要素属性一次导出？
_____
_____

2. CSV 文档以什么格式打开？显示乱码的原因是什么？
_____
_____

3. 如何处理 CSV 文件导入 QGIS 后显示乱码的问题？
_____
_____

任务准备	成绩：

1. 检查计算机是否装有 QGIS 软件，是否已经完成工作界面的汉化：是□；否□。
2. 检查计算机是否能连接外网：是□；否□。
3. 是否保存有天心区、岳麓区的快递营业点图层数据：是□；否□。

制订计划	成绩：

1）根据新建工程及导入数据的要求，补充对长沙市不同区域的快递营业点信息及位置的导出与导入作业计划。

操作流程		
序号	作业项目	操作要点
1	打开快递营业点工程	分别打开岳麓区、天心区对应工程
2	以 CSV 格式导出点要素数据	导出时注意保存要素 X、Y 位置
计划审核	审核意见：	
		年　　月　　日　签字：

2）根据制订的作业计划，完成小组分工。

操作人		记录员	
监护人		展示员	

3）补充作业注意事项。

① 一般情况下，从 QGIS 中导出的 CSV 数据为 UTF-8 编码，而 Excel 不支持对 UTF-8 编码显示，所以采用 Excel 打开数据后会____。

② CSV 文件一般多为 WGS84 格式，导入要设定地理坐标系，后续根据需要再进行____操作。

计划实施	成绩：

1）将长沙市岳麓区快递营业点要素信息及各点坐标以 CSV 格式导出。

作业内容：

作业结果：

成果截图打印：

4. 导出与导入 POI 信息
（任务工单 4）

小提示：

① 一般情况下，从 QGIS 中导出的数据多为 UTF-8 编码，即 CSV 数据一般也为 UTF-8 编码，但 CSV 的常见打开格式为 Excel，而 Excel 不支持对 UTF-8 编码显示，所以采用 Excel 打开后会为乱码。

② 要查看 CSV 文件内容，不能直接打开文件。新建一个 Excel 文件，按"数据"—"从文本/CSV"，对 CSV 文件导入，进行编码转换，得到可识别的文件内容。

③ 导出的 CSV 文件需要保存 X、Y 坐标，否则将无法用于导入，获得对应的位置点。

④ 导出的 CSV 文件要求保存为地理坐标系，以方便数据流通。

2）将长沙市天心区快递营业点要素信息及各点坐标以 CSV 格式导出。

作业内容：

作业结果：

成果截图打印：

3）将长沙市天心区数据与岳麓区数据分别打开，通过数据的复制、粘贴进行合并，组成一个新的 CSV 文件，文件名为"express-input"。

作业内容：

作业结果：

成果截图打印：

小提示：

Excel 不支持 UTF-8 编码，如果是以 Excel 形式合并的数据文件，必须还要进行转码保存为 CSV 格式，否则 QGIS 显示会有乱码。

4）将新合成的 CSV 文件导入 QGIS 新建工程中并导出新的图层文件，文件名保存为"express-input"。载入底图，工程名保存为"express-input"。

作业内容：

作业结果：

成果截图打印：

小提示：

① 如果发现属性内容为乱码或无法识别，可能为 CSV 文件导入时转码错误，此时应删除导入信息，重新进行数据导入，调整转码信息。
② 在导入文件信息时必须先指定保存位置和图层名称。
③ CSV 文件一般多为 WGS84 格式，导入要设定地理坐标系。
④ 从 CSV 导出的图层建议先采用地理坐标系，后续根据需要再进行重投影操作。

质量检查	成绩：
请指导教师检查本组作业结果，并针对问题提出改进措施及建议。	
综合评价	
建议	

评价反馈	成绩：
根据自己在课堂中的实际表现进行自我反思和自我评价。	
自我反思：	
自我评价：	

任务评价表

评价项目	评价标准	配分	得分
理论知识学习	理解相关知识点	10	
信息收集	完成信息收集	10	
任务准备	完成任务准备	5	
制订计划	计划制订合理	10	
计划实施	能够将快递营业点要素信息及各点坐标以 CSV 格式导出	15	
计划实施	能够通过数据的复制、粘贴进行合并，组成一个新的 CSV 文件	15	
计划实施	能够将新合成的 CSV 文件导入 QGIS 新建工程中并导出新的图层文件	15	
质量检查	任务完成，操作规范	10	
评价反馈	能对自身客观评价和发现问题	10	
总得分			
教师评语			

复习思考题

1）数据导入后发现所有坐标相对于原坐标出现位移，原因是什么？
2）如何选择新建图层的坐标系统？

任务工单 5　绘制不同区域城市等级道路

学　　院		专　　业		姓　　名	
学　　号		小　　组		组长姓名	
指导教师		日　　期		成　　绩	

任务目标

完成 QGIS 项目的创建，并依据底图绘制长沙市太平社区相关道路。

接受工作任务

本次任务要求完成长沙市知名社区太平老街及其周边道路绘制。长沙市是全国闻名的知名城市，太平老街为全国闻名的知名社区，是太平街等知名景点的"打卡"处，为了更好地服务于交通，现要求对太平老街知名区域（黄兴中路及以西，卫国街及以东，五一大道及以南，解放西路及以北，如下图所示）道路在底图上进行绘制，并标注道路名称、类型，要求在 D 盘建立名为 QIS-Street 的文件夹，将所建工程以 QIS-Street-TaiPing 为名保存。

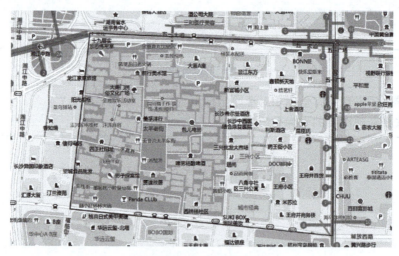

太平老街及其周边街道

任务开始前，请同学们思考如下问题：
1. 如何建立线图层？
2. 如何判断道路的类型？
3. 如何修改道路的属性？

信息收集	成绩：

1. 创建线图层与点图层有什么区别？

2. 定义街道线图层是否需要添加字段？
_____
_____

3. 线图层应该创建的字段都是什么类型，长度如何定义？
_____
_____

4. 绘制道路是在绘制中进行属性输入还是在绘制完成后进行属性输入？
_____
_____

5. 选取哪个属性字段作为"值"进行道路分等级显示？
_____
_____

任务准备	成绩：

1. 检查计算机是否装有 QGIS 软件，是否已经完成工作界面的汉化：是□；否□。
2. 检查计算机是否能连接外网：是□；否□。
3. 是否接收教师发布的底图 URL 地址：是□；否□。

制订计划	成绩：

1）根据新建工程及导入数据的要求，补充绘制太平老街作业计划。

操作流程		
序号	作业项目	操作要点
1	创建工程并导入在线地图	
2	创建线图层	
3	输入相关属性	
计划审核	审核意见：	
		年　　月　　日　签字：

2）根据制订的作业计划，完成小组分工。

操作人		记录员	
监护人		展示员	

3）补充作业注意事项。

① 所有要素的字段必须为文本类型。

② 凡是百度在线地图、QGIS 底图上有名称的街道都要绘制，并判断其属性完成要素字段的描述，但_____无须绘制。

③ 道路在绘制中，凡是通过与其他道路相交叉位置都需要_____。

计划实施	成绩：

1）创建文件夹，并完成工程创建。

作业内容：

作业结果：

成果截图打印：

小提示：
① 要习惯将建立的工程保存在一个文件夹下，不建议将文件保存在桌面。
② 按题目要求严格设定目录名称和工程名称。

2）完成高德矢量地图的底图导入。

作业内容：

作业结果：

成果截图打印：

> **小提示：**
> 本书所用的底图 URL 都为高德街道。

3）创建线图层文件，图层最少包括 2 个字段：名称、道路类型。

作业内容：

作业结果：

成果截图打印：

5.1 创建线图层并绘制街区道路（任务工单 5）

> **小提示：**
> ① 在创建线图层文件前，先在工程保存的文件夹下建立一个文件夹 DATA，将所有的图层文件保存在其中，方便管理。
> ② 创建图层文件时要将保存地址设置在 DATA 下，以防止文件保存丢失。
> ③ 字段必须为文本类型。

4）参考百度街景地图，绘制街区道路，完成街道的属性输入。

作业内容：

作业结果：

成果截图打印：

小提示：

① 可以打开百度在线地图的"全景模式"，通过观察全景判断道路的类型，道路类型按城市道路类型设置。

② 凡是百度在线地图、QGIS 底图上有名称的街道都要绘制，并判断其属性完成要素字段的描述，但单位、小区内部道路无须绘制。

③ 凡是百度在线地图、QGIS 底图上无名称的街道也要绘制，统一认定类型为小路，名称为无名路，但单位、小区内部道路无须绘制。

④ 需要在编辑状态下才能添加要素，完成要素添加后要关闭编辑模式。

⑤ 道路在绘制中，凡是通过与其他道路相交叉位置都需要增加点。

⑥ 在绘制线要素前先要打开"捕捉工具栏"，选择"启动捕捉"工具 。

5）按 7、5、3、1 的宽度分别为主干道、次干道、普通路、小路设置线宽，并将不同等级的道路设置渐变颜色，在底图上显示路名。

5.2　不同等级道路显示
（任务工单 5）

作业内容：

作业结果：

成果截图打印：

小提示：
完成所有显示设置后，要对工程保存后才能退出，否则所有显示设置无法保存。

质量检查	成绩：
请指导教师检查本组作业结果，并针对问题提出改进措施及建议。	
综合评价	
建议	

评价反馈	成绩：

根据自己在课堂中的实际表现进行自我反思和自我评价。
自我反思：_____
自我评价：_____

任务评价表

评价项目	评价标准	配分	得分
理论知识学习	理解相关知识点	10	
信息收集	完成信息收集	10	
任务准备	完成任务准备	5	
制订计划	计划制订合理	10	
计划实施	能够创建文件夹，并完成工程创建	5	
	能够完成高德矢量地图的底图导入	10	
	能够创建线图层文件	10	
	能够绘制街区道路，完成街道的属性输入	10	
	能够按主干道、次干道、普通路、小路分别设置线宽，并将不同等级的道路设置渐变颜色，在底图上显示路名	10	
质量检查	任务完成，操作规范	10	
评价反馈	能对自身客观评价和发现问题	10	
总得分			
教师评语			

复习思考题

1）线要素发现画错了位置，如何取消或修改？
2）如果有类似的线段，是否可以考虑复制线段？

任务工单 6 绘制道路扩路和路口化简

学　院		专　业		姓　名	
学　号		小　组		组长姓名	
指导教师		日　期		成　绩	

任务目标

完成 QGIS 项目的创建，完成潮宗古街及其周边道路的扩路和路口化简。

接受工作任务

　　本次任务要求在上一个任务的基础上，完成知名社区潮宗古街及其周边道路的扩路和路口化简。长沙市是全国闻名的知名城市，潮宗古街作为长沙市最有代表性的社区，是民国建筑与现代潮流的完美结合。为了更好地服务交通，现要求对潮宗古街知名区域（黄兴北路及以西，福庆街及以东，潮宗街及以南，中山路及以北，如下图所示）道路依据实际情况进行扩路和路口化简，要求在地图上显示道路的名称，并依据道路的等级显示不同的颜色和宽度。在 D 盘建立名为 QIS-Street 的文件夹，将所建工程以 QIS-Street KuoLu 为名保存。

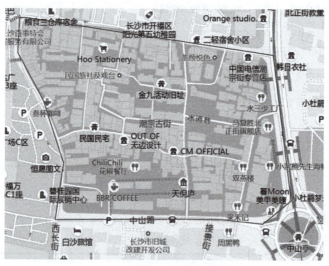

潮宗古街及其周边街道

任务开始前，请同学们思考如下问题：
1. 道路扩路的要求是什么？
2. 路口化简包括哪些基本要求？

信息收集	**成绩：**

1. 道路扩路的先决条件是什么？

2. 道路扩路和道路等级有必然联系吗？
_____
_____

3. 路口化简的依据是道路的宽度还是道路的数量？
_____
_____

任务准备		**成绩：**	

1. 检查计算机是否装有 QGIS 软件，是否已经完成工作界面的汉化：是□；否□。
2. 检查计算机是否能连接外网：是□；否□。
3. 是否接收教师发布的底图 URL 地址：是□；否□。

制订计划		**成绩：**	

1）根据新建工程及导入数据的要求，补充道路扩路和路口化简作业计划。

操作流程		
序号	作业项目	操作要点
1	新建工程及导入在线地图	
2	新建线图层并添加对应属性	
3	完成道路的添加	
计划审核	审核意见： 年　月　日　签字：	

2）根据制订的作业计划，完成小组分工。

操作人		记录员	
监护人		展示员	

3）补充作业注意事项。
① 为方便路口化简，所有路口两条道路相交必须_____。
② 道路扩路应依据百度地图的街景图进行判断，当依靠街景图无法判断时，可以考虑用_____辅助判断。
③ 路口化简必须要考虑到出、入路口前后实际道路宽度的变化情况，如果扩路没有体现道路宽度的变化，需要_____。

计划实施	成绩：

1）创建文件夹，底图导入高德地图，完成工程的创建及保存。

作业内容：

作业结果：

成果截图打印：

小提示：
① 对已经建立的工程可以导入 QGIS 软件中打开，也可以直接双击项目图标打开。
② 如果底图无法显示，先检查计算机是否连接网络。
2）打开百度网页地图街景，查看对应街道实景，新建线图层，完成道路的补充绘制及相关属性的补充输入。

6.1 道路的补充绘制
（任务工单 6）

作业内容：

作业结果：

成果截图打印：

小提示：
① 直道只需要保留首位 2 个节点即可。
② 为方便路口化简，所有路口两条道路相交必须通过唯一节点。

③ 道路扩路应依据百度地图的街景图进行判断，当依靠街景图无法判断时，可以考虑百度或高德的卫星图片辅助判断。

④ 若主要街道已经完成绘制且属性完整，可跳过此步骤。

3）根据街景地图，完成对道路的扩路操作。

作业内容：

作业结果：

成果截图打印：

6.2　道路扩路
（任务工单 6）

小提示：

① 扩路不但包括上下线分离，部分路段还存在主辅线分离。

② 部分道路可能在路段中添加分隔带，所以对较长的道路，要查看不同路段全景图。

4）依据扩路的结果，对路口进行化简。

6.3　路口化简
（任务工单 6）

作业内容：

作业结果：

成果截图打印：

小提示：

① 小路基本无须化简，但是路口交叉处必须有节点。

② 路口化简必须要考虑到出、入路口前后实际道路宽度的变化情况，如果扩路没有体现道路宽度的变化，需要对部分扩路路段进行调整。

③ 有同向分离的道路，必须考虑到同向扩路对于路口化简的影响。

5）依据道路等级，将道路进行分层显示，并显示道路名称。

6.4 道路分层显示（任务工单6）

作业内容：_____

作业结果：_____

成果截图打印：

质量检查	成绩：
请指导教师检查本组作业结果，并针对问题提出改进措施及建议。	
综合评价	
建议	

评价反馈	成绩：
根据自己在课堂中的实际表现进行自我反思和自我评价。	
自我反思：	
自我评价：	

任务评价表

评价项目	评价标准	配分	得分
理论知识学习	理解相关知识点	10	
信息收集	完成信息收集	10	
任务准备	完成任务准备	5	
制订计划	计划制订合理	10	
计划实施	能够创建文件夹，导入高德地图底图，完成工程的创建及保存	5	
计划实施	能够打开百度网页地图街景，新建线图层，并根据街景地图，完成对道路的扩路操作	10	
计划实施	能够依据扩路的结果，对路口进行化简	15	
计划实施	能够依据道路等级，将道路进行分层显示，并显示道路名称	15	
质量检查	任务完成，操作规范	10	
评价反馈	能对自身客观评价和发现问题	10	
总得分			
教师评语			

复习思考题

1）如何表示扩路后道路的方向？
2）路口化简的最基本依据是什么？

任务工单 7 绘制电子地图的掉头口

学　　院		专　　业		姓　　名	
学　　号		小　　组		组长姓名	
指导教师		日　　期		成　　绩	

任务目标

完成 QGIS 项目的创建，完成长沙部分主干道路的掉头口路线绘制。

接受工作任务

　　本次任务要求完成部分长沙市区主干道路掉头口路线的绘制。长沙市近年城市交通流量急剧增加，为了更好地实现对长沙市交通的规划，现要求对长沙市主干道进行掉头口的重新统计。要求根据提供的长沙主干道路 CSV 文件（下图所示），依据实际路况，完成数据中已有的主干道的扩路及主干道之间的交叉路口化简，完成主干道上掉头口的制作，要求在 D 盘建立名为 QIS-Street 的文件夹，将所建工程以 QIS-Street-DiaoTou 为名保存。

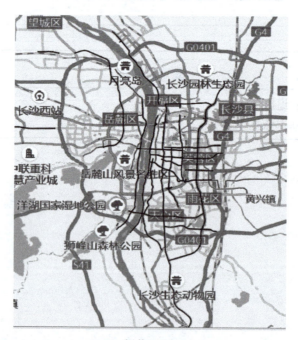

制作区域

任务开始前，请同学们思考如下问题：
1. 如何判断是单向掉头还是双向掉头？
2. 如何判断是路口掉头还是路中掉头？

信息收集		**成绩：**

1. 什么情况下电子地图中道路需要制作掉头口？
　　_____
　　_____

2. 按位置划分，掉头包括那些类型？
　　_____
　　_____

3. 路口化简的依据是道路的宽度还是道路的数量？
　　_____
　　_____

4. 道路掉头口的线路绘制方向如何确定？
　　_____
　　_____

任务准备		**成绩：**

1. 检查计算机是否装有 QGIS 软件，是否已经完成工作界面的汉化：是□；否□。
2. 检查计算机是否能连接外网：是□；否□。
3. 是否接收教师发布的底图 URL 地址：是□；否□。

制订计划		**成绩：**

1）根据新建工程及导入数据的要求，补充绘制指定区域道路掉头口作业计划。

操作流程		
序号	作业项目	操作要点
1	创建工程，导入在线地图	
2	导入 CSV 数据文件，保存 SHP 文件	SHP 文件需要指定位置保存
3	对比底图与数据，进行修补	修补完成后主干道无断路
4	按规则进行扩路	
计划审核	审核意见： 　　　　　　　　　　　　　　　　　　　　年　　月　　日　签字：	

2）根据制订的作业计划，完成小组分工。

操作人		记录员	
监护人		展示员	

3）补充作业注意事项。

① 当道路中有立交桥，可以化简为_____，不考虑立交桥引起的变化。

② 道路扩路应依据百度地图的街景图进行判断，当依靠街景图片无法判断时，可以考虑_____辅助判断。

③ 若修改角度后，还有部分掉头口线路方向和方向标志相反，检查是否掉头口线路绘制反了方向，没有从行车方向绘制。

计划实施	成绩：

1）创建文件夹，导入主干道路 SHP 文件，导入高德街道底图，对比主干道是否完整。

作业内容：
_____

作业结果：
_____

成果截图打印：

7.1 导入主干道路
（任务工单 7）

小提示：

① 导入 CSV 数据时，注意文件是否需要转码。

② 将 CSV 文件导出为图层文件后，可以根据使用用途考虑是否需要转换投影坐标系。

2）打开百度地图街景，查看对应街道实景，完成缺失主干道的修补及扩路。

作业内容：
_____

作业结果：
_____

成果截图打印：

7.2 缺失主干道的修补及扩路
（任务工单 7）

小提示：
① 当道路中有立交桥时，可以化简为道路直通，不考虑立交桥引起的变化。
② 若部分道路有断路，需要进行线路修补。
③ 部分道路需要同向扩路的必须进行扩路。
④ 道路扩路应依据百度地图的街景图进行判断，当依靠街景图无法判断时，可以考虑用百度街景或高德卫星图片辅助判断。

3）依据对主干道扩路的结果，进行路口化简。

作业内容：

作业结果：

成果截图打印：

小提示：
① 路口化简必须要考虑到出、入路口前后实际道路宽度的变化情况，如果扩路没有体现道路宽度的变化，需要对部分扩路路段进行调整。
② 有同向分离的道路，必须考虑到同向扩路对于路口化简的影响。

7.3 掉头口制作（任务工单7）

4）根据最终道路形态，结合全景地图，添加新的线图层，进行掉头口的制作。

作业内容：

作业结果：

成果截图打印：

5）为掉头口添加方向标志，保存工程与图层。

作业内容：_____

作业结果：_____

成果截图打印：

小提示：
① 设置方向，需要在属性表中新增加一个字段，以区分掉头口是否为单向。
② 添加方向标志后，若发现方向和掉头方向相反，则需要修改图标的旋转角度为180°。
③ 若修改角度后，还有部分掉头口线路方向和方向标志相反，应检查是否掉头口线路绘制反了方向，没有从行车方向绘制。

质量检查	成绩：
请指导教师检查本组作业结果，并针对问题提出改进措施及建议。	
综合评价	
建议	

评价反馈	成绩：

根据自己在课堂中的实际表现进行自我反思和自我评价。
自我反思：_____
自我评价：_____

任务评价表

评价项目	评价标准	配分	得分
理论知识学习	理解相关知识点	10	
信息收集	完成信息收集	10	
任务准备	完成任务准备	5	
制订计划	计划制订合理	10	
计划实施	能够创建文件夹，导入高德街道底图，对比街道是否完整	5	
计划实施	能够完成缺失道路的修补及扩路	10	
计划实施	能够依据扩路的结果，对路口进行化简	10	
计划实施	能够根据最终道路形态，结合全景地图，添加新的线图层，进行掉头口的制作	10	
计划实施	能够为掉头口添加方向标志，保存工程与图层	10	
质量检查	任务完成，操作规范	10	
评价反馈	能对自身客观评价和发现问题	10	
总得分			
教师评语			

复习思考题

1）如何表示掉头口的方向？
2）当完成掉头口方向标志添加后，发现标志和掉头方向相反怎么处理？

任务工单 8　绘制公交站覆盖区域

学　院		专　业		姓　　名	
学　号		小　组		组长姓名	
指导教师		日　期		成　绩	

任务目标

能够依据给出的公交覆盖率统计要求，标记出指定区域的公交站点覆盖范围，并通过裁剪和合并缓冲区，最后确定公交站点的最终覆盖范围。

接受工作任务

本次任务要求完成湖南省长沙市芙蓉区二环线与浏阳河之间区域的公交覆盖率的统计。芙蓉区位于长沙市的中部，是目前长沙市公交、地铁覆盖率最高的城区。任务要求对指定城区内公交覆盖率进行图像采集，并分析城区的公交盲点，为市政后续公交规划提供信息支持。

为提高工作效率，现已经完成对公交站点位置的数据采集，并提供了对应的坐标点 Excel 信息表，如下图所示。要求以 200m 为公交覆盖的半径，绘制公交覆盖图。

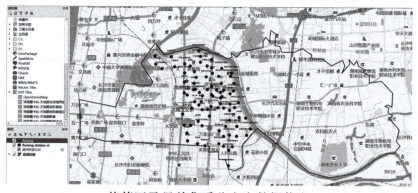

芙蓉区及目前集采公交点数据信息

任务开始前，请同学们思考如下问题：
1. 如何将区域范围和公交站点数据 Excel 文件导入 QGIS 文件中？
2. 如何进行缓冲区的修改？

信息收集　　　　　　　　　　　　　　　成绩：

1. 缓冲区的范围应该是什么单位？

2. 缓冲区完成后遮挡了公交站点或城区边界该如何处理？

3. 缓冲区覆盖范围在水面该如何处理？
_____
_____

4. 当缓冲区出现多个区域重合时，如何进行快速有效的合并处理？
_____
_____

5. 缓冲区边界裁剪和缓冲区合并，先完成那种操作较好？
_____
_____

任务准备	成绩：

1）检查计算机是否装有 QGIS 软件，是否已经完成工作界面的汉化：是□；否□。
2）检查计算机是否能连接外网：是□；否□。
3）检查 QGIS 是否添加在线地图的瓦片地址：是□；否□。在线地图为_____；地址为_____。
4）检查教师是否提供了数据 Excel 文件：是□；否□。

制订计划	成绩：

1）根据公交覆盖区域制作要求，补充绘制芙蓉区二环线至浏阳河段公交覆盖区域作业计划。

<table>
<tr><td colspan="3" align="center">操作流程</td></tr>
<tr><td>序号</td><td>作业项目</td><td>操作要点</td></tr>
<tr><td>1</td><td>创建工程，导入在线地图</td><td></td></tr>
<tr><td>2</td><td>导入 CSV 数据文件，保存 SHP 文件</td><td>SHP 文件需要指定位置保存</td></tr>
<tr><td>3</td><td>完成对公交站点要素显示修改、显示范围线框修改</td><td>要素点大小修改为 3，范围线框修改为 3</td></tr>
<tr><td></td><td></td><td></td></tr>
<tr><td></td><td></td><td></td></tr>
<tr><td></td><td></td><td></td></tr>
<tr><td></td><td></td><td></td></tr>
<tr><td></td><td></td><td></td></tr>
<tr><td></td><td></td><td></td></tr>
<tr><td>计划审核</td><td colspan="2">审核意见：

　　　　　　　　　　　　　　　　　　年　　月　　日　签字：</td></tr>
</table>

2）根据制订的作业计划，完成小组分工。

操作人		记录员	
监护人		展示员	

3）补充作业注意事项。

① 显示的站名建议修改文字大小为 15 号，字体为黑体，加粗。

② 为了能同时显示底图和缓冲区面积，建议修改缓冲区图层的不透明度为____。

③ 剪切缓冲区时必须保证起点、终点都位于_____。

计划实施	成绩：

1）完成工程创建，将工程保存在指定文件夹。

作业内容：

作业结果：

成果截图打印：

小提示：

创建的工程中要素坐标系必须为投影坐标系，选定要素后右键单击选择"属性"-"源"，查看对应的参考坐标系，如下图所示。要素的参考坐标系必须是投影坐标系，否则会在后续缓冲区配置中有冲突。

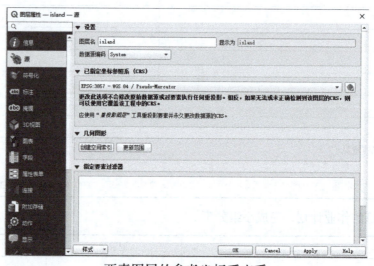

要素图层的参考坐标系查看

2）将 Excel 文件转化为 CSV 文件，将相关数据 CSV 文件导入工程，再导出新图层文件并保存。

作业内容：

作业结果：

成果截图打印：

8.1　文件转化
（任务工单 8）

小提示：

① 要习惯将要素与缓冲区采用类似名称命令，如要素命名为 island，缓冲区命名为 island-buff。

② Excel 文件可以通过"另存为"转为 CSV 文件。

③ QGIS 中默认的数据格式为 UTF-8，Excel 中默认的数据格式为 ASCI，所以 CSV 文件在导入 QGIS 前必须要先转码为 UTF-8，否则要素属性表无法查看。

④ 生成缓冲区的图层一般采用投影坐标系，CSV 文件导出的文件为地理坐标系，需要进行"重投影坐标"操作，改地理坐标系为投影坐标系，建议投影坐标系为 EPSG：3857。

3）完成对芙蓉区范围及对应区域的公交站点的要素显示的修改，区域范围线的线宽要求修改为 3，要素点大小修改为 3，并在公交站点上方显示公交站名。

8.2　站点要素显示修改
（任务工单 8）

作业内容：

作业结果：

成果截图打印：

小提示：

① 要素线和点的显示颜色要尽量与底色区分，避免观察错误。

② 显示的站名建议修改文字大小为 15 号，字体为黑体，加粗。

4）对导入的公共站点按 500m 的覆盖范围制作缓冲区。

8.3 缓冲区制作
（任务工单 8）

作业内容：

作业结果：

成果截图打印：

小提示：

① 为了能同时显示底图和缓冲区面积，建议修改缓冲区图层的不透明度为 50%。

② 缓冲区也是图层，在生成缓冲区的时候必须要指定保存位置、保存名称和保存类型。

5）修剪缓冲区图层，并保存绘制结果。

8.4 修剪缓冲区
（任务工单 8）

作业内容：

作业结果：

成果截图打印：

小提示：
① 剪切缓冲区时必须保证起点、终点都位于缓冲区之外。
② 合并缓冲区必须先选择缓冲区要素，否则对应工具图标不可选。
③ 必须选择对应的图层才能对缓冲区进行操作，否则提示无效。
6）调整合并图层的不透明度，保存相关图层和工程数据，完成统计。

作业内容：
_____
作业结果：
_____

成果截图打印：

质量检查	成绩：
请指导教师检查本组作业结果，并针对问题提出改进措施及建议。	
综合评价	
建议	

评价反馈	成绩：
根据自己在课堂中的实际表现进行自我反思和自我评价。	

自我反思：_____
自我评价：_____

任务评价表

评价项目	评价标准	配分	得分
理论知识学习	理解相关知识点	10	
信息收集	完成信息收集	10	
任务准备	完成任务准备	5	
制订计划	计划制订合理	10	
计划实施	能够完成工程创建，将工程保存在指定文件夹	5	
计划实施	能够将相关数据 CSV 文件导入工程，再导出新图层文件并保存	8	
计划实施	能够完成对芙蓉区范围及对应区域的公交站点的要素显示的修改	8	
计划实施	能够对导入的公共站点按 500m 的覆盖范围制作缓冲区	8	
计划实施	能够修剪缓冲区图层，并保存绘制结果	8	
计划实施	能够调整合并图层的不透明度，保存相关图层和工程数据，完成统计	8	
质量检查	任务完成，操作规范	10	
评价反馈	能对自身客观评价和发现问题	10	
总得分			
教师评语			

复习思考题

1）缓冲区按环的形状分为_____、_____、_____。
2）如果公交站点覆盖缓冲区出现重合，需要_____。

任务工单 9　绘制内河通航水域红线

学　　院		专　　业		姓　　名	
学　　号		小　　组		组长姓名	
指导教师		日　　期		成　　绩	

任务目标

能够依据给出的内河通航条件，标记出通航水域中适航区域的位置，并通过叠加分析，完成对通航区域红线的划定，保存对应通航区域文件。

接受工作任务

本次任务要求完成长沙市湘江通航区域红线的绘制。长沙市位于湖南省东北部，市区被湘江从南北方向一分为二，水运为其城市重要的运输力量。随着城市经济发展，水运业务量急剧增加，水利部门需要对于水运通道进行评估、规划，为此要重新为通航区域进行适航红线划定。

本次划定的区域为湘江长沙段，具体航道起点和航道终点为月亮岛大桥至湘江特大桥，通航水域包括跨河大桥 5 座，如下图所示。

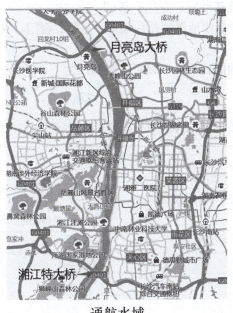

通航水域

任务开始前，请同学们思考如下问题：
1. 绘制适航缓冲区，应该从哪些条件入手？
2. 应该对哪些地物制作缓冲区？

信息收集	成绩:

1. 为了方便绘制地图，该河段认定水深低于1.5m区域为禁航区域，距离水线2.5m处深度大于1.5m，如何绘制浅水禁航区？
_____
_____

2. 通航水域要求水面宽度大于12m，所以需要保证河面在扣除浅水区域之外大于12m，如何确认河道的宽度是否达标？
_____
_____

3. 江中的小岛也要标注浅水区域，绘制江中岛浅水缓冲区首先要绘制什么？
_____
_____

4. 在有江心岛的水域，如何确认航行水面宽度？
_____
_____

任务准备	成绩:

1）检查计算机是否装有QGIS软件，是否已经完成工作界面的汉化：是□；否□。
2）检查计算机是否能连接外网：是□；否□。
3）检查QGIS是否添加在线地图的瓦片地址：是□；否□。在线地图为_____；地址为_____。
4）是否调整为合理的地图比例尺，设置的比例尺为_____。

制订计划	成绩:

1）根据制作通航区域红线绘制要求，补充湘江长沙段航区域红线绘制作业计划。

操作流程		
序号	作业项目	操作要点
1	创建工程、导入底图、创建线图层	
2	绘制浅水禁航区	先绘制水线，再转为缓冲区
计划审核	审核意见：	
		年　月　日　签字：

2）根据制订的作业计划，完成小组分工。

操作人		记录员	
监护人		展示员	

3）补充作业注意事项。
① 如果缓冲区无法使用长度单位，而是采用____为单位，则需要改图层坐标为投影坐标系。
② 对于叠加操作，可以根据实际情况合理选择，并不唯一。
③ 完成通航水域的缓冲区后，可以考虑采用要素之间的相互转化，进而得到_____。

计划实施	成绩：

1）完成工程创建，并保存工程及创建线图层。

作业内容：

作业结果：

成果截图打印：

小提示：
① 要习惯将要素与缓冲区采用类似名称命名，如要素命名为island，缓冲区命名为island-buff。
② 制作缓冲区之前，对应的要素需要在非编辑状态。

2）完成水线与浅水禁航区的绘制，并保存绘制结果。

作业内容：

作业结果：

成果截图打印：

9.1　水线和浅水禁航区绘制（任务工单9）

小提示：

① 如果缓冲区无法使用长度单位，而是采用"度"为单位，需要改图层坐标为投影坐标系。

② 创建缓冲区时考虑选择单边缓冲区。

③ 缓冲区需要在建立时指定保存位置，不然可能会在完成所有操作后丢失保存文件。在创建时选择"缓冲区建立后"项目的下拉菜单，指定保存位置，如下图所示，而且，缓冲区图形文件要求保存为 SHP 格式。

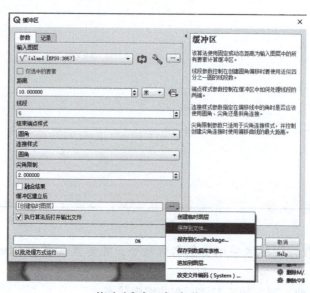

指定缓冲区保存位置

3）完成通航水域水面区域的绘制，并保存绘制结果。

作业内容：

作业结果：

成果截图打印：

9.2　通航水域绘制
（任务工单9）

> **小提示：**
> 适航水域的基本条件为水域宽度超过 12m。如果有江心岛的存在，必须考虑江心岛与江岸的水域宽度。

4）完成通航水域水面的不可通行区域绘制，并保存绘制结果。

作业内容：

作业结果：

成果截图打印：

> **小提示：**
> ① 对于叠加操作，可以根据实际情况合理选择，并不唯一。
> ② 所有缓冲区建议保存在一个文件夹下，方便校正检查。

③ 完成通航水域的缓冲区后，可以考虑采用要素之间的相互转化，进而得到红线范围，如下图所示。

要素的转化

5）完成红线绘制，保存绘制结果。

作业内容：

作业结果：

成果截图打印：

质量检查	成绩：
请指导教师检查本组作业结果，并针对问题提出改进措施及建议。	
综合评价	
建议	

评价反馈	成绩：
根据自己在课堂中的实际表现进行自我反思和自我评价。	
自我反思：	
自我评价：	

任务评价表

评价项目	评价标准	配分	得分
理论知识学习	理解相关知识点	10	
信息收集	完成信息收集	10	
任务准备	完成任务准备	5	
制订计划	计划制订合理	10	
计划实施	能够完成工程创建，并保存工程及图层信息	5	
计划实施	能够完成水线与浅水禁航区的绘制	10	
计划实施	能够完成通航水域水面区域的绘制	10	
计划实施	能够完成通航水域水面的不可通行区域绘制	10	
计划实施	能够完成红线绘制，保存绘制结果	10	
质量检查	任务完成，操作规范	10	
评价反馈	能对自身客观评价和发现问题	10	
总得分			
教师评语			

复习思考题

1）缓冲区按环的形状分为＿＿＿＿＿＿、＿＿＿＿＿＿、＿＿＿＿＿＿。

2）常用的叠加分析包括＿＿＿＿＿＿、＿＿＿＿＿＿、＿＿＿＿＿＿、＿＿＿＿＿＿。

任务工单 10　确认公交站点的位置

学　　院		专　　业		姓　　名	
学　　号		小　　组		组长姓名	
指导教师		日　　期		成　　绩	

任务目标

能够依据给出的公交站点设置条件，对现有的部分人流高峰点公交站点的位置设置进行合理性分析，并通过叠加分析，完成公交站点区域的划定，保存对应的区域文件。

接受工作任务

本次任务要求对长沙市部分人流高峰区域进行公交站点位置的重新定位。长沙市随着城市规模的扩大，公共交通运量增加，公交车站位置的合理性非常重要。本次计划对长沙市以下人流密集区域进行公交站点位置的重定位：

1）旅游景点：开福寺、岳麓山、天心阁、湖南省博物馆。

2）医疗服务机构：中南大学湘雅医院、中南大学湘雅二医院、湖南省人民医院、湖南省妇幼保健院。

请通过底图（高德街道）获取上述区域现有的公交站点位置，并依据公交站点的设置规则和提供的设置要求进行公交站点的位置重新定位（以景点或医院的出入口为站点服务对象），判断现有的公交站点定位是否合适。

任务开始前，请同学们思考如下问题：

1. 公交站点在人流密集区域和市政服务机构附近设立有哪些要求？
2. 如何进行复核条件的筛选？

信息收集	成绩：

1. 当某个热点区域出现多个出入口（正门、侧门）时，如何选择和标记要素点？

2. 当某出入口周围没有适合的公交站以布置缓冲区时应如何处理？

3. 公交站缓冲区化简完成后，发现部分缓冲区区域远离出入口所对应的道路应如何处理？

4. 景点有多个出入口，导致有多个缓冲区，下一步如何处理缓冲区？

任务准备	成绩：

1）检查计算机是否装有 QGIS 软件，是否已经完成工作界面的汉化：是□；否□。
2）检查计算机是否能连接外网：是□；否□。
3）检查 QGIS 是否添加在线地图的瓦片地址：是□；否□。在线地图为_____；地址为_____。
4）教师是否提供了站点设置的数据要求：是□；否□。

制订计划	成绩：

1）依据公交站点的设置规范，补充人流密集区域公交站点的位置修正计划。

操作流程		
序号	作业项目	操作要点
1	创建工程、导入底图、创建点图层	
2	在人流密集区域出入口添加点要素	要素优先主干道附近出入口
计划审核	审核意见： 年　　月　　日　签字：	

2）根据制订的作业计划，完成小组分工。

操作人		记录员	
监护人		展示员	

3）补充作业注意事项。
① 要素点建议创建后即完成颜色和大小的修改，以方便后续区分要素点。
② 添加要素点的时候优先考虑位于_____的出入口，不考虑位于_____的出入口。
③ 道路交叉路口需要设置禁停区，以交叉路口的停止线为起点（路口白线），出路口方向_____范围内不得设置公交车站。

计划实施	成绩：

1）完成工程创建，并完成点图层的创建，保存工程、图层在指定的文件夹下。

作业内容：

作业结果：

成果截图打印：

10.1　创建工程
并添加位置点
（任务工单 10）

小提示：
要素点建议创建后即完成颜色和大小的修改，以方便后续区分要素点。

2）在新建点图层上，依据底图（高德街道）为指定人流密集区域主要出入口添加位置点。

作业内容：

作业结果：

成果截图打印：

小提示：
① 添加要素点的时候优先考虑位于主干道、次干道的出入口，不考虑位于普通道路的出入口。
② 要素需要保修如下字段："区域名称""出入口所在道路""同方向出入口编号"。

③ 若某一人流密集区有多个出入口，添加要素时应按顺时针编号。

④ 若建筑在一条道路上存在多个出入口，且出入口之间小于800m，只考虑设定一个公交站点。

⑤ 为了保证安全，出入口50m范围内不能设置公交车站。

⑥ 制作以出入口点为中心，距离为200m的缓冲区。

⑦ 道路交叉路口需要设置禁停区，以交叉路口的停止线为起点（路口白线），出路口方向50m范围内不得设置公交车站。

3）完成人流密集区域出入口周边适合布置公交站点区域的缓冲区制作。

作业内容：

作业结果：

成果截图打印：

小提示：

① 建立缓冲区时，可以将多个出入口的缓冲区建立在一个图层上，这样在后续的化简过程中将大大简化流程。

② 缓冲区建立后，必须要对新增加的缓冲区图层重命名，否则后续类似缓冲区图层名称容易混淆。

③ 如果缓冲区只能以"度、分"为单位，无法以"米"为单位设计半径，原因是点图层的坐标系为地理坐标系，修改点图层的坐标系为投影坐标系即可。

④ 公交站只能设定在出入口所在道路一侧，不能设置在道路对面侧或其他道路上。

4）依据公交中途站制作规范，进行缓冲区的叠加分析，最终得出适合公交站点布置的区域。

作业内容：_____

作业结果：_____

成果截图打印：

10.2　确定适合公交站点布置的区域
（任务工单10）

小提示：
① 允许多个出入口对应一个公交站。
② 最终叠加运算成果需要指定文件夹保存，否则叠加结果图层文件将保存在软件默认文件夹下，不方便查阅保存。
③ 最终公交站缓冲区修剪区域只能位于出口同侧的道路。

5）将公交站布置区域与底图现有公交站位置进行对比，新建点图层，考虑修改公交站点位置，绘制公交站点。

作业内容：_____

作业结果：_____

成果截图打印：

小提示：
① 若底图上的公交站点位于缓冲区外，以缓冲区最靠近底图现有站点位置添加点要素。
② 若底图上的公交站点位于缓冲区内，以底图现有站点位置添加点要素。

③ 若底图上的公交站位置周边无法生成缓冲区，则不制作该站点的信息。
④ 若底图上的两个同侧公交站位置过近（小于 800m），则保留距离出入口较近的公交站点。
⑤ 制作的站点信息必须保留字段：序号、站点名称、所在道路名称。

质量检查		成绩：	
请指导教师检查本组作业结果，并针对问题提出改进措施及建议。			
综合评价			
建议			

评价反馈		成绩：	

根据自己在课堂中的实际表现进行自我反思和自我评价。
自我反思：
自我评价：

任务评价表

评价项目		评价标准	配分	得分
理论知识学习		理解相关知识点	10	
信息收集		完成信息收集	10	
任务准备		完成任务准备	5	
制订计划		计划制订合理	10	
计划实施		能够完成工程创建，并完成点图层的创建，保存工程、图层在指定的文件夹下	5	
		能够在新建点图层上，依据底图为指定人流密集区域主要出入口添加位置点	10	
		能够完成人流密集区域出入口周边适合布置公交站点区域的缓冲区制作	10	
		能够依据公交中途站制作规范，进行缓冲区的叠加分析，最终得出适合公交站点布置的区域	10	
		能够将公交站布置区域与底图现有公交站位置进行对比，新建点图层，考虑修改公交站点位置，绘制公交站点	10	
质量检查		任务完成，操作规范	10	
评价反馈		能对自身客观评价和发现问题	10	
总得分				
教师评语				

复习思考题

1）缓冲区的操作过程中是不是所有的图层都需要保存？
2）为什么当一个现有站点与最佳站点设置区域有偏差后，后续站点都有偏差？

任务工单 11 绘制公交线路

学　院		专　业		姓　名	
学　号		小　组		组长姓名	
指导教师		日　期		成　绩	

任务目标

能够依据给出的知名景点名称和长沙市主干道、次干道路网，确认知名景点公交站位置，并通网络分析最后确定长沙知名公交线路。

接受工作任务

本次任务要求完成长沙知名景点公交站点的定位及相关公交线路的设计。长沙市凭借着红色景点和餐饮文化，已经成为目前国内知名的旅游城市，目前长沙市区知名景点超过20处，遍布长沙各行政区域，如下图所示。各景点之间分布相对较分散，最大跨度距离超过20km。为了更好地为旅客提供交通服务，规划开通一条知名旅游公交路线。现要求对公交站点及公交线路进行规划设计。

name	address	ticket	area	x	y
彩虹楼梯	雅塘村小学(长沙市雨花区雅塘村巷65号)	0	雨花		
梅溪湖城市岛	岳麓区环湖路与连湖六路交叉口南150米	0	岳麓		
中国结桥	岳麓区梅溪湖路与连湖七路交叉口东北50米	0	岳麓		
梅溪湖国际文化艺术中心	梅溪湖路与节庆路交叉口西南200米	0	岳麓		
洋湖水街	长沙市岳麓区潭州大道336号	0	岳麓		
长沙米粉街网红墙	湖南米粉街(芙蓉区韭菜园路与五一大道交叉口北侧)	0	芙蓉		
坡子街派出所	长沙天心区太平路与解放西路交叉路口往东南约100米(青和上座)	0	天心		
网红汉桥	汉桥位于浏阳河营盘路大桥与远大路大桥之间	0	芙蓉		
浏阳小河乡鱼鳞坝	浏阳小河乡鱼鳞坝	0	浏阳		
浏阳小河乡叠水坝	浏阳小河乡叠水坝	0	浏阳		
橘子洲	长沙市岳麓区	0	岳麓		
岳麓山	长沙市岳麓区	0	岳麓		
太平街	长沙市太平街	0	天心		
长沙IFS kaws	IFS七楼雕塑花园	0	天心		
谢子龙影像艺术馆	湖南省长沙市岳麓区潇湘南路387号	0	岳麓		
李自健美术馆	长沙市岳麓区潇湘南路385号	0	岳麓		
宁乡仙仙岭风电场	宁乡仙仙岭风电场	0	宁乡		
长沙火宫殿	湖南省长沙市天心区坡子街127号	0	天心		
岳麓书院	岳麓区东方红广场	0	岳麓		
湖南省博物馆	湖南省长沙市开福区东风路50号	0	开福		
文和友老长沙	海信广场	0	天心		

长沙知名景点信息

为提高工作效率，现已经完成对知名景点的名称和地理位置的信息统计，并提供了相关区域的长沙主干道和次干道的 SHP 文件，如下图所示。

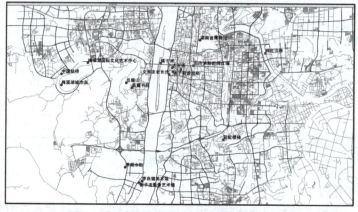

长沙主干道、次干道路网

任务开始前，请同学们思考如下问题：
1. 如何通过景点名称获取景点的坐标值？
2. 如何把坐标导入 QGIS 系统中？
3. 如何确定公交站在道路上的位置？
4. 以什么标准确定两个公交站点之间的线路？

信息收集	成绩：

1. 高德 API 网站获取的坐标值是空间坐标还是投影坐标，它与 QGIS 中使用的 EPSG：3857 有什么关系？

2. 为什么要从地理坐标系转换到投影坐标系？

3. 从地理坐标系转换为投影坐标系后，要素点坐标位置是否会出现偏差？

4. 调整要素标签位置时，如何把文字内容调整到要素的上方？

5. 为什么要进行图层的合并？图层的合并有哪些方法？

6. 采用哪种类型的缓冲区更加合适公交站点的定位？

7. 当同一景点的出入口缓冲区重叠时，如何确定最佳的公交站点定位？

8. 在线段设置三角形箭头方向，新添加过滤器规则时，如何选择道路的正向与反向？

9. 扩路后，如何调整三角形箭头方向为单向道路的方向？

10. 最短路径的公交线路是否为速度最快的线路？

11. 速度最快的公交线路中，主干道和次干道中哪种类型的道路更多？
_____
_____

任务准备	成绩：

1）检查计算机是否装有 QGIS 软件，是否已经完成工作界面的汉化：是□；否□。
2）检查计算机是否能连接外网：是□；否□。
3）检查 QGIS 是否添加在线地图的瓦片地址：是□；否□。在线地图为_____；地址为_____。
4）检查教师是否提供了景点数据文件和主干道、次干道路网数据文件：是□；否□。

制订计划	成绩：

1）根据公交站点及网络拓扑制作要求，补充长沙知名景点公交站及知名公交线路作业计划。

操作流程		
序号	作业项目	操作要点
1	创建工程、导入在线底图	
2	通过高德 API 网站获取的知名景点位置 X、Y 坐标	
3	导入 CSV 数据文件，生成 SHP 文件	
计划审核	审核意见：	
	年　月　日　签字：	

2）根据制订的作业计划，完成小组分工。

操作人		记录员	
监护人		展示员	

3）补充作业注意事项。
① 通过访问高德开放平台可以获得景点的坐标。
② 载入路网图层时需要确定坐标系，如果为地理坐标系则需要_____。
③ 缓冲区中心以该建筑位于主干道、次干道的正门为准，若建筑没有标注正门，以_____为准。
④ 一处景点建筑附近原则上只设置一个公交站点，若建筑占地面积较大（公园、博物馆等），可酌情考虑在多条临近道路设置____公交站点，但一条道路上只能设置一个公交站点。

计划实施	成绩：

1）完成工程创建并保存。通过高德 API 网站获取知名景点位置 X、Y 坐标值，并保存在 Excel 文件中，并对应生成 CSV 文件。

作业内容：

作业结果：

成果截图打印：

11.1 获取知名景点 X、Y 坐标值
（任务工单 11）

小提示：
① 创建的工程中图层可以通过右键单击选择"属性"—"源"，查看对应的参考坐标系。若需要生成对应的缓冲区，坐标系建议是投影坐标系，否则会在后续缓冲区配置中不便操作。

② 获取景点的坐标位置可以通过高德地图的官网获取，通过访问高德开放平台，在"开发支持"菜单选择"坐标拾取器"（下图框选处）。

高德开放平台

在"坐标拾取器"页面下可以通过输入关键字获得地标的坐标参数，如下图所示。

坐标拾取器

③ 高德地图提供的坐标系是地理坐标系 WGS84。
④ Excel 文件可以直接转码为 CSV 文件，无须通过文本文档改格式。
2）将 CSV 文件导入工程，并生成新图层文件，命名为"知名景点"，保存在工程文件夹下的 DATA 子文件夹中。

11.2 数据导入并保存（任务工单 11）

作业内容：

作业结果：

成果截图打印：

小提示：

① 导入 CSV 数据无法直接操作，需要先导出新图层另存在 DATA 文件夹下，再对保存图层进行操作。

② 导入后的"知名景点"图层坐标系为 WGS84，注意其和底图坐标系的区别。

③ 为了方便后续投影操作，需要将新生成图层的坐标系转换为投影坐标系。

④ CSV 文件很少直接修改，所有操作要求对其导出图层进行修改。

3）通过"重投影图层"功能，完成"知名景点"图层坐标系的转换，生成新的图层"景点投影"，保存位置与原图层在同一文件夹下。

11.3 图层坐标转换（任务工单11）

作业内容：

作业结果：

成果截图打印：

小提示：

① 进行重投影操作时，需要指定新图层保存位置。

② 新图层生成后，为方便观察，需要将原图层"知名景点"隐藏。

③ 投影坐标系为 EPSG：3857。

④ 重投影具体操作可以查看之前的任务。

4）修改景点投影图层显示：修改要素大小为 5，颜色为红色；将景点名称显示在要素点上方。

11.4 修改景点投影图层显示（任务工单11）

作业内容：

作业结果：

成果截图打印：

小提示：

调整标签位置时应注意 QGIS 以下方和右侧为正偏离，上方和左侧为负偏离。

5）载入主干道、次干道路网数据，采用工具"合并矢量图层"将两个道路图层合并为新图层"路网信息"，并修改为投影坐标系，保存在 DATA 文件夹下。

作业内容：

作业结果：

成果截图打印：

11.5　载入路网数据后合并矢量图层
（任务工单 11）

小提示：

① 载入路网图层时需要确定坐标系，如果为地理坐标系则需要重投影。

② 合并矢量图层工具在工具箱中。

6）制作知名景点的辐射范围缓冲区；新建点图层，确定各景点位于主干道、次干道上的出入口；新建点图层"站点位置"，依据公交车站设计规范绘制站点，保存在 DATA 文件夹下。

11.6　根据公交车站设计规范绘制站点
（任务工单 11）

作业内容：

作业结果：

成果截图打印：

小提示：

① 缓冲区中心以该建筑位于主干道、次干道的正门为准，若建筑没有标注正门，以建筑靠近道路的最近点为准。

② 若景点不邻接主干道、次干道，则以景点与其地理距离最近的主干道、次干道的路口为出入口。

③ 一处景点建筑附近原则上只设置一个公交站点，若建筑占地面积较大（公园、博物馆等），可酌情考虑在多条临近道路设置两个公交站点，但一条道路上只能设置一个公交站点。

④ 在条件允许的前提下，实现一个站点对应多个景点。

⑤ 为简化设计，本次线路为单一线路，即车辆按同一线路来回行驶。

⑥ 公交车站位置确定参考上一个任务。

7）取消除图层"站点位置""路网信息"和底图外的其他图层显示，打开图层"路网信息"的属性表，新添加字段"SPEED""DIRECTIONA"，在属性表中进行赋值：

① 主干道、次干道的"SPEED"字段分别赋值为25、17。

② "DIRECTIONA"字段依据百度街景地图、路径绘制方向分别赋值为双向、正向、反向3种类型。

作业内容：_____

作业结果：_____

成果截图打印：

小提示：

① 字段"DIRECTIONA"代表道路通行的方向，当道路为单行道时，与道路绘制（从第一点到第二点）正方向相同为正，相反为负。

② 添加字段前必须打开属性表的编辑模式。

③ 如果发现字段无法添加内容，先查看字段的类型；如果类型错误，只能删除字段重建字段。

8）完成对单行道的标记。双向线路不存在方向的限制，单行道通过"DIRECTIONA"字段值（正向、反向）来判断通行方向，并以三角形箭头标记单行方向。

作业内容：

作业结果：

成果截图打印：

小提示：

① 过滤器只对单行道进行选择，所以在"表达式字符串构建器"对话框中输入的内容必须判断"DIRECTIONA"的值是否为正向、反向，注意此处为正向、反向均可，中间操作符为"or"。

② 只有在"符号图层类型"为标记线时，才能对标记位置和标记形状进行设置。

9）标记符号后，发现三角形箭头标记都是指向一个方向，需要调整三角形箭头的指向使三角形箭头指向与单向道方向一致。

作业内容：

作业结果：

成果截图打印：

小提示：

① 对三角形箭头方向的修改，必须在选择"简单标记"后才能进行，修改三角形箭头的实质就是修改三角形箭头指向的角度，所以需要对"旋转角度"进行编辑，如下图所示。

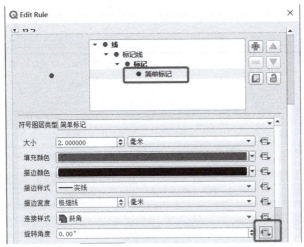

修改旋转角度

② angle_at_vertex 函数可以用来发现直线和水平的角度，根据单行道的行车方向，用这个角度减去 90° 或者 180° 就是三角形箭头需要指向的方向。

10）标记符号后可以进行网络分析。在任意两个车站之间进行最短路径分析，完成各段公交线路的制作；最后合并各线路图层，完成公交线路设计。

作业内容：

作业结果：

成果截图打印：

小提示：
"方向字段"必须选择"DIRECTIONA"字段，否则无法指定单行道的正反方向。

11）更改标准。标准改为在两个公交站点之间进行最快路径分析，完成最快公交线路的制作。

作业内容：
作业结果：
成果截图打印：

小提示：
速度优先需要设置速度字段值。

质量检查	成绩：
请指导教师检查本组作业结果，并针对问题提出改进措施及建议。	
综合评价	
建议	

评价反馈	成绩：
根据自己在课堂中的实际表现进行自我反思和自我评价。	
自我反思：	
自我评价：	

任务评价表

评价项目	评价标准	配分	得分
理论知识学习	理解相关知识点	10	
信息收集	完成信息收集	10	
任务准备	完成任务准备	5	
制订计划	计划制订合理	10	
计划实施	能够完成工程创建并保存	5	
	能够将CSV文件导入工程，并生成新图层文件；能够生成新的图层"景点投影"	8	
	能够修改景点投影图层显示；能够载入主干道、次干道路网数据	8	
	能够制作知名景点的辐射范围缓冲区；能够在属性表中进行赋值	8	
	能够完成对单行道的标记；能够调整三角形箭头的指向	8	
	能够完成公交线路设计；能够完成最快公交线路的制作	8	
质量检查	任务完成，操作规范	10	
评价反馈	能对自身客观评价和发现问题	10	
总得分			
教师评语			

复习思考题

1）长沙市是否需要制作单行道？
2）公交车站之间最小间隔距离为多少？
3）比较一下，最短和最快路径有什么区别？

任务工单12　选定物流和货物集散地地址

学　院		专　业		姓　名	
学　号		小　组		组长姓名	
指导教师		日　期		成　绩	

任务目标

能够依据给出的物流站点选择条件，选择长沙市河西地区最佳的物流货物集散地点。通过叠加分析，完成对最佳范围的划定，保存对应区域文件。

接受工作任务

本次任务是为长沙市区新建的物流园进行选址。随着长沙市城区规模及功能的变化，需要将市区内原有的部分物流园迁移至市郊，现要求完成物流园区域的选址，并制作饼图或柱形图，以方便选择最佳位置。

本次任务计划在长沙河西地区选择一处合适的位置作为物流园的新地址，以改变目前长沙物流"东密西疏"的局面，要求物流园位于长沙市河西地区范围之内（岳麓区、望城区），绕城高速东侧。物流园选址要求体现如下条件：

1）为便利物流运输要求不能距离高速公路出口10km以上。

2）考虑物流园为高噪声、高光亮、高废气污染企业，要求选址距离公园、景区等自然、人文景观不得小于2km，距离学校、医院等公共服务场所不得小于1km，距离水源保护、河流等水资源区域距离不得小于3km。

3）为了保证高速公路安全，物流园不得建在高速公路两侧1km范围内。

要求标记出符合条件的区域，并计算不同区域的面积，比较最佳位置。

任务开始前，请同学们思考如下问题：

1. 应采用什么工具进行条件区域选址？
2. 如何进行最优选址？

信息收集	成绩：

1. 当线条与底图的长沙行政范围有偏差时，应如何调整线段位置？

2. 当高速公路出口有多个出口点时，如何确定要素的位置？

3. 生成的缓冲区遮挡了要素点和底图应如何处理？

4. 如何显示高速公路两侧 1km 的范围？
_____
_____
_____

5. 有哪些叠加操作能取得缓冲区之间的公共部分？
_____
_____
_____

6. 当人文景观、公共服务场所、水资源区有部分区域在长沙范围之外如何处理？
_____
_____
_____

7. 当人文景观、公共服务场所、水资源区的缓冲区有部分区域重合如何处理？
_____
_____
_____

8. 如何进行面积的计算？
_____
_____
_____

9. 采用哪种方式（投影坐标系或地理坐标系）进行面积计算合理？
_____
_____
_____

10. 为什么两种计算面积的函数结果相差较大？
_____
_____
_____

任务准备	**成绩：**

1）检查计算机是否装有 QGIS 软件，是否已经完成工作界面的汉化：是□；否□。
2）检查计算机是否能连接外网：是□；否□。
3）检查 QGIS 是否添加在线地图的瓦片地址：是□；否□。在线地图为_____；地址为_____。
4）调整合理的地图比例尺，设置的比例尺为_____。
5）教师是否提供了站点设置的数据要求：是□；否□。

制订计划		成绩：	

1）依据物流选址规范，补充物流园最佳位置选址计划。

操作流程			
序号	作业项目		操作要点
1	创建项目、导入底图、创建线图层		
2	绘制望城区、岳麓区的界线		
3	创建点图层、绘制高速公路出口		添加属性以区别同一高速出口站的不同出口
计划审核	审核意见：		
	年　　月　　日　　签字：		

2）根据制订的计划，完成小组分工。

操作人		记录员	
监护人		展示员	

3）补充作业注意事项。
① 对各高速公路出口生成的缓冲区在行政范围线以外部分需要进行____。
② 缓冲区生成在位于高速公路____一侧。
③ 叠加操作完后，除底图和叠加操作成果图层外，其他数据要求都____。

计划实施	成绩：

1）完成工程创建，并完成点图层的创建，保存工程、图层在指定的文件夹下。

作业内容：

作业结果：

成果截图打印：

12.1　创建工程
并绘制边界线
（任务工单12）

2）新建线图层，在底图（高德街道）上绘制长沙市河西地区范围边界线（望城区、岳麓区）。

作业内容：

作业结果：

成果截图打印：

小提示：
① 行政范围只包括岳麓区、望城区，宁乡县不在选址范围之内。
② 选址范围只考虑在河西地区，望城区河东地区范围可以不考虑绘制区界。

3）依据底图，在已创建点图层上绘制长沙市河西地区高速公路出口站位置，并在属性表中标明站点名称。

12.2 绘制出站口位置
（任务工单12）

作业内容：

作业结果：

成果截图打印：

小提示：

① 为表示同一站点的不同出口的区别，需要为对应的点要素设置2个字段：编号和名称。

② "名称"字段无法输入内容多为字段类型设置错误，需要删除"名称"字段后再新建字段，并设置类型为"文本"。

③ 缓冲区设置距离必须使用投影坐标系，检查图层的坐标系，如果是空间坐标系需要进行重投影转换为投影坐标系。

4）依据物流园的选址规范，为各出口点制作范围为 10km 的缓冲区 area。

12.3　制作出口点缓冲区（任务工单 12）

作业内容：

作业结果：

成果截图打印：

小提示：

缓冲区在行政范围线以外部分需要进行裁剪。

5）创建线图层。沿高速公路绘制轨迹，生成公路两侧的禁止选址区域，采用叠加分析生成新的缓冲区 area_1。

作业内容：

作业结果：

成果截图打印：

12.4　根据禁止选址区域生产新缓冲区（任务工单 12）

小提示：

① 新建缓冲区图层后要及时修改图层名称，以免混淆。

② 当缓冲区完成叠加操作后，可以取消相关图层的显示，避免显示区域过于杂乱。

6）隐藏除 area_1 和底图外的其他图层。新添加面图层 diwu，在新图层上绘制出口站点附近的自然、人文景观，公共服务场所，水资源区等。为图层要素添加新字段：类型、名称。类型值包括：景观、公共服务、水源 3 种，名称值为底图上的实际名称。

12.5 新添加面图层及图层要素（任务工单12）

作业内容：

作业结果：

成果截图打印：

小提示：

① 选择的人文景观、公共服务场所、水资源区等地物位置要求在 area_1 图层要素附近，即适合选址区域的附近，否则制作无意义。

② 人文景观、公共服务场所、水资源区等若在底图上有具体的轮廓，必须要按轮廓进行绘制，没有轮廓的可以以点或方块替代。

7）按规范要求，为 diwu 图层中的地物添加缓冲区，新建缓冲区图层为 area_2。

12.6 为地物添加缓冲区（任务工单12）

作业内容：

作业结果：

成果截图打印：

77

小提示：

① 因为不同类型要素的缓冲区都在同一图层上，可以考虑使用"融合""图层合并""要素合并"等工具对不同要素重叠的部分进行数据融合。

② 考虑到要素的类型，融合操作时应选择同类要素的缓冲区进行融合。

③ 缓冲区生成在位于高速公路出口一侧。

8）将 area_1 与 area_2 进行叠加操作，完成最佳选址区域的确定。生成的叠加图层以 area_diejia 保存。

12.7 完成缓冲区叠加操作并生成柱形图
（任务工单 12）

作业内容：

作业结果：

成果截图打印：

小提示：

① 不同类型的缓冲区，应该选择不同类型的叠加方式。

② 叠加操作完后，除底图和叠加操作成果图层外，其他数据要求都隐藏。

9）对图层 area_diejia 进行修正，计算对应的面积，在属性表中保存各部分的面积数据，并挑选最佳选址位置。

作业内容：

作业结果：

成果截图打印：

小提示：

使用属性表的"字段计算机器"功能，计算不同缓冲区的面积。

10）在底图上显示图层 area_diejia 上各要素的面积，并制作饼图或柱形图。

作业内容：

作业结果：

成果截图打印：

小提示：
① 制作图形状时，对应的关键字为"面积"。
② 必须要对图形的大小进行设置，否则无法显示不同要素的面积区别。

质量检查	成绩：

请指导教师检查本组作业结果，并针对问题提出改进措施及建议。

综合评价	
建议	

评价反馈	成绩：

根据自己在课堂中的实际表现进行自我反思和自我评价。

自我反思：

自我评价：

任务评价表

评价项目	评价标准	配分	得分
理论知识学习	理解相关知识点	10	
信息收集	完成信息收集	10	
任务准备	完成任务准备	5	
制订计划	计划制订合理	10	
计划实施	能够完成工程创建，并完成点图层的创建；能够新建线图层，在底图上绘制长沙市河西地区范围边界线	5	
计划实施	能够在已创建点图层上绘制高速公路出口站位置，并在属性表中标明站点名称；能够依据物流园的选址规范，为各出口点制作范围为 10km 的缓冲区	10	
计划实施	能够沿高速公路绘制轨迹，生成公路两侧的禁止选址区域；能够新添加面图层 diwu，在新图层上绘制出口站点附近的自然、人文景观，公共服务场所，水资源区等	10	
计划实施	能够按规范要求，为 diwu 图层中的地物添加缓冲区；能够完成最佳选址区域的确定	10	
计划实施	能够对图层 area_diejia 进行修正，计算对应的面积，在属性表中保存各部分的面积数据，并挑选最佳选址位置；能够在底图上显示图层 area_diejia 上各要素的面积，并制作饼图或柱形图	10	
质量检查	任务完成，操作规范	10	
评价反馈	能对自身客观评价和发现问题	10	
总得分			
教师评语			

复习思考题

1）叠加后得出的选址区域中，如何判断哪一块是最佳选址位置？
2）当合适区域中有部分在限定范围外如何处理？
3）如何采用不同的颜色显示不同大小的选址区域？

任务工单 13　比较不同位置的便利性

学　　院		专　　业		姓　　名	
学　　号		小　　组		组长姓名	
指导教师		日　　期		成　　绩	

任务目标

能够依据给出的便利店统计数据，完成知名景点及相关区域的服务能力分析，并完成对应的柱状图，保存统计结果为图像文件输出。

接受工作任务

本次任务要求对天心区部分知名景点进行服务能力的调研。长沙是近年来新兴的旅游城市，为了更好地提升长沙旅游的服务质量，为游客提供便利，现在要求对长沙市知名景点的服务能力进行调研，本次调研的任务是对知名景点太平老街及坡子街所在社区（湘江中路以东、人民西路以北、五一路以南、黄兴路以西区域，如下图所示）进行零售商品的消费便利性分析：

对天心区部分知名景点划定影响范围，并统计范围内的便利店等零售商店数目，做出柱形图分析，并输出图像。

调研区域

任务开始前，请同学们思考如下问题：
1. 如何确定各个景点之间的影响区域？
2. 输出的图形上要有哪些基本的图例要素？

信息收集	成绩：

1. 为什么导入了 CSV 文件后还要再将其导出为 SHP 文件？

2. 泰森多边形的作用是什么？

3. 将范围图层与泰森多边形图层进行相交操作，结果代表什么意义？
_____
_____

4. 采用什么命令进行分块统计数量？
_____
_____

5. 柱形图生成后发现所有的图标大小都一致，是什么原因？
_____
_____

6. 一个完整的输出图像需要有哪些元素？
_____
_____

任务准备	成绩：

1）检查计算机是否装有 QGIS 软件，是否已经完成工作界面的汉化：是□；否□。
2）检查计算机是否能连接外网：是□；否□。
3）检查 QGIS 是否添加在线地图的瓦片地址：是□；否□。在线地图为_____；地址为_____。
4）调整合理的地图比例尺，设置的比例尺为_____。
5）教师是否提供了站点设置的数据要求：是□；否□。

制订计划	成绩：

1）依据提供的公交站点数据、城市道路数据、知名景点数据补充对景点服务能力的调研工作计划。

操作流程		
序号	作业项目	操作要点
1	创建工程、创建点图层、导入在线底图	
2	导入知名景点 CSV 文件，并导出对应的 SHP 文件	
3	调用"泰森多边形"	与景点范围进行相交叠加
计划审核	审核意见： 年　月　日　签字：	

2）根据制订的计划，完成小组分工。

操作人		记录员	
监护人		展示员	

3）补充作业注意事项。
① 统计结果图形如果大小相同，可以考虑修改"泰森多边形中"图像对应的_____。
② 图像的分辨率建议设置在 500dpi 以下，超过 500dpi 的可能对系统负荷较大。
③ _____

计划实施	成绩：

1）完成工程创建，并完成点图层的创建，保存工程、图层文件在指定的文件夹下。

作业内容：_____

作业结果：_____

成果截图打印：

13.1 生成
泰森多边形
（任务工单 13）

小提示：
要素点建议添加名称字段，以方便与后续的要素区分。

2）载入底图（高德街道），导入知名景点 CSV 文件，并导出对应的 SHP 文件，以"知名景点"命名并保存在指定文件夹下。

作业内容：_____

作业结果：_____

成果截图打印：

小提示：

CSV 文件完成导入后，可以从图层面板上删除。

3）对"知名景点"图层生成泰森多边形，新生成的图层以"泰森多边形"为名保存 SHP 文件。

作业内容：

作业结果：

成果截图打印：

小提示：

建立泰森多边形时建议范围按 25 取值，生成的多边形范围较大，能包括所有社区范围。

4）新添加面图层，图层名为"范围"，在图层上绘制指定景区的范围区域。将"范围"图层与"泰森多边形"图层进行相交叠加，结果保存为"景点_相交"图层。

13.2 景点范围图层与泰森多边形相交（任务工单 13）

作业内容：

作业结果：

成果截图打印：

小提示：

得到相交结果后，建议将其他面图层隐藏，以方便后续操作。

5）导入便利店数据，统计在"景点_相交"图层各部分中的便利店数量，统计结果保存为"景点_统计"图层。

作业内容：

作业结果：

成果截图打印：

13.3 统计景点数量并制作柱状图
（任务工单13）

小提示：

最后得到的统计数据保存在统计结果图层的属性表中。

6）根据统计结果，制作柱状图。

作业内容：

作业结果：

成果截图打印：

小提示：

统计结果图形如果大小相同，可以考虑修改图像对应的最大数值。

7）完成对统计图像的页面打印，输出 PNG 格式图像文件。

作业内容：

作业结果：

成果截图打印：

13.4 统计图像的页面打印（任务工单 13）

小提示：
图像的分辨率建议设置在 500dpi 以下，超过 500dpi 的可能对系统负荷较大。

质量检查	成绩：
请指导教师检查本组作业结果，并针对问题提出改进措施及建议。	
综合评价	
建议	

评价反馈	成绩：
根据自己在课堂中的实际表现进行自我反思和自我评价。	
自我反思：	
自我评价：	

任务评价表

评价项目	评价标准	配分	得分
理论知识学习	理解相关知识点	10	
信息收集	完成信息收集	10	
任务准备	完成任务准备	5	
制订计划	计划制订合理	10	
计划实施	能够完成工程创建，并完成点图层的创建	5	
计划实施	能够载入底图，导入知名景点 CSV 文件，并导出对应的 SHP 文件；能够对"知名景点"图层生成泰森多边形	10	
计划实施	能够将"范围"图层与"泰森多边形"图层进行相交叠加	10	
计划实施	能够统计在"景点_相交"图层各部分中的便利店数量	10	
计划实施	能够根据统计结果，制作柱状图；能够完成对统计图像的页面打印	10	
质量检查	任务完成，操作规范	10	
评价反馈	能对自身客观评价和发现问题	10	
总得分			
教师评语			

复习思考题

1）生成泰森多边形的范围值设置不同，会对结果带来什么影响？
2）导出的图片所有的柱形图图标大小一致如何处理？